Elmar Cohors-Fresenborg

Mathematik mit Kalkülen und Maschinen

Logik und Grundlagen der Mathematik

Herausgegeben von
Prof. Dr. Dieter Rödding, Münster

Band 20

Band 1 L. Félix, Elementarmathematik in moderner Darstellung

Band 2 A. A. Sinowjew, Über mehrwertige Logik

Band 3 J. E. Whitesitt, Boolesche Angebra und ihre Anwendungen

Band 4 G. Choquet, Neue Elementargeometrie

Band 5 A. Monjallon, Einführung in die moderne Mathematik

Band 6 S. W. Jablonski / G. P. Gawrilow / W. B. Kudrawzew
Boolesche Funktionen und Postsche Klassen

Band 7 A. A. Sinowjew, Komplexe Logik

Band 8 J. Dieudonné, Grundzüge der modernen Analysis, Band 1

Band 9 N. Gastinel, Lineare numerische Analysis

Band 10 W. V. O. Quine, Mengenlehre und ihre Logik

Band 11 J. P. Serre, Lineare Darstellungen endlicher Gruppen

Band 12 I. R. Schafarewitsch, Grundzüge der algebraischen Geometrie

Band 13 A. I. Malcev, Algorithmen und rekursive Funktionen

Band 14 P. S. Novikov, Grundzüge der mathematischen Logik

Band 15 M. Denis-Papin / R. Faure / A. Kaufmann / Y. Malgrange
Theorie und Praxis der Booleschen Algebra

Band 16 I. Adler, Gruppen in der Neuen Mathematik

Band 17 J. Dieudonné, Grundzüge der modernen Analysis, Band 2

Band 18 J. Dieudonné, Grundzüge der modernen Analysis, Band 3

Band 19 J. Dieudonné, Grundzüge der modernen Analysis, Band 4

Band 20 E. Cohors-Fresenborg, Mathematik mit Kalkülen und Maschinen

E. Cohors-Fresenborg

Mathematik mit Kalkülen und Maschinen

Mit zahlreichen Abbildungen

Vieweg

Dr. *Elmar Cohors-Fresenborg* ist o. Professor für Didaktik der Mathematik
im Fachbereich Mathematik/Philosophie der Universität Osnabrück

Verlagsredaktion: *Alfred Schubert*

CIP-Kurztitelaufnahme der Deutschen Bibliothek

Cohors-Fresenborg, Elmar
Mathematik mit Kalkülen und Maschinen. – 1. Aufl. –
Braunschweig: Vieweg, 1977.
(Logik und Grundlagen der Mathematik; Bd. 20)

ISBN 978-3-528-08381-6 ISBN 978-3-322-85927-3 (eBook)
DOI 10.1007/978-3-322-85927-3

1977

Satz: Friedr. Vieweg & Sohn GmbH, Braunschweig

Buchbinder: W. Langelüddecke, Braunschweig

Vorwort des Herausgebers

Im Mittelpunkt des Buches stehen verschiedene Präzisierungen des Algorithmenbegriffs. Dabei wird von unterschiedlichen Vorstellungen ausgegangen, die sich mit dem Begriff „Rechnen“ in der Mathematik verbinden. Diese Vorstellungen werden zu den Begriffen Registermaschinen, rekursive Funktionen, Kalküle und Automatennetze abstrahiert. Die naheliegende Frage, ob diese unterschiedlichen Präzisierungen den intuitiven Begriff des Algorithmus adäquat erfassen, kann man in dem Beweis beantwortet sehen, daß die angesprochenen Präzisierungen äquivalent sind. Es stellt sich dann die Frage, ob es mathematische Probleme gibt, die mit algorithmischen Methoden prinzipiell nicht lösbar sind. Auf diese Fragen wird im Buch an mehreren Stellen eingegangen. Die Bedeutung der Existenz algorithmisch unlösbarer Probleme soll im vorliegenden Buch unter anderem dadurch betont werden, daß schon in der Einleitung auf ein solches Problem eingegangen wird und mit dem Beweis der Unlösbarkeit zugleich ein Einblick in wesentliche Methoden der hier behandelten Theorie eingeführt wird.

Eine zentrale methodische Bedeutung nehmen in diesem Buch die Registermaschinen ein, die eine besonders anschauliche Präzisierung von Rechenmaschinen darstellen. Sie haben sich außerdem in den letzten Jahren als besonders geeignet erwiesen, klassische und neue Resultate in der Theorie der Berechenbarkeit und Entscheidbarkeit zu beweisen.

Die im Buch untersuchten Begriffe werden nach Möglichkeit aus intuitiven Überlegungen entwickelt. Durch zahlreiche Übungsaufgaben, in denen weitere Beispiele sowie auch später benötigte Folgerungen bewiesener Sätze behandelt werden, kann der Leser sein Verständnis überprüfen und sich die notwendige Übung im Umgang mit den in diesem Buch vorgestellten Kalkülen und Maschinen verschaffen. Zur Überprüfung sind in einem umfangreichen Anhang die Lösungen angegeben. Zum Verständnis des Buches reicht eine gewisse Vertrautheit mit den mathematischen Techniken des Definierens und des Beweisens. Spezielle inhaltliche Vorkenntnisse sind nicht notwendig.

Die Konzeption des Buches entstammt aus Erfahrungen des Verfassers mit Kursen und Vorlesungen dieses Inhalts im Gymnasium und Hochschule. Das Buch eignet sich zur Einführung in Gebiete der theoretischen Informatik und mathematischen Grundlagenforschung für Lehrer, die aus diesem Bereich Kurse in der Sekundarstufe II anbieten wollen, wegen der besonders in der ersten Hälfte sehr breiten Darstellung aber auch als Grundlage eines solchen Kurses für Schüler. Es ist außerdem gedacht als Studientext für Studenten an Hochschulen. Der ausführliche Übungsteil ermöglicht auch die Erarbeitung im Selbststudium. Die teilweise neue Darstellung bekannter Resultate und die Einbeziehung einiger neuer Ergebnisse könnten auch den ausgebildeten Mathematiker und Informatiker interessieren.

Dieter Rödding

Inhaltsverzeichnis

Symbolverzeichnis

$\mathbf{x}$	Abkürzung für ein geeignetes n-Tupel $x_1, \ldots, x_n$ (S. 24)
A^*	Menge der Worte über dem Alphabet A (S. 67)
$x \dot{-} y$	modifizierte Subtraktion (S. 9)
$x \mid y$	x teilt y
$f \mid M$	Funktion f beschränkt auf die Menge M
$\lvert M \rvert$	Anzahl der Elemente der Menge M
$\bar{f}(x, g)$	Iteration der einstelligen Funktion f(x) (S. 33)
$A \cup B$	Vereinigung der Mengen A und B
$A \cap B$	Durchschnitt der Mengen A und B
$A \subseteq B$	A ist Teilmenge von B
$\bigcup_{n \in \mathbb{N}} R^n$	Vereinigung der Mengen R^n (S. 56)
$x < y$	x ist kleiner als y
$x \leqslant y$	x ist kleiner oder gleich y
$A \leqslant B$	A ist Teilwort von B (S. 68)
$A \preccurlyeq B$	A ist Anfangswort von B (S. 68)
$\wedge$	Abkürzung für „und“
$\vee$	Abkürzung für „oder“
$\rightarrow$	Abkürzung für „wenn-dann“
$\leftrightarrow$	Abkürzung für „genau dann-wenn“
$\bigwedge_x$	Abkürzung für „für alle x gilt“
$\bigvee_x$	Abkürzung für „es gibt ein x mit“

1. Einleitung

Calculi nannten die Römer die Steinchen, mit denen sie auf dem Rechenbrett (lat. abacus) rechneten. Von diesem Wort ist das Wort „Kalkül" abgeleitet. Ein Beispiel für Kalküle sind die Logikkalküle. Das sind Regelsysteme zur formalen Umformung von Sprachpartikeln mit dem Ziel, logische Beweise zu formalisieren und auf kombinatorische Umformungen zurückzuführen. Allgemein sind Kalküle Regelsysteme zur rein formalen Umformung von Zeichenreihen. Diese brauchen nicht nur lineare Worte über einem Alphabet zu sein, es kann sich auch um Muster in der Ebene oder im Raum handeln, die nach Regeln umgeformt werden. Faßt man Spielregeln für Brettspiele (Legespiele) als Kalküle auf, ist man der ursprünglichen Wortbedeutung wieder sehr nahe gekommen.

Unter (Rechen)Maschinen stellt man sich Apparate zur automatischen Verarbeitung von Informationen vor. Dabei soll der Übergang von einem Zustand in einen neuen nach festen Regeln (Programmen) verlaufen. In diesem Sinne stellen theoretische Modelle von Rechenmaschinen spezielle Kalküle dar.

Dieses Buch soll einen Einblick in ein Gebiet der mathematischen Grundlagenforschung geben, das sich mit dem kombinatorischen Hintergrund der Mathematik beschäftigt. Es sollen verschiedene Ansätze aufgezeigt werden, den intuitiven Begriff „Rechnen" mathematisch zu präzisieren. Die Worte „Maschine" und „Kalkül" (Regelsystem) bezeichnen dabei zwei Akzente, unter denen die intuitiven Vorstellungen präzisiert werden sollen.

Bei der Beschäftigung mit Kalkülen und Maschinen geht es deshalb nicht um die Behandlung verschiedener Gebiete, sondern um die Untersuchung verwandter Theorien unter verschiedenen Aspekten.

Dieses Buch will Möglichkeiten und Grenzen einer auf kombinatorischen Umformungen von Zeichenreihen beruhenden Mathematik aufzeigen. An einem einfachen Beispiel soll verdeutlicht werden, von welcher Art die hier gemeinten Grenzen sind.

Frage: Gibt es ein *allgemeines, effektives Verfahren,* um von einem beliebigen Text deutscher Sprache in endlich vielen Schritten zu entscheiden, ob er ein Rechenverfahren zur Berechnung irgend einer einstelligen Funktion darstellt oder nicht?[1)]

Antwort: Nein.

Wir schließen indirekt und nehmen an, es gäbe ein solches Verfahren. Wir denken uns alle Texte der deutschen Sprache der Länge nach und bei gleicher Länge lexikographisch geordnet. Dieses ergibt effektiv eine wohlbestimmte Liste von Texten $T_0, T_1, T_2, \ldots$. Mit Hilfe unseres Entscheidungsverfahrens suchen wir nun aus dieser Liste der Texte T_i diejenigen heraus, die Berechnungsverfahren für einstellige Funktionen liefern und nennen diese Texte $B_0, B_1, B_2, \ldots$.

1) Hier ist nicht die Schwierigkeit angesprochen, sich zu einigen, ob ein gegebener Text präzise genug ist, um ein eindeutiges Rechenverfahren zur Berechnung der Funktionswerte einer Funktion darzustellen, sondern nach einem Algorithmus gefragt, der solche Texte aussortiert.

Durch diese Zuordnung zwischen Texten und natürlichen Zahlen – die sogenannte Gödelisierung – ist aus dem ursprünglichen Problem folgendes Problem über natürlichen Zahlen entstanden:

Gibt es ein allgemeines Verfahren, um für eine natürliche Zahl n in endlich vielen Schritten festzustellen, ob folgendes Prädikat auf sie zutrifft oder nicht? „Es gibt eine natürliche Zahl k, so daß die Texte T_n und B_k gleich sind". Es ist also nach einem algorithmischen Entscheidungsverfahren für das 1-stellige zahlentheoretische Prädikat in der Variablen n $\bigvee_k T_n = B_k$ gefragt. Jeder Text B_i beschreibt einen Algorithmus zur Berechnung einer einstelligen Funktion, die wir mit f_i bezeichnen wollen, und umgekehrt kommt jeder Text, der ein Berechnungsverfahren für eine einstellige Funktion beschreibt, in dieser Liste vor. Wir haben also eine Abbildung der Texte bzw. der berechenbaren einstelligen Funktionen auf die natürlichen Zahlen.

Wir definieren jetzt durch ein Diagonalverfahren eine einstellige Funktion f:

$$f(n) := f_n(n) + 1.$$

Diese Funktion ist berechenbar. Man erhält ein Berechnungsverfahren zur Berechnung des Funktionswertes f(n) wie folgt: Man sucht zunächst in der Liste der B_i den Text B_n und rechnet mit dessen Hilfe den Funktionswert $f_n(n)$ aus. Anschließend addiert man zum Ergebnis eine 1. Diese Skizze läßt sich zu einem vollständigen Berechnungsverfahren für die Funktion f ergänzen. Ein so erhaltener Text muß in der Liste der B_i auftauchen. Nehmen wir an, es sei ein Text B_k. Die zum Text B_k gehörende Funktion, also f, hatten wir in unserer Terminologie mit f_k bezeichnet, also

$$f_k(n) = f_n(n) + 1.$$

Mit Hilfe eines Diagonalschlusses erhalten wir dann folgenden Widerspruch. Wir rechnen den Funktionswert von f_k an der Stelle k aus und erhalten

$$f_k(k) = f_k(k) + 1.$$

Das zu Beginn des Beweises angenommene Verfahren kann es also auch abgesehen von den in der Anmerkung angedeuteten Schwierigkeiten nicht geben.

Dieses ist ein einfaches Beispiel für mathematische Probleme, die mit rein algorithmischen Methoden nicht entschieden werden können. Die zum Nachweis dieses Unentscheidbarkeitphänomens benutzten Methoden werden wir bei unseren Untersuchungen über algorithmisch unentscheidbare Probleme noch mehrere Male anwenden. Aus diesem Beispiel eines unentscheidbaren Prädikats erhält man leicht auch ein Beispiel für eine nicht berechenbare Funktion.

Wir definieren die sogenannte charakteristische Funktion f_P eines Prädikates P durch die Festsetzung, daß $f_P(n) = 0$, falls P auf n zutrifft, und $f_P(n) = 1$ sonst.
Bei unserem Beispiel erhalten wir also folgende Funktion

$$f_P(n) = \begin{cases} 0 \text{ falls } \bigvee_k T_n = B_k \\ 1 \text{ sonst} \end{cases}$$

Diese Funktion „sortiert"-anschaulich gesprochen- gerade die Texte B_i aus der Liste der Texte T_j aus. Wären die Funktionswerte dieser Funktion in endlich vielen Schritten durch einen Algorithmus effektiv berechenbar, so wäre das Prädikat $\bigvee_k T_n = B_k$ algorithmisch entscheidbar, entgegen dem eben durchgeführten Beweis. Wie in diesem Beispiel läßt sich allgemein in natürlicher Weise jedem Prädikat eine Funktion (charakteristische Funktion) und jeder Funktion ein Prädikat (der Graph der Funktion) zuordnen. Den entscheidbaren Prädikaten entsprechen damit die berechenbaren Funktionen. Wir werden uns in diesem Buch zunächst auf Funktionen und Prädikate über natürlichen Zahlen beschränken.

Bevor auf Fragen der Berechenbarkeit und Entscheidbarkeit genauer eingegangen werden kann, wird in einem Kapitel „Konstruieren mit Baukästen" zunächst einmal auf intuitiver Basis ein Verfahren besprochen, Begriffe zu definieren und Beweise zu führen. Es schließt sich eine Analyse des Rechnens über natürlichen Zahlen mit Handrechenmaschinen an. Daraus wird das theoretische Modell *idealer Rechenmaschinen* entwickelt, mit denen „alle" *berechenbaren Funktionen* berechnet werden können. Dabei wird es notwendig sein, den umgangssprachlichen Begriff „berechenbar" mathematisch zu präzisieren. Es wird gezeigt, daß verschiedene Präzisierungen – einmal mit Hilfe idealisierter Maschinen, einmal als Eigenschaft von Funktionen, die durch gewisse Definitionsbaukästen definierbar sind – auf dieselbe Funktionenklasse führen. Man kann deshalb annehmen, eine adäquate Präzisierung des Begriffs „berechenbar" vorgenommen zu haben (These von *Church*).

Innerhalb dieser Klasse aller berechenbaren Funktionen gibt es noch eine Reihe kleinerer Funktionenklassen, die durch unterschiedliche Einschränkungen (z. B. in der Programmiersprache, der benötigten Rechenzeit, der Anwendung von Definitionsschemata) gekennzeichnet sind. Es werden einige solcher spezieller Funktionenklassen untersucht und gezeigt, daß verschiedene Funktionenklassen gleich sind, obwohl sie aus unterschiedlichen heuristischen Überlegungen heraus definiert worden sind.

Der zweite Teil des Buches beschäftigt sich mit Kalkülen. Es werden auch hier verschiedene Präzisierungen des Begriffs „zeichenverarbeitender Algorithmus" untersucht (THUE-System, POST-Kalkül, MARKOV-Algorithmus, TURING-Maschine). Eine Verallgemeinerung von wortverarbeitenden Regelsystemen auf Systeme, die Muster in der Ebene verarbeiten, führt auf eine mathematische Präzisierung von Legespielen. Diese lassen sich aber auch als ein Netz von Automatenzellen deuten (Zelluläre Automaten). Im letzten Kapitel wird dann noch auf sequentielle Netzwerke einfacher Automaten eingegangen und bewiesen, daß sich durch solche Netzwerke insbesondere die zu Anfang untersuchten Registermaschinen simulieren lassen. Damit liegt in diesem Konzept eine weitere Präzisierung des Berechenbarkeitsbegriffs vor.

Die Analyse führt in verschiedenen Kapiteln auf Probleme, deren algorithmische Unlösbarkeit bewiesen wird. Zunächst ergibt sich beim Beweis der Äquivalenz von zwei verschiedenen Berechenbarkeitskonzepten leicht die Unentscheidbarkeit des Stop-Problems für Registermaschinen. Durch die Simulation von Registermaschinen durch andere Systeme wird dann in späteren Kapiteln die Unentscheidbarkeit des Wortproblems für Halbgruppen und eines Labyrinthproblems bewiesen.

2. Konstruieren mit Baukästen

In vielen der folgenden Kapitel werden neue Begriffe eingeführt, mathematische Objekte (z. B. Funktionen, Programme für Rechenmaschinen) nach gewissen Gesichtspunkten zu einer Menge zusammengefaßt. Oft geschieht dies nicht direkt sondern implizit, indem ein Verfahren angegeben wird, wie man alle unter den neuen Begriff fallenden Gegenstände bzw. alle zur Menge gehörenden Elemente findet. Man könnte sagen, es wird nur ein Baukasten für die zu definierende Menge geliefert. Zu einem Baukasten gehören wesentlich zwei Angaben: einmal die *Bausteine,* die bereits Elemente der Menge sind, und dann die *Regeln,* nach denen aus den Bausteinen alle weiteren Elemente der Menge gebaut werden können.

Wir wollen für Baukästen typische Überlegungen, die in den folgenden Kapiteln gebraucht werden, an einem Beispiel ausführlich behandeln. Dies soll in diesem Kapitel in einer etwas informellen Weise geschehen. Die Überlegungen werden im Kapitel 18 und 19 noch einmal aufgegriffen.

Als Beispiel wählen wir einen *Baukasten zur Konstruktion von Worten.*

In diesem Zusammenhang ist mit „Wort" nur eine Aneinanderreihung von Buchstaben gemeint. Eine Bedeutung dieser Buchstabenkombination z. B. als Wort der deutschen Sprache oder als mathematische Formel wird nicht untersucht. Wir werden nun mehrere Baukästen zur Konstruktion von Worten untersuchen.

Baukasten I:

Er enthalte als Bausteine alle Worte aus Buchstaben des kleinen lateinischen Alphabets.

Mit diesen Bausteinen dürfen nach folgenden Regeln neue Worte gebildet werden: An ein konstruiertes Wort – das kann ein Baustein sein – darf man den Buchstaben a bzw. b, . . . , z anhängen.

Baukasten II:

Er enthalte als Bausteine alle Worte mit zwei Buchstaben aus dem kleinen lateinischen Alphabet; aa, . . . , zz. Mit diesen Bausteinen dürfen nach folgenden Regeln neue Worte gebildet werden: Hat man schon zwei Worte gebildet – das können auch Bausteine sein –, bei denen der Endbuchstabe des einen gleich dem Anfangsbuchstaben des anderen ist, dann dürfen die beiden Worte so zu einem neuen Wort aneinandergefügt werden, daß zunächst die beiden genannten Buchstaben nebeneinanderstehen und dann davon einer gestrichen wird.

Beispiele: Aus den Worten ev und ve wird nach dieser Regel eve. Aus eve und eu wird dann eveu. Aus te und ee wird tee. Aus tee und ei wird teei.

Die oben vorgenommene sprachliche Formulierung der Regel ist recht umständlich. Durch die Benutzung von Variablen läßt sich die Regel wesentlich übersichtlicher schreiben. Wir verwenden W_1 und W_2 als Variable für Worte. Dann schreiben sich die 26 Regeln wie folgt:

Regeln: Sind die Worte $W_1 a$ und aW_2 durch den Baukasten erzeugbar, dann auch das Wort $W_1 aW_2$.

Für die anderen 25 Buchstaben lauten die Regeln entsprechend.

Baukasten III:

Er enthalte als Bausteine alle Worte mit drei Buchstaben aus dem kleinen lateinischen Alphabet.

Regeln: Sind die Worte W_1a und aW_2 (bzw. W_1b und bW_2, ..., W_1z und zW_2) durch den Baukasten konstruierbar, dann auch das Wort $W_1 \cdot W_2$.

Hier gilt das Zeichen · als zusätzlicher (Verkettungs-)buchstabe. · ist kein Baustein.

Der Baukasten I, kürzer B I, mit 26 Bausteinen konstruiert die Worte so, wie wir es beim Schreiben gewohnt sind: durch schrittweises Anfügen der Buchstaben von links nach rechts an schon fertiggestellte Teilworte. Mit diesem Baukasten sind also genau alle Worte mit Buchstaben aus dem kleinen lateinischen Alphabet konstruierbar. Im Abschnitt 19 werden wir dies noch exakt beweisen.

Wir wollen uns jetzt überlegen, wie alle mit B III konstruierbaren Worte aussehen.

Behauptung: In jedem mit B III konstruierbaren Wort kommen mindestens 3 Buchstaben vor, und die ersten und letzten beiden Buchstaben sind nicht der Verkettungsbuchstabe.

Es ist also eine Aussage für alle mit B III konstruierbaren Worte zu beweisen. Ein Wort kann auf zwei Arten mit B III konstruiert werden:

1. Es besteht nur aus drei Buchstaben. Dann ist es ein Baustein.
2. Es ist durch schrittweises Konstruieren aus den Bausteinen entstanden.

Es ist deshalb sinnvoll, die Behauptung entsprechend in zwei Schritten zu beweisen:

1. Schritt: Die Behauptung gilt für alle Bausteine. Da es 26^3 Bausteine gibt, sind hier 26^3 Fälle zu unterscheiden.

2. Schritt: Die Gültigkeit der zu beweisenden Aussage vererbt sich bei der Anwendung einer Konstruktionsregel von den (beiden)[1] benutzten Worten auf das neu entstehende. Da es 26 Regeln gibt, sind hier 26 Teilbeweise zu führen.

Zum 1. Schritt: Da alle 26^3 Bausteine aus drei Buchstaben bestehen und in ihnen der Buchstabe · nicht vorkommt, gilt die Aussage für alle Bausteine.

Zum 2. Schritt: Von den 26 Fällen beschränken wir uns auf den Fall, daß aus den beiden Worten W_1a und aW_2 das neue Wort $W_1 \cdot W_2$ entsteht. Die übrigen Fälle werden analog bewiesen.

Wir haben also folgendes zu beweisen: Wenn W_1a aus mindestens drei Buchstaben besteht und die ersten und letzten beiden Buchstaben von W_1a nicht der Verkettungsbuchstabe · sind und wenn aW_2 aus mindestens drei Buchstaben besteht und die ersten und letzten beiden Buchstaben von aW_2 nicht der Verkettungsbuchstabe · sind, dann besteht $W_1 \cdot W_2$ aus mindestens drei Buchstaben und die ersten und letzten beiden Buchstaben von $W_1 \cdot W_2$ sind nicht der Verkettungsbuchstabe ·.

---

[1]) Da bei allen Regeln jeweils aus zwei Worten ein neues entsteht.

Das sieht man folgendermaßen ein: Wenn W_1a bzw. aW_2 aus mindestens drei Buchstaben bestehen, so bestehen W_1 bzw. W_2 aus mindestens zwei Buchstaben, also besteht $W_1 \cdot W_2$ aus mindestens drei Buchstaben (sogar aus mindestens fünf). Die ersten beiden bzw. die letzten beiden Buchstaben von $W_1 \cdot W_2$ sind die ersten beiden Buchstaben von W_1 bzw. die letzten beiden von W_2. Sind also die ersten und die letzten beiden Buchstaben von W_1 und W_2 nicht der Buchstabe $\cdot$, so gilt dies auch für $W_1 \cdot W_2$.

Übung 1.1: Beweisen Sie, daß in jedem mit B III konstruierbaren Wort niemals zwei Buchstaben $\cdot$ nebeneinander stehen.

Übung 1.2: Ein Wort der Form $a_1 \cdot a_2 \cdot \ldots \cdot a_n$, wobei a_i kleine lateinische Buchstaben sind, wollen wir ein „Stotterwort" des Wortes $a_1a_2 \ldots a_n$ nennen. Das Stotterwort zum Wort W wollen wir mit $\underline{W}$ bezeichnen; hat W nur einen Buchstaben, so ist $\underline{W}$ gleich W. Es ist zu beweisen, daß jedes mit B III konstruierbare Wort die Gestalt $a_1\underline{W}a_2$ hat, wobei a_1, a_2 kleine lateinische Buchstaben sind.

Wir nennen dieses hier besprochene Verfahren, Begriffe oder Mengen – hier war es eine Menge von Worten – durch die erzeugenden Baukästen anzugeben, eine *induktive Definition* des Begriffs bzw. der Menge. Das dazu passende, hier angewandte Beweisverfahren für Aussagen über Elemente solcher Mengen (Gegenstände, die mit dem Baukasten konstruiert werden können) nennen wir *Beweis durch Induktion* über den Aufbau der Menge (des Baukastens). Er besteht aus den beiden oben genannten Schritten. Der erste Schritt (Nachweis für die Grundbausteine) heißt *Induktionsanfang*, der zweite Schritt (Nachweis über die Vererbung bei Regelanwendung) *Induktionsschritt*.

Die Namensgleichheit mit dem Beweis durch vollständige Induktion ist nicht zufällig: Die natürlichen Zahlen werden durch einen speziellen Wortbaukasten definiert, mit dem Worte über einem Alphabet konstruiert werden, das nur aus einem Buchstaben besteht, z. B. dem Buchstaben |:

Baukasten IV:

Baustein ist der Buchstabe |.

Regel: Ist das Wort Z schon konstruiert, so darf man Z| konstruieren.

Wir erhalten so die natürlichen Zahlen (ab 1) als Strichfolgen.

In den späteren Abschnitten werden wir öfter zu beweisen haben, daß gewisse Konzepte von z. B. Rechenmaschinen oder Definitionsbaukästen gleichwertig sind. Diese Aussagen werden induktiv bewiesen. Wir wollen hier zur Vorbereitung dieser Überlegungen Vergleiche über die Leistungsfähigkeit einiger Wortbaukästen anstellen.

Übung 1.3: Zeigen Sie, daß sich zu jedem mit B I konstruierbaren Wort a_1Wa_2, das mindestens drei Buchstaben enthält, mit B III das Wort $a_1\underline{W}a_2$ konstruieren läßt.

Übung 1.4: Man zeige, daß sich jedes mit B I konstruierbare Wort, das mindestens zwei Buchstaben enthält, auch mit B II konstruieren läßt.

Für Worte mit mindestens zwei Buchstaben sind also B I und B II gleich leistungsfähig.

Wir untersuchen im folgenden noch zwei weitere Wortbaukästen:

Baukasten V:

Er ist eine Erweiterung des Baukastens B II, der noch folgende Regeln enthält:

Regeln: Ist das Wort W_1aW_2 (bzw. $W_1bW_2, \ldots, W_1zW_2$) durch den Baukasten konstruierbar, so auch das Wort $W_1 \cdot W_2$.

Mit diesen 26 Regeln darf also innerhalb konstruierter Worte jeweils ein Buchstabe des lateinischen Alphabets durch das Zeichen • ersetzt werden.

Baukasten VI:

Er ist eine andere Erweiterung des Baukastens B II:

Das Alphabet werde erweitert um den Buchstaben •.

Bausteine sollen dann alle Worte mit zwei Buchstaben über diesem erweiterten Alphabet sein.

Regeln: Wie bei B II.

Übung 1.5: Es ist zu beweisen, daß jedes mit B III konstruierbare Wort auch mit B V konstruiert werden kann.

Übung 1.6.: Man beweise, daß jedes mit B III konstruierbare Wort auch mit B VI konstruiert werden kann.

Das in diesem Kapitel besprochene Verfahren der induktiven Definition von Mengen wird im folgenden immer wieder benutzt, um beispielsweise den Programmbegriff für Registermaschinen oder spezielle Funktionenmengen zu definieren. Im Kapitel 19 wird noch einmal ausführlich auf induktive Definitionen und Beweise eingegangen, da dann eine gewisse Erfahrung im intuitiven Umgang mit diesem Verfahren vorliegt. Vorher werden im Kapitel 18 noch einmal Baukästen zur Erzeugung von Worten behandelt.

3. Handrechenmaschinen

Aufbau einer Handrechenmaschine

Zunächst soll das Rechnen mit einer gebräuchlichen Handrechenmaschine (HRM) analysiert werden, um daraus Forderungen an die Fähigkeiten einer idealen Rechenmaschine aufzustellen, die es ermöglicht, „alle“ berechenbaren Funktionen über natürlichen Zahlen zu berechnen.

Eine HRM läßt sich schematisch folgendermaßen darstellen:

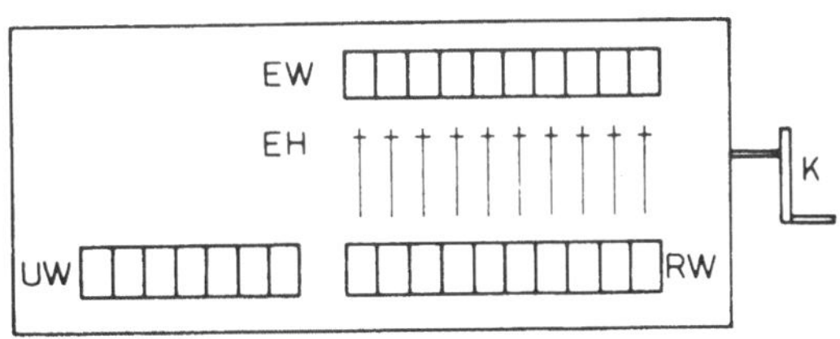

Sie hat 3 Zahlenspeicher EW, UW, RW von begrenzter Stellenzahl. Mit Hilfe der Einstellhebel EH lassen sich im Zahlenspeicher EW (Einstellwerk) natürliche Zahlen einstellen. Jede Rechtsdrehung der Kurbel K addiert den Inhalt des EW zum Inhalt des Resultatwerkes RW und erhöht den Inhalt des Umdrehungswerkes UW um 1. Eine Linksdrehung der Kurbel K subtrahiert den Inhalt des EW vom Inhalt des RW und erniedrigt den Inhalt des UW um 1. Da die Zahlenspeicher EW, UW und RW nur natürliche Zahlen speichern können, muß eine Verabredung getroffen werden, was geschieht, wenn die Subtraktion im RW bzw. UW aus der Menge der natürlichen Zahlen hinausführt.

Wir betrachten zunächst die Addition. Zu Beginn der Rechnung bringt man mit einem Hebel das UW und das RW auf 0. Dann stellt man mit Hilfe der EH im EW die erste Zahl ein. Eine Rechtsdrehung der Kurbel bringt diese in das RW (addiert sie zu der 0 im RW).

Nun stellt man im EW die 2. Zahl ein und addiert sie mit einer Rechtsdrehung zum Inhalt des RW. Dort liest man das Ergebnis ab. Da 2 Rechtsdrehungen ausgeführt worden sind, zeigt das UW eine 2 an.

Ist bei der Addition der Zahlen x, y die Summe $x + y$ größer als 10^{10}, so erscheint bei einer HRM, die 10 Stellen im EW und RW hat, die Zahl $x + y - 10^{10}$ im RW.

Beispiel: Eine HRM mit 10 Stellen rechnet die Aufgabe 3–5 wie folgt:

Entwicklung der Anzeige im Rechenwerk:

$$\begin{aligned} & 0000000003 \\ \Longrightarrow\ & 9999999998 \\ & \qquad = (10^{10} + 3) - 5 \end{aligned}$$

Multiplikation auf einer Handrechenmaschine

Multiplikation ist eine wiederholte Addition des gleichen Summanden. $b \cdot a$ steht für

$$\underbrace{a + a + \ldots + a}_{b\text{-mal}}$$

Will man auf einer HRM das Produkt zweier Zahlen ausrechnen, so geht man auf diese Definition zurück.

Stellt man a im EW ein, dann steht

nach 1 Rechtsdrehung a im RW und 1 im UW,
nach 2 Rechtsdrehungen steht $a + a = 2a$ im RW und 2 im UW;
nach b Rechtsdrehungen steht $b \cdot a$ im RW und b im UW.

Man dreht also so lange, bis im UW der erste Faktor des Produkts erscheint. Das Ergebnis steht dann im RW.

4. Abstraktion von der Handrechenmaschine zu einer idealen Registermaschine (RM)

Im folgenden soll ein Modell für eine ideale Rechenmaschine angegeben werden, die mit möglichst wenig Elementaroperationen auskommt und mit der man durch eine geschickte Bedienung (Programmierung) für alle berechenbaren Funktionen, mit Argumenten und Werten aus $\mathbb{N}$, nach Eingabe der Argumente den Funktionswert berechnen kann. Die Elementaroperationen sollen mit wenigen, geeignet gewählten Konstruktionsprozessen zu neuen Anweisungen zusammengesetzt werden können.

Hatte eine HRM nur zwei Register (UW, RW) und konnten nur begrenzt große natürliche Zahlen eingestellt werden, so lassen wir für eine ideale Rechenmaschine, die Registermaschine (RM) genannt werden soll, diese Einschränkung fallen: Eine RM soll eine feste (genügend große) Anzahl von Registern haben. Jedes Register soll eine beliebige natürliche Zahl speichern können. Zur Bezeichnung der Register verwenden wir natürliche Zahlen. Den Inhalt des Registers i werden wir mit $\langle i \rangle$ bezeichnen. $3 = \langle 4 \rangle$ heißt: im Register 4 steht die Zahl 3. Steht in einem Register die Zahl 0, so sagen wir, daß das Register leer ist.

Grundoperationen sollen wie bei der HRM die Addition und Subtraktion von zwei Registerinhalten sein. Diese Operationen sollen für zwei beliebige Register ausführbar sein. Bei der HRM waren sie nur für EW und RW ausführbar: $\langle EW \rangle + \langle RW \rangle$ ins Register RW, bzw. $\langle RW \rangle - \langle EW \rangle$ ins Register RW.

Wird die Subtraktion $\langle i \rangle - \langle j \rangle$ bei Registermaschinen ausgeführt für den Fall, daß $\langle j \rangle > \langle i \rangle$ ist, so soll das Ergebnis 0 sein. (Der Ausweg der HRM, $(10^{10} + \langle i \rangle) - \langle j \rangle$ anzuzeigen, steht bei RM nicht zur Verfügung, da die Stellenzahl nicht begrenzt sein soll!)

Diese modifizierte Subtraktion ist definiert durch

$$a \dot{-} b := \begin{cases} a - b & \text{falls} \quad a \geqslant b \\ 0 & \text{falls} \quad a < b \end{cases}$$

Es sei noch darauf hingewiesen, daß diese modifizierte Subtraktion nicht in jedem Falle die Umkehrung der Addition darstellt. $(x \dot{-} y) + y = x$ gilt nur für den Fall, daß $x \geqslant y$ ist.

Beispiel: $(3 \dot{-} 4) + 4 = 0 + 4 = 4$

Die beiden *Elementaroperationen* sind also:

1. Addiere $\langle j \rangle$ zu $\langle i \rangle$ und schreibe das Ergebnis ins Register i. Der Inhalt von Register j bleibt erhalten. Für diese Elementaroperation schreiben wir

$$\boxed{\langle i \rangle := \langle i \rangle + \langle j \rangle}$$ [1)]

---

1) In dieser Schreibweise bedeutet das Zeichen := nicht „ist definiert durch" sondern „wird bei Ausführung des Befehls ersetzt durch".

2. Bilde $\langle i \rangle \dot{-} \langle j \rangle$ und schreibe das Ergebnis ins Register i. Der Inhalt von Register j bleibt erhalten. Für diese Elementaroperation schreiben wir

$$\boxed{\langle i \rangle := \langle i \rangle \dot{-} \langle j \rangle}$$

Aufbau von Programmen

Programme für Rechenmaschinen sind Anweisungen, nach denen die Rechenmaschine entsprechende Elementaroperationen hintereinander ausführen soll. Wir wollen im folgenden einen mathematisch präzisen Begriff „Programm einer RM" erarbeiten und gehen dabei *induktiv* vor, d. h. wir geben Regeln an, mit denen aus den Elementaroperationen kompliziertere Programme zusammengesetzt werden können, und vereinbaren andererseits, daß nur die durch korrekte Regelanwendung entstandenen „Gebilde" Programme für RM sein sollen.

1. Die beiden Elementaroperationen sind Programme. Sie sind die Grundbausteine für Programme.

2a. Hat man zwei Programme P und Q (das können z. B. Elementaroperationen sein), so kann man sie hintereinander ausführen. Das Hintereinanderausführen von Programmen läßt sich als ein Konstruktionsprozeß auffassen, mit dem man aus zwei Programmen ein neues gewinnen kann. Diesen Prozeß nennen wir *Verkettung*. Wir schreiben die Verkettung von P und Q als $P \to Q$.

Beispiel:

$$\boxed{\langle 1 \rangle := \langle 1 \rangle \dot{-} \langle 2 \rangle}$$
$$\downarrow$$
$$\boxed{\langle 1 \rangle := \langle 1 \rangle + \langle 3 \rangle}$$

Dieses Programm bildet $(\langle 1 \rangle \dot{-} \langle 2 \rangle) + \langle 3 \rangle$ im Register 1.

2b. Bei der Multiplikation von zwei Zahlen auf der HRM wurde die Addition so oft ausgeführt, wie der 1. Faktor angibt. *Vor* jeder Umdrehung wurde geprüft, ob der Inhalt des Umdrehungswerks schon die Größe des 1. Faktors hatte.

Die wiederholte Ausführung eines Programms (hier Addition), die von der Antwort auf eine Frage über den Inhalt eines Registers (hier Umdrehungswerk) gesteuert wird, nennen wir *Iteration* des Programms. Dieser Prozeß, durch den aus gegebenen Programmen neue Programme entstehen, soll zu der zweiten Regel zur Konstruktion von Programmen für RM präzisiert werden. Statt eine Iteration nach der Frage zu steuern, ob zwei Registerinhalte gleich sind, soll hier – um die theoretischen Überlegungen zu vereinfachen – eine Iteration nach der Frage, ob ein Register den Inhalt 0 hat, gesteuert werden. Eine Iteration soll außerdem von jedem Register gesteuert werden können und nicht nur von bestimmten ausgezeichneten Registern. Als Bezeichnung für die Iteration des Programms P nach einem Register i soll folgendes vereinbart werden:

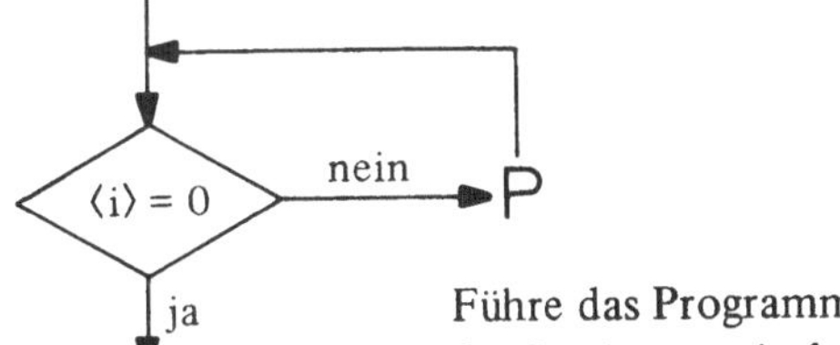

Führe das Programm P so oft aus, bis der Inhalt des Registers mit der Nummer i Null ist.

Dieses ist als Regel zu verstehen, mit der aus einem gegebenen Programm P ein neues Programm entsteht.

Die Regeln der Verkettung und Iteration sind die einzigen zugelassenen Regeln zur Konstruktion von neuen Programmen. Andere „Gebilde", die nicht nach diesen Regeln konstruiert werden können, sind also keine Programme für RM, auch wenn man – wegen der suggestiven Bezeichnung – ihre Ausführung inhaltlich „verstehen" kann.

Insbesondere muß eine Iterationsschleife immer mit der Frage ⟨i⟩ = 0? beginnen.

Deswegen ist

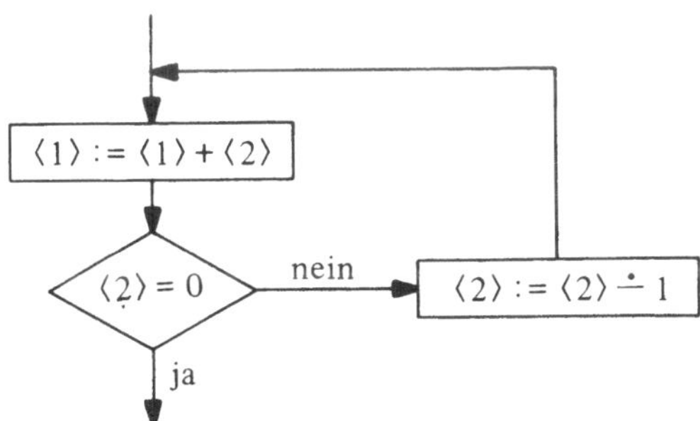

kein Programm für eine RM.

Weil eine Entscheidungsfrage in einem Programm nur in Verbindung mit einer Rückkoppelung zugelassen ist, also ein „Gebilde" der Form

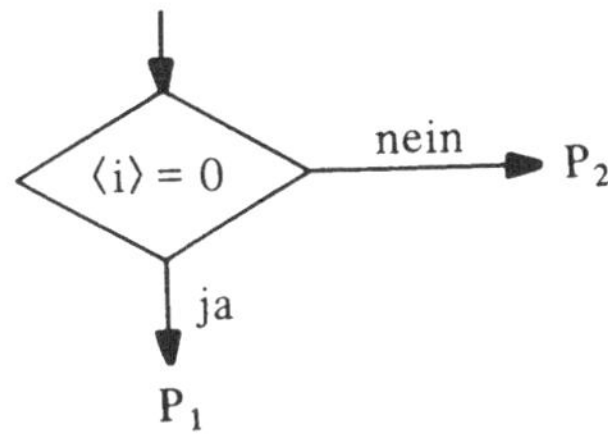

nicht vorkommen kann, haben alle Programme nur *einen* Ausgang. Das wird für unsere späteren Überlegungen große Vorteile haben. Wir müssen allerdings beweisen, daß eine so „arme" Programmiersprache genau so leistungsfähig ist wie eine „reichere".

Die Eingabe von Zahlen in die RM soll durch folgende Schreibweise dargestellt werden. In

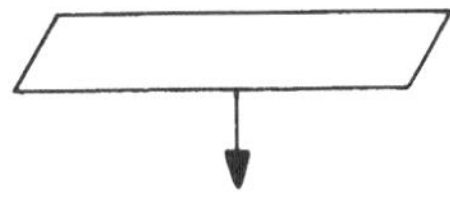

werden die Register mit ihren Anfangsinhalten aufgeführt, die zu Beginn der Rechnung von 0 verschieden sind. So bedeutet

⟨1⟩ := a; ⟨2⟩ := b; ⟨4⟩ := c;

zu Beginn der Rechnung steht a im Register 1, b im Register 2, c im Register 4; alle nicht aufgeführten Register sollen die Zahl 0 enthalten.

Am Ende des Programms soll durch

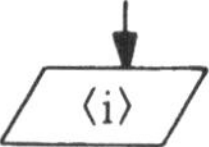

dargestellt werden, daß der Inhalt des Registers i als Ergebnis der Rechnung angesehen wird.

In Programmen werden überflüssige Pfeilspitzen der Übersichtlichkeit halber weggelassen.

Ein Programm zur Berechnung der Multiplikation von zwei Zahlen x und y auf einer RM sieht dann folgendermaßen aus:

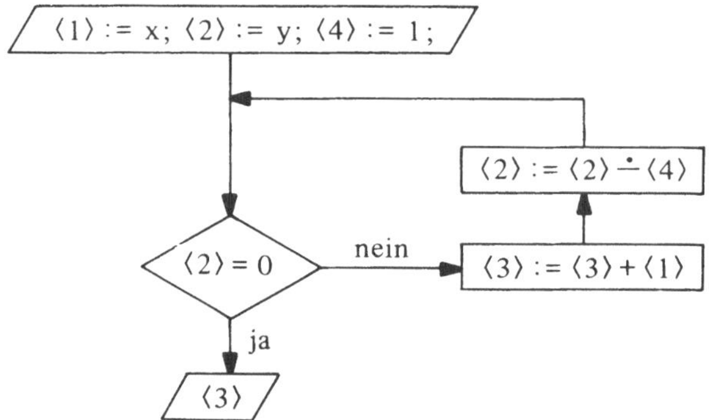

Bei diesen Elementaroperationen muß neben den Faktoren x und y noch in Register 4 eine „1" als Hilfsgröße eingegeben werden.

5. RM-Berechenbarkeit

Im letzten Abschnitt haben wir den Begriff „Programm" für eine RM präzisiert. Programme dienten dazu, Funktionswerte auszurechnen: Zu vorgegebenen Argumenten, die zu Beginn der Rechnung in gewissen Registern standen, lieferte das Programm nach endlich vielen Schritten das Ergebnis in einem bestimmten Register. Beim angegebenen Multiplikationsprogramm mußte aber zusätzlich zu den Argumenten noch eine „1" als Hilfsgröße eingegeben werden. Sie dient dazu, in der Iterationsschleife durch sukzessives Verkleinern von y die Anzahl der benötigten Umläufe zu zählen.

Versuchen wir ein Programm für die Nachfolgerfunktion $n(x) := x + 1$ oder die Vorgängerfunktion $v(x) := x \dot{-} 1$ zu schreiben, benötigen wir wieder eine „1" als Hilfsgröße:

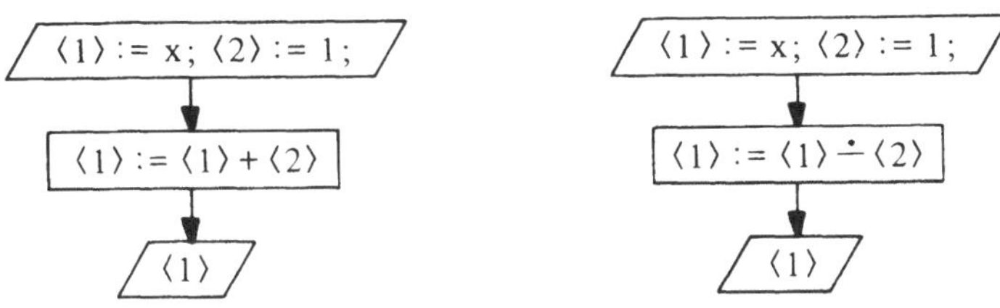

Da beide Funktionen *einstellig* sind, wirkt die zusätzliche „1" störend:

Ein Programm soll aus den Argumenten (und nur aus diesen) den Funktionswert ausrechnen. Es ist aber nicht zu sehen, wie man z. B. bei Nachfolger, Vorgänger, Multiplikation auf diese „1" verzichten kann. Die Bildung von Nachfolger und Vorgänger eines Registerinhalts wird deshalb zu den Elementaroperationen hinzugenommen werden müssen, wenn bei der Berechnung von Funktionen auf das zusätzliche Eingeben von Hilfsgrößen verzichtet werden soll. Wir definieren deshalb zwei neue Elementaroperationen:

$\langle i \rangle := \langle i \rangle + 1$	erhöhe den Inhalt des Registers i um 1

und

$\langle i \rangle := \langle i \rangle \dot{-} 1$	erniedrige (falls möglich) den Inhalt des Registers i um 1

Man sieht, daß die beiden bisherigen Operationen Addition und Substraktion durch ein kleines Programm aus diesen neuen Elementarbefehlen ersetzt werden können:

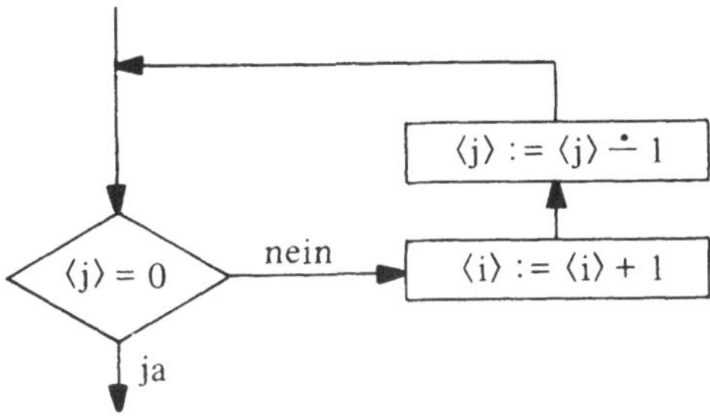

Wir wollen die Arbeitsweise von Programmen in einer Matrix skizzieren. Die Zeilen stellen „Momentaufnahmen" des Inhalts aller betrachteten Register zu interessanten Zeitpunkten dar, die Spalten die Änderung des Inhalts des jeweiligen Registers in diesen Abschnitten.

Matrix des Additionsprogramms:

$\langle i \rangle$	$\langle j \rangle$
x	y
$x + 1$	$y \dot{-} 1$
$\vdots$	$\vdots$
$x + y$	$y \dot{-} y$

Für die Subtraktion erhalten wir folgendes Programm

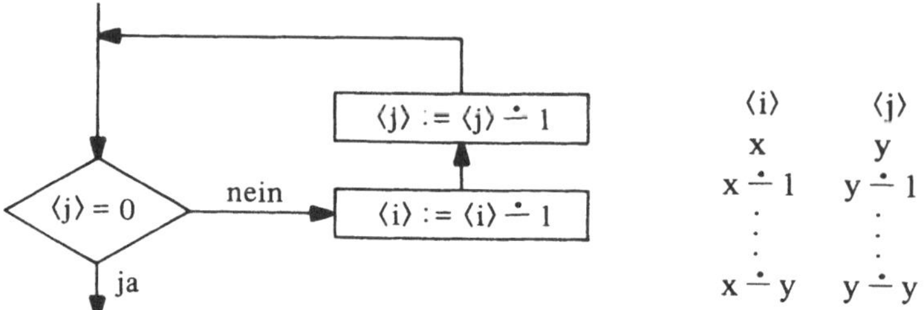

Da wir die beiden früheren Elementaroperationen aus den neuen aufbauen können, wollen wir im weiteren auf sie verzichten.

Der Begriff *Programm für eine RM* wird also induktiv erklärt: Programme für RM entstehen genau durch folgenden

Programmbaukasten: [1])

1. Bausteine:

   Jede Elementaroperation $\boxed{\langle i \rangle := \langle i \rangle + 1}$ und $\boxed{\langle i \rangle := \langle i \rangle \dot{-} 1}$, $i = 1, 2, \ldots$ ist ein Programm.

2. Konstruktionsregeln:

   a. Verkettung

      Die Verkettung zweier Programme P und Q zu P→ Q ergibt wieder ein Programm.

   b. Iteration:

      Mit jedem Programm P ist auch

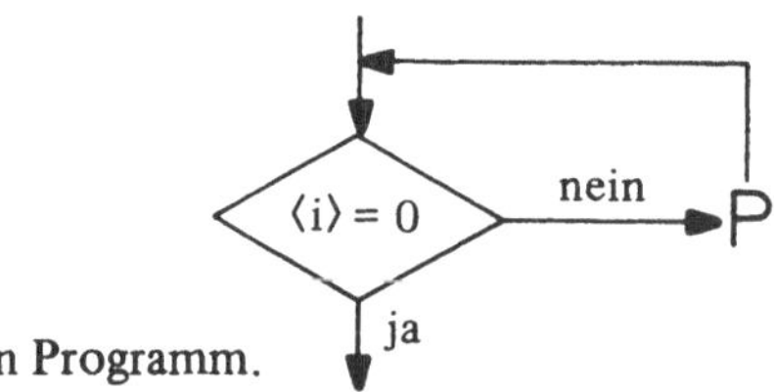

      ein Programm.

Jede Ausführung einer Elementaroperation soll als ein *Schritt* zählen.

---

[1]) Das hier vorgestellte Konzept von Registermaschinen geht auf *Rödding* [28] zurück. RM in der Form von Programmtafeln (vgl. Kapitel 17) wurden von *Minsky* [21] und *Sheperdson-Sturgis* [31] entwickelt.

Für eine beliebige n-stellige Funktion können wir jetzt den Begriff der RM-Berechenbarkeit wie folgt definieren:

Definition 5.1: Eine *RM mit Programm* F *berechnet* die n-stellige *Funktion* f, wenn für beliebige Argumente $x_1, \ldots, x_n$ (in den Registern $1, \ldots, n$ und Null in den übrigen Registern) die RM das Programm F ausführt und nach endlich vielen Schritten stoppt und im $n+1$ten Register der Funktionswert $f(x_1, \ldots, x_n)$ steht.

Wir sagen auch kurz: das Programm F berechnet f.

Die Berechnung heißt normiert, wenn außerdem am Schluß der Rechnung die Argumente in den Registern $1, \ldots, n$ stehen und die Register mit den Nummern $i > n+1$ wieder leer sind.

Die normierte Berechnung ist vorteilhaft, wenn verschiedene Programme hintereinander ausgeführt werden sollen.

Definition 5.2: Eine Funktion f heißt *RM-berechenbar,* wenn es ein Programm F gibt, welches f berechnet.

Bei der Definition der RM-Berechenbarkeit von Funktionen haben wir den Funktionsbegriff nicht näher präzisiert. Man kann dies z. B. im Rahmen der Mengenlehre tun.

Vom Standpunkt der *klassischen* mathematischen Logik genügt für den Funktionsbegriff, daß die Zuordnung Argument – Wert eindeutig festliegt, daß es also zu jedem x des Definitionsbereichs von f genau ein y gibt mit $y = f(x)$. Vom Standpunkt einer *konstruktiven* Mathematik ist zusätzlich zu fordern, daß der obige Existenzquantor effektiv ist, d. h., daß es ein Verfahren gibt, das effektiv den Funktionswert liefert. Die obige Definition 5.1 kann man also als eine konstruktive Präzisierung des Funktionsbegriffs ansehen: Eine Funktion *ist* ein Programm. Wegen der anschaulichen Bezeichnung für Programme[1]) mit je einer Zeile für die Ein- und Ausgabe ergibt sich auch eine formale Analogie zur Bezeichnung $y = f(x)$ in der Mathematik dadurch, daß man das Programm F, das f berechnet, auffaßt als einen Operator, der auf die Argumente wirkt und das Ergebnis liefert:

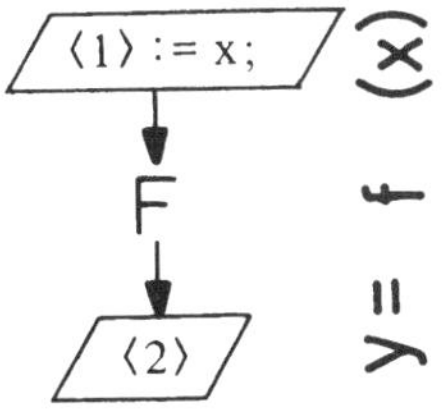

$\langle 1 \rangle := x;$

↓

F

↓

$\langle 2 \rangle$

$y = f(x)$

Die Anzahl der Schritte, die ein bestimmtes Programm F zur Berechnung eines Funktionswertes braucht, ist eindeutig festgelegt; sie hängt von den Argumenten der Funktion ab. Die Anzahl der Rechenschritte läßt sich also ebenfalls als eine Funktion auffassen. Wir nennen diese die *Schrittzahlfunktion des Programms* F und bezeichnen sie mit $s_F(x_1, \ldots, x_n)$. Der Index F deutet an, um welches Programm es sich handelt.

1) Im folgenden werden Programme zur Berechnung von Funktionen einschließlich der Eingabe- und Ausgabezeile angegeben, obwohl diese Zeilen gemäß der induktiven Definition nicht zum Programm gehören.

Definition 5.3: Eine Funktion g heißt *Schrittzahlfunktion der Funktion* f, wenn es ein Programm F gibt zur Berechnung von f, so daß gilt:

$$\bigwedge_{x_1} \dots \bigwedge_{x_n} g(x_1, \dots, x_n) = s_F(x_1, \dots, x_n).$$

Zu einer Funktion f gibt es mehrere Programme mit unterschiedlicher Schrittzahlfunktion. Beliebige Schrittzahlfunktionen für eine Funktion f sollen mit s_f bezeichnet werden.

Auf die Bedeutung der Schrittzahlfunktionen als Kompliziertheitsmaß für Funktionen wird in Kapitel 15 eingegangen.

6. Unterprogramme für Registermaschinen

In diesem Abschnitt sollen Programme zur normierten Berechnung von Addition, Subtraktion, Multiplikation und Potenz aufgestellt werden.

Die im vorigen Abschnitt angegebenen Programme zur Ersetzung der früheren Elementaroperationen Addition und Subtraktion sollen zu einem Programm zur normierten Berechnung ausgebaut werden. Dabei ist es notwendig, die beiden Argumente vor Beginn der eigentlichen Rechnung abzuschreiben. Wir entwickeln also zunächst ein Programm, das unter bestimmten Voraussetzungen als Kopierprogramm verwandt werden kann. Es soll den Inhalt des Registers j in das leere Register k kopieren. Wir suchen ein leeres (Hilfs)register l und schreiben zunächst den Inhalt des Registers j gleichzeitig in das Register k und l. Dabei wird das Register j gelöscht. Anschließend schreiben wir $\langle l \rangle$ wieder in das Register j, dabei wird Register l wieder gelöscht:

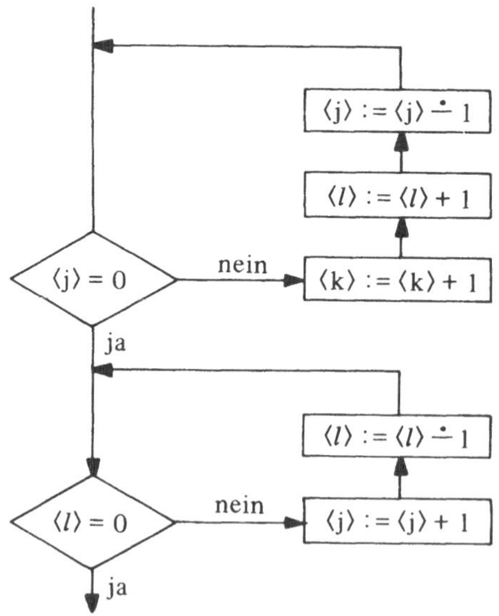

Dieses Kopierprogramm soll in Zukunft mit

$\langle k\rangle := \langle j\rangle$

abgekürzt werden und so in andere Programme als Unterprogramm eingesetzt werden können. Das für das Kopieren benötigte Hilfsregister erscheint nicht explizit in der Abkürzung, da es am Ende des Unterprogramms wieder für andere Rechnungen zur Verfügung steht. Man denke es sich immer passend (d. h. leer) gewählt.

Die Wirkungsweise des Kopierprogramms stellt folgende Matrix dar:

$\langle j\rangle$	$\langle k\rangle$	$\langle l\rangle$
x	0	0
$x \dot{-} 1$	1	1
⋮	⋮	⋮
0	x	x
1	x	$x \dot{-} 1$
⋮	⋮	⋮
x	x	0

Wendet man das Programm $\boxed{\langle k\rangle := \langle j\rangle}$ auf ein Register k an, das nicht leer ist, so wird zum Inhalt des Registers k der Inhalt des Registers j addiert. Wird das Programm zur Verdoppelung eines Registerinhaltes benötigt, so soll $\boxed{\langle j\rangle := \langle j\rangle}$ bedeuten, daß im Programm $\boxed{\langle k\rangle := \langle j\rangle}$ die Registernummer k durch die Nummer l ersetzt wird.

Die Schrittzahlfunktion des Kopierprogramms ist $s_K(\langle j\rangle) = 5 \cdot \langle j\rangle$

Übung 6.1: Schreiben Sie ein Löschprogramm: der Inhalt des Registers j soll gelöscht werden. Dieses Programm soll in Zukunft mit $\boxed{\langle j\rangle := 0}$ abgekürzt werden. Die Schrittzahlfunktion ist anzugeben.

Übung 6.2: Es ist ein Programm zur normierten Berechnung von Addition, Subtraktion und Multiplikation unter Benutzung des Kopierprogramms zu schreiben. Geben Sie die Schrittzahlfunktionen für diese Programme an und die Anzahl der benötigten Register.

Übung 6.3: Schreiben Sie Programme zur normierten Berechnung von Addition, Subtraktion und Multiplikation, die möglichst wenig Register benutzen und deren Rechenzeit möglichst klein ist.

Übung 6.4: Man schreibe ein Programm zur normierten Berechnung der Funktion $f(x) := 2x + 3$

Übung 6.5: Es ist ein Programm zur normierten Berechnung der Funktion $f(x, y) := 2x + 3y$ zu schreiben. Geben Sie die Schrittzahlfunktion an.

Übung 6.6: Schreiben Sie ein Programm zur normierten Berechnung der Funktion $f(x) := x^2$ und geben Sie die Schrittzahlfunktion an.

Übung 6.7: Es ist ein Programm zur normierten Berechnung der Funktion $f(x) := \sum_{i \leqslant x} i$ zuschreiben und die Schrittzahlfunktion anzugeben.

Wie die Multiplikation auf die Addition zurückgeführt wurde, läßt sich das Potenzieren auf die Multiplikation zurückführen.

$$x^y \text{ steht für } \underbrace{x \cdot \ldots \cdot x}_{y\text{-mal}}$$

Diese Ähnlichkeit wird man als heuristischen Hinweis zur Aufstellung eines Potenzprogramms benutzen. Da wir schon ein Multiplikationsprogramm geschrieben haben, wird man versuchen, dieses beim Potenzprogramm zu verwenden.

Nehmen wir an, wir hätten in $\boxed{\langle i \rangle := m(\langle k \rangle, \langle l \rangle)}$ ein Programm, welches den Inhalt des Registers k mit dem Inhalt des Registers *l* multipliziert und das Ergebnis ins Register i schreibt. Dann ergibt sich ein Potenzprogramm als:

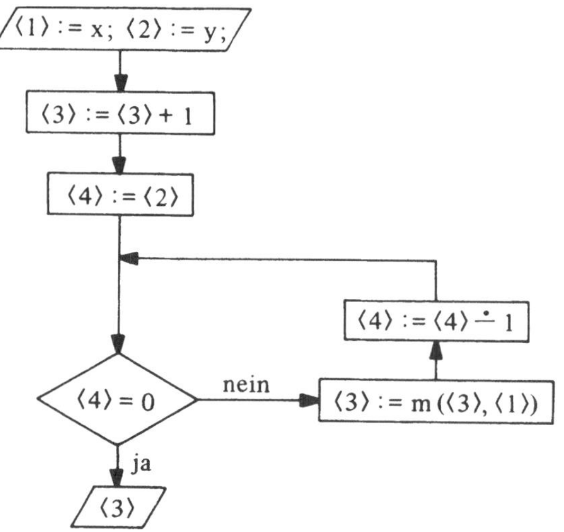

Wir wollen jetzt überlegen, wie das vorhandene Multiplikationsprogramm der Übung 6.3 geändert und evtl. ergänzt werden muß, damit man es als Unterprogramm $\boxed{\langle 3 \rangle := m(\langle 3 \rangle, \langle 1 \rangle)}$ verwenden kann. Dieser Prozeß der Umarbeitung des gegebenen Multiplikationsprogramms in ein Programm, das an beliebiger Stelle als Unterprogramm eingesetzt werden kann, soll so beschaffen sein, daß er für beliebige Funktionen und ihre Programme erfolgen kann und eine möglichst einfache Struktur hat. Es kommt also nicht darauf an, im gegebenen Fall eine kurze und elegante Lösung (Anzahl der Register, Rechenzeit) zu finden, sondern eine Lösung, die sich gut verallgemeinern läßt.

Im gegebenen Multiplikationsprogramm werden die beiden Faktoren ⟨1⟩ und ⟨2⟩ miteinander multipliziert, das Ergebnis erscheint im Register 3, es werden Hilfsregister benutzt. Will man dieses Programm als Unterprogramm einsetzen, so ist es zweckmäßig, die benötigten Hilfsregister neu zu wählen, damit eine Kollision mit dem Hauptprogramm vermieden wird. Außerdem müssen die Register 1 und 2 in 3 und 1 umbenannt werden.

Das bisherige Ergebnisregister 3 muß ebenfalls eine neue Nummer erhalten, nehmen wir Register 6.

Aus diesem Register 6 muß dann das Ergebnis in das Register 3 abgeschrieben werden, das dazu vorher gelöscht wird. Zum Schluß wird man Register 6 wieder löschen, damit es für neue Hilfsrechnungen bereitsteht. Ein Potenzprogramm, bei dem das Unterprogramm $\boxed{\langle 3\rangle := m(\langle 3\rangle, \langle 1\rangle)}$ ausgeschrieben ist, sieht dann folgendermaßen aus:

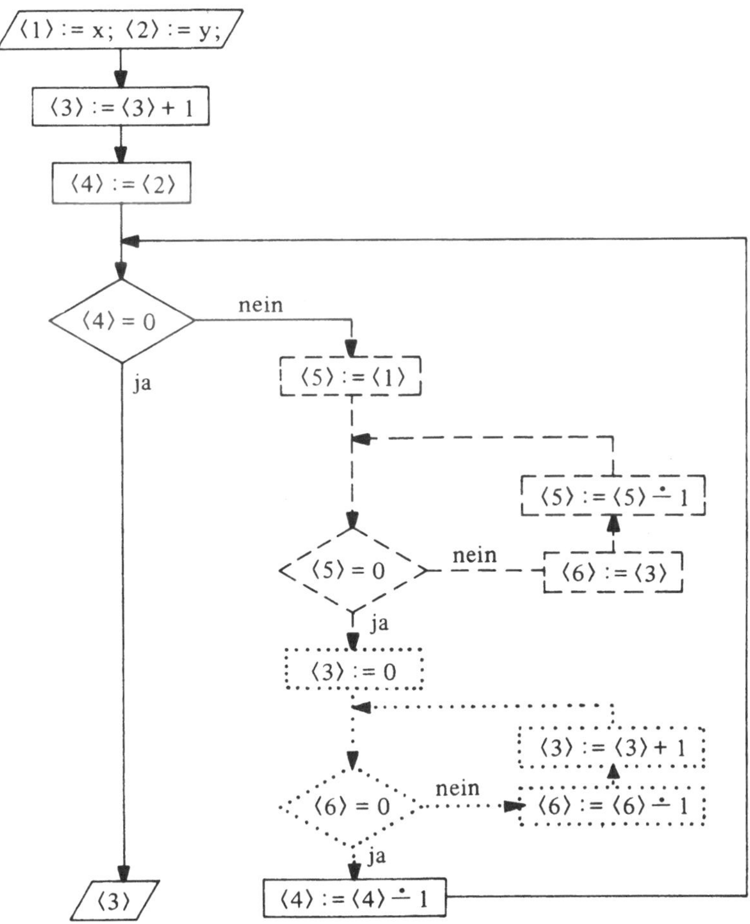

Die mit – – – gezeichneten Teile des Programms bezeichnen das eigentliche Multiplikationsprogramm, die mit ... gezeichneten Teile die notwendigen Ergänzungen.

Was hier speziell für die Multiplikation durchgeführt wurde, soll für beliebige Funktionen wie folgt geregelt werden:

Definition 6.1: Gegeben sei eine n-stellige Funktion f und ein Programm F, das zu gegebenen Argumenten die Funktionswerte von f normiert berechnet.

Ist in einem Programm formal ein Elementarbefehl durch $\boxed{\langle i\rangle := f(\langle k_1\rangle, \ldots, \langle k_n\rangle)}$ ersetzt, so ist dieses Zeichen eine Abkürzung für folgendes Programm:

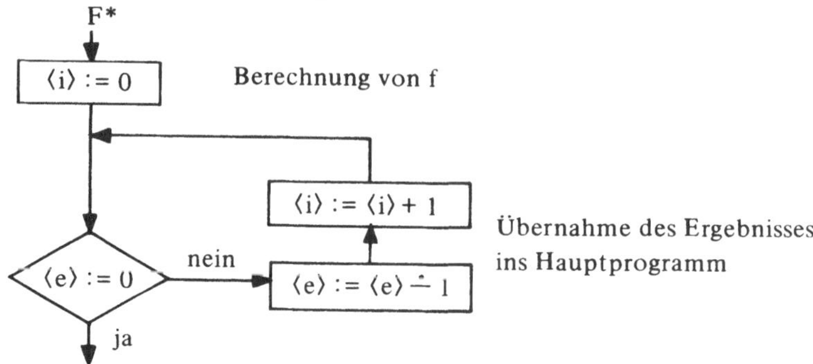

Dabei bezeichne F* ein Programm, welches aus F entsteht, wenn die Registernummern $1, \ldots, n$ von F in $k_1, \ldots, k_n$ geändert werden und die übrigen Registernummern so gewählt werden, daß die in diesen Registern bei der Berechnung von f vorgenommenen Rechnungen den Verlauf des Hauptprogramms nicht stören[1]). Nach dieser Umbenennung stehe in Register e das Ergebnis.

$\boxed{\langle i\rangle := f(\langle k_1\rangle, \ldots, \langle k_n\rangle)}$ heißt *Unterprogramm* des gegebenen (Haupt) Programms.

Übung 6.8: Schreiben Sie ein Programm zur normierten Berechnung der Funktion $f(x, y) := (3x)^{(y^2)}$ unter Benutzung passender Unterprogramme.

Übung 6.9: Man schreibe ein Programm zur normierten Berechnung der Funktion $f(x) := 2^x$ auf 4 Registern ohne Benutzung von Unterprogrammen und gebe die Schrittzahlfunktion an.

Übung 6.10: Es ist ein Programm zur normierten Berechnung der Funktion $f(x, y) := \left[\frac{x}{y}\right]$ zu schreiben.

Übung 6.11: Schreiben Sie ein Programm zur normierten Berechnung der Funktion „Rest bei der Division von x durch y" unter Benutzung passender Unterprogramme.

Übung 6.12: Schreiben Sie ein Programm mit 5 Registern zur normierten Berechnung der Funktion „Rest bei der Division von x durch y" ohne Benutzung von Unterprogrammen für Multiplikation und Division.

Übung 6.13: Es ist ein Programm zur normierten Berechnung der Funktion $f(x) := [\sqrt{x}]$ zu schreiben.

Übung 6.14: Ein Programm zur normierten Berechnung der Funktion $f(x) := [\log_2 x]$ ist zu schreiben.

---

[1]) Ist m die größte Registernummer, die im Hauptprogramm, in dem F* benutzt werden soll, vorkommt, so kann man für die Umbenennung der Hilfsregister des ursprünglichen Programms F die Register m + 1, m + 2, usw. wählen. Auf diese Weise wird allerdings die Anzahl der benötigten Register unter Umständen unnötig vergrößert, da ja eventuell im Hauptprogramm Hilfsregister zu dem Zeitpunkt leer sind, an dem F* rechnet, und diese deshalb als Hilfsregister für F* benutzt werden könnten.

7. Verzweigung von Programmen

Bisher haben wir Funktionen betrachtet, bei deren Berechnung die Iterationsschleife eine wesentliche Rolle spielte.

Wir wollen uns im folgenden am Beispiel der Funktion

$$\max(x, y) = \begin{cases} x & \text{falls } x \geqslant y \\ y & \text{falls } x < y \end{cases}$$

überlegen, wie man mit der RM eine Funktion berechnet, die durch eine Fallunterscheidung definiert ist. Die Programmverzweigung, die durch die Antwort auf eine Frage gesteuert wird, ist bei unseren Programmen für RM nur in Verbindung mit der Iterationsschleife zugelassen. Deshalb haben alle Programme eine lineare Struktur und nur einen Ausgang. Die Aufgabe ist es also, das Programm so zu schreiben, daß die beiden alternativen Rechnungen hintereinanderstehen. Die Alternative wird gesteuert durch die Frage, ob $y \dot{-} x = 0$. Wenn die Antwort nein ist, läßt sich in der Schleife der zweite Fall behandeln.

Es ergibt sich folgendes Programm:

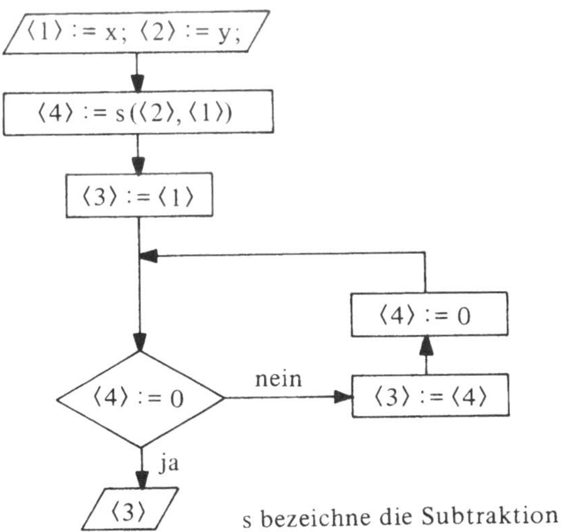

s bezeichne die Subtraktion.

Übung 7.1: Man schreibe ein Programm zur normierten Berechnung der Funktion f, die durch folgende Fallunterscheidung definiert ist, wenn Programme zur normierten Berechnung von g_1, g_2 und h gegeben sind:

$$f(x, y) := \begin{cases} g_1(x, y) & \text{falls } h(x, y) = 0 \\ g_2(x, y) & \text{sonst.} \end{cases}$$

Übung 7.2: Schreiben Sie ein Programm zur normierten Berechnung von max (x, y) auf 4 Registern mit kurzer Rechenzeit.

Übung 7.3: Es ist ein Programm zu schreiben, das folgendes leistet und möglichst wenig Register benutzt: Zu Beginn stehe x im Register 1 und y im Register 2. Falls $x = y$, so stehe am Ende der Rechnung eine 1 im Register 1 und Null im Register 2; falls $x \neq y$, sollen beide Register am Ende der Rechnung leer sein.

8. Primitiv-rekursive Funktionen

Wir haben bisher Programme für einige bekannte Funktionen aufgestellt, die wir nach einem Baukastenprinzip aus zwei Elementaroperationen durch zwei Konstruktionsprozesse konstruiert haben. Unser Ziel ist es, die Leistungsfähigkeit dieses „Programmbaukastens“ zu untersuchen. Bei der Aufstellung der Programme für Multiplikation, Potenz usw. haben wir die Analogie bei der Definition dieser Funktionen benutzt. Wir stellen hier noch einmal die Programme für Subtraktion, Multiplikation, Potenz zusammen:

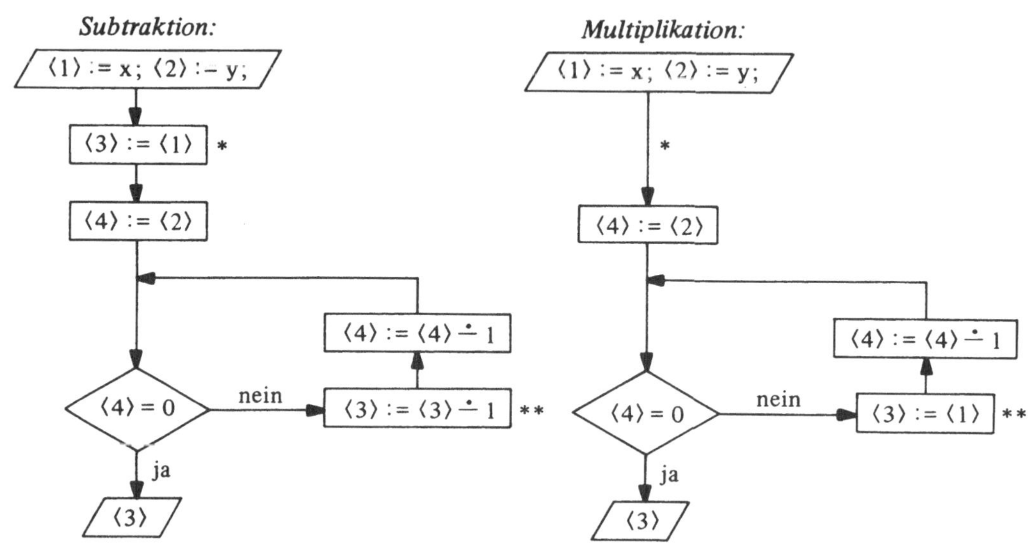

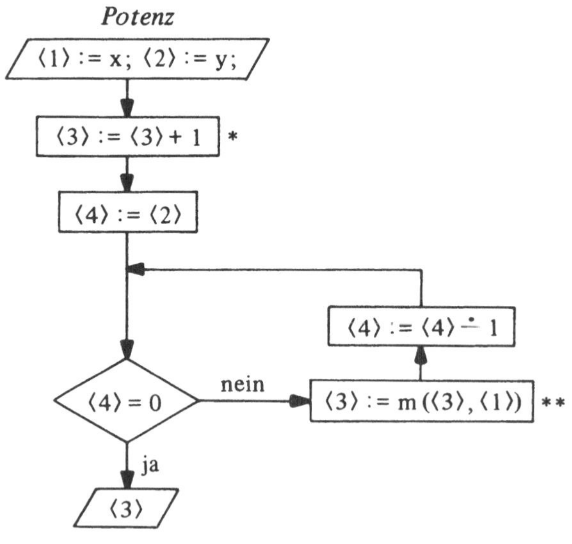

Allen drei Programmen ist gemeinsam, daß der Funktionswert rekursiv mit Hilfe einer Iterationsschleife ausgerechnet wird. In der Iterationsschleife wird ein Unterprogramm (**) für eine Funktion benutzt, das man schon kennt (Vorgänger, Addition, Multiplikation). Dieses Unterprogramm benutzt bei jedem Umlauf den Funktionswert, der beim vorhergehenden Umlauf ausgerechnet wurde und jeweils im Register 3 steht. Vor der Iterationsschleife steht ein Unterprogramm (*), das den Funktionswert an der Stelle 0 ausrechnet.

(Beim Multiplikationsprogramm ist an der Stelle * das Unterprogramm $\boxed{\langle 3\rangle := 0}$ überflüssig!)

Wir wollen nun einen „Definitionsbaukasten" entwickeln, mit dem man aus wenigen einfachen Ausgangsfunktionen mit wenigen Konstruktionsprozessen weitere Funktionen definieren kann. Im Kapitel 10 und 11 werden wir dann die Leistungsfähigkeit beider Baukästen miteinander vergleichen.

Die betrachteten Funktionen sind nach einem ähnlichen Schema[1]) definiert:

1. Addition:

$a(x, 0) = x$	$x + 0 = x$
$a(x, y+1) = n(a(x, y))$	$x + (y+1) = (x+y) + 1.$

2. Multiplikation:

$m(x, 0) = 0$	$x \cdot 0 = 0$
$m(x, y+1) = a(m(x, y), x)$	$x \cdot (y+1) = x \cdot y + x.$

3. Potenz:

$p(x, 0) = 1$	$x^0 = 1$
$p(x, y+1) = m(p(x, y), x)$	$x^{y+1} = x^y \cdot x.$

4. Subtraktion:

$s(x, 0) = x$	$x \dot{-} 0 = x$
$s(x, y+1) = v(s(x, y))$	$x \dot{-} (y+1) = (x \dot{-} y) \dot{-} 1.$

An der Stelle 0 wird die neue Funktion durch einfache Funktionen (Konstanten, Identität) definiert. An der Stelle $y + 1$ greift man auf den Wert der Funktion an der Stelle y zurück.

Die Schemata 1 und 4 lassen sich zu dem folgenden Typ zusammenfassen:

f wird aus den Funktionen g und h definiert durch

I. $f(x, 0) = g(x)$
$f(x, y+1) = h(f(x, y)).$

Die Schemata 2 und 3 führen zu folgendem Typ:

II. $f(x, 0) = g(x)$
$f(x, y+1) = h(f(x, y), x).$

---

1) n bezeichne die Nachfolgerfunktion, v die Vorgängerfunktion.

Als Ausgangsfunktionen haben wir bisher die Identität und konstante Funktionen, als Konstruktionsprozesse zwei Rekursionsschemata. Als einen weiteren Konstruktionsprozeß zur Definition von Funktionen werden wir die Einsetzung einer Funktion in eine andere hinzunehmen. Da wir mit n-stelligen Funktionen rechnen, benötigen wir noch Funktionen, die aus einem Argumentetupel eine Komponente herausprojizieren. Diese sog. Projektionsfunktionen (oder Identitätsfunktionen) U_n^i sind definiert durch

$$U_n^i(x_1, \dots, x_n) = x_i \qquad 1 \leqslant i \leqslant n, \; n \geqslant 1.$$

Auch die Vorgängerfunktion können wir rekursiv definieren:

$$0 \dot{-} 1 = 0$$
$$(y + 1) \dot{-} 1 = y.$$

Mit Hilfe der Funktion U_2^2 können wir $v(y + 1)$ formal auch von $v(y)$ abhängen lassen:

$$v(0) = 0$$
$$v(y + 1) = U_2^2(v(y), y).$$

Diese Definition führt auf ein drittes Rekursionsschema. Dabei soll wie im Schema I und II die durch Rekursion nach y definierte Funktion f eventuell noch von einem Parameter x abhängen können. Ist – wie bei der Vorgängerfunktion – die zu definierende Funktion einstellig, so wird die Funktion g nullstellig, d.h. g ist eine Konstante.

III. $f(x, 0) = g(x)$
$f(x, y + 1) = h(f(x, y), y).$

Die Unterschiede der drei Rekursionsschemata bestehen nur darin, daß im Rekursionsschritt (also der zweiten Zeile) bei I nur auf $f(x, y)$ zurückgegriffen wird, bei II zusätzlich auf den Parameter x und bei III auch auf die Rekursionsvariable y. Mit Hilfe der Projektionsfunktionen U_n^i lassen sich alle drei Schemata auf ein Rekursionsschema zurückführen, bei dem (zumindest formal) auf $f(x, y)$, den Parameter x und die Rekursionsvariable y zurückgegriffen wird.

Bezeichnung: In Zukunft wollen wir für ein n-Tupel $x_1, \dots, x_n$ $(n \geqslant 0)$[1] zur Vereinfachung der Schreibweise $\mathbf{x}$ schreiben.

Definition 8.1: Die n + 1-stellige Funktion f $(n \geqslant 0)$ entsteht durch *primitive Rekursion* aus der n-stelligen[1] Funktion g und der n + 2-stelligen Funktion h, wenn f durch folgende beiden Zeilen definiert ist:

$$f(\mathbf{x}, 0) = g(\mathbf{x})$$
$$f(\mathbf{x}, y + 1) = h(f(\mathbf{x}, y), \mathbf{x}, y).$$

Den Beweis, daß durch dieses Schema genau eine Funktion definiert ist, werden wir im Kapitel 19 führen.

---

[1] Mit n = 0 wird z. B. in Definition 8.1 der Fall erfaßt, daß ein solches Tupel fehlt. Eine Konstante wird als nullstellige Funktion aufgefaßt.

Wir wollen jetzt kurz beweisen, daß sich das Schema I auf das neue Schema zurückführen läßt.

I. $f(x, y+1) = h'(f(x, y)) = U_3^1(h'(f(x, y)), x, y)$.

Die gesuchte dreistellige Funktion $h(u, v, w)$ ist:

$$h(u, v, w) = U_3^1(h'(u), v, w).$$

Übung 8.1: Beweisen Sie, daß sich auch die Schemata II und III auf das Schema der primitiven Rekursion zurückführen lassen.

Bei den konstanten Funktionen kommen wir mit der konstanten Funktion $C_0(x) := 0$ aus, aus der sich die übrigen durch (wiederholte) Einsetzung in die Nachfolgerfunktion definieren lassen.

Unsere bisherigen Überlegungen führen uns zu folgendem „Definitionsbaukasten" für die Klasse P der *primitiv-rekursiven* Funktionen.

Definition 8.2:

1a. Die Konstante C_0 gehört zu P.

b. Die Nachfolgerfunktion gehört zu P.

c. Für jedes $n \geqslant 1$ und $1 \leqslant i \leqslant n$ gehören die Funktionen U_n^i zu P.

2. Mit zwei Funktionen g und h gehört auch die durch Einsetzung von g in h entstandene Funktion f zu P:
also $f(x_1, \ldots, x_n, y_1, \ldots, y_r) := h(x_1, \ldots, x_n, g(y_1, \ldots, y_r))$.

3. Mit der n-stelligen Funktion g und der n + 2-stelligen Funktion h gehört auch die durch primitive Rekursion aus g und h definierte n + 1-stellige Funktion f zu P.

4. Nur die gemäß 1–3 definierten Funktionen gehören zu P.

Die primitiv-rekursiven Funktionen spielen für die weiteren Untersuchungen eine große Rolle. Wir werden im folgenden zeigen, daß viele bekannte Funktionen primitiv-rekursiv sind.

Übung 8.2: Zeigen Sie, daß die Funktion $f(x) := x!$ in P liegt.

Übung 8.3: Man zeige, daß die Funktion $f(x, y) := |x - y|$ in P liegt.

Übung 8.4: Zeigen Sie, daß folgende beiden Funktionen sg, $\overline{sg}$ in P liegen:

Signum-Funktion: $sg(x) := \begin{cases} 0 & \text{falls } x = 0 \\ 1 & \text{sonst} \end{cases}$

$\overline{sg}(x) := \begin{cases} 1 & \text{falls } x = 0 \\ 0 & \text{sonst} \end{cases}$

Bei der Definition von Addition, Multiplikation, Potenz, Fakultät wurden durch primitive Rekursion aus gegebenen Funktionen neue definiert, die immer schneller wachsen als die zur Definition benutzten Funktionen.

Es gilt:

$x + y \leqslant x \cdot y$ falls $x, y > 1$

$x \cdot y \leqslant x^y$ falls $x > 1$

$x \cdot x \leqslant x!$ falls $x \geqslant 4$

Dagegen zeigen die Funktionen $v(x)$, $s(x, y)$, $sg(x)$ und $\overline{sg}(x)$, daß die primitive Rekursion auch nützlich ist, um neue Funktionen zu definieren, die nicht schneller wachsen als die vorgegebenen Funktionen.

Definition 8.3: Die $n+1$-stellige Funktion f entsteht durch *beschränkte primitive Rekursion* aus der n-stelligen Funktion h_1, der $n+2$-stelligen Funktion h_2 und der $n+1$-stelligen Funktion h_3, wenn f aus h_1 und h_2 durch primitive Rekursion entsteht und zusätzlich gilt für alle $x_1, \ldots, x_n, y$:

$$f(x_1, \ldots, x_n, y) \leqslant h_3(x_1, \ldots, x_n, y)$$

Nimmt man zu den Ausgangsfunktionen C_0, U_n^i weitere Funktionen $f_1, \ldots, f_r$ hinzu und läßt als Konstruktionsprozesse neben der Einsetzung nur das Schema der beschränkten primitiven Rekursion zu, so erhält man möglicherweise eine andere Klasse von Funktionen als $\boldsymbol{P}$. Dies wird von den zusätzlichen Ausgangsfunktionen abhängen. Wir bezeichnen solche Funktionenklassen mit $BR(f_1, \ldots, f_r)$. Zwei solche Funktionenklassen wollen wir im folgenden untersuchen: die Klasse der *subelementaren Funktionen* $BR(x+1, x \cdot y)$ und die Klasse der *elementaren Funktionen* $BR(x+y, 2^x)$. Jede Funktion aus einer der beiden Funktionenklassen ist sicher primitiv-rekursiv. Wir werden später zeigen, daß $BR(x+1, x \cdot y) \subseteq BR(x+y, 2^x) \subseteq \boldsymbol{P}$ und dies strenge Inklusionen sind. Wenn wir im folgenden von weiteren Funktionen beweisen, daß sie primitiv-rekursiv sind, ergibt sich meistens eine Abschätzung, die zeigt, daß sie elementar oder sogar subelementar sind.

Übung 8.5: Zeigen Sie, daß die Funktionen $f_1(x, y) := x + y$, $f_2(x, y) := x \dot{-} y$, $f_3(x, y) := |x - y|$, $sg(x)$, $\overline{sg}(x)$ subelementar sind.

Übung 8.6: Es ist zu zeigen, daß die Funktionen $f_1(x) := x + 1$, $f_2(x, y) := x \cdot y$, $f_3(x, y) := x^y$ und $f_4(x) := x!$ elementar sind.

Mit dieser Übung ist insbesondere bewiesen, daß jede subelementare Funktion auch elementar ist.

Übung 8.7: Zeigen Sie, daß die Funktion $f(x, y) := y \dot{-} 2^x$ subelementar ist.

Als Vorüberlegung beweise man:

$$(a \dot{-} b) \dot{-} b = (a \dot{-} b) \dot{-} (a \dot{-} (a \dot{-} b)).$$

Übung 8.8: Man zeige: zu jeder subelementaren Funktion f gibt es eine Zahl k, so daß gilt:

$$f(x_1, \ldots, x_n) \leqslant (\max(2, x_1, \ldots, x_n))^k.$$

Übung 8.9: Zeigen Sie: Zu jeder elementaren Funktion f gibt es eine Zahl k, so daß gilt:

$$f(x_1, \ldots, x_n) \leqslant g(\max(x_1, \ldots, x_n), k) \quad \text{mit} \quad g(x, 0) = x, \quad g(x, y+1) = 2^{g(x,y)}.$$

In den folgenden drei Übungen wird bewiesen, daß bei den Funktionsbaukästen $BR(x+1, x \cdot y)$, $BR(x+y, 2^x)$, $\boldsymbol{P}$ noch weitere Konstruktionsprozesse aus den vorgegebenen ableitbar sind.

Übung 8.10: Ist die Funktion $f(x, y)$ primitiv-rekursiv (elementar, subelementar), so auch die folgendermaßen definierte Funktion

$$g(x, z) := \sum_{y=0}^{z} f(x, y).$$

Übung 8.11: Ist die Funktion $f(x, y)$ primitiv-rekursiv (elementar), so auch die folgendermaßen definierte Funktion

$$h(x, z) := \prod_{y=0}^{z} f(x, y).$$

Übung 8.12: Wenn f primitiv-rekursiv (elementar, subelementar) ist, so auch

$$g(x, z) := \max_{y \leq z} \{f(x, y)\}.$$

9. Primitiv-rekursive Prädikate

In der Einleitung war schon erwähnt worden, daß sich in natürlicher Weise Funktionen und Prädikate entsprechen: Zu jeder Funktion definiert der Graph der Funktion ein Prädikat und jedes Prädikat P definiert seine sogenannte charakteristische Funktion, die wir mit f_P bezeichnen wollen.

$$f_P(x) = \begin{cases} 0 & \text{falls } Px^{1)} \\ 1 & \text{sonst.} \end{cases}$$

Definition 9.1: Ein Prädikat heißt primitiv-rekursiv (elementar, subelementar), wenn seine charakteristische Funktion primitiv-rekursiv (elementar, subelementar) ist.

Wir wollen nun von einigen bekannten Prädikaten beweisen, daß sie subelementar sind.

Übung 9.1: Zeigen Sie, daß die Prädikate $x = y$, $x < y$, $x \leq y$ subelementar sind.

Satz 9.1: Die Klasse der primitiv-rekursiven (elementaren, subelementaren) Prädikate ist abgeschlossen gegen die Operatoren der Aussagenlogik und gegen beschränkte Quantoren.

Beweis: 1. Mit zwei Prädikaten Px und Qx ist auch die Konjunktion $Px \wedge Qx$ ein primitiv-rekursives (elementares, subelementares) Prädikat:

Es gilt:

$$Px \wedge Qx \leftrightarrow sg(f_P(x) + f_Q(x)) = 0$$

$$\neg (Px \wedge Qx) \leftrightarrow sg(f_P(x) + f_Q(x)) = 1.$$

also $f_{P \wedge Q}(x) = sg(f_P(x) + f_Q(x))$.

Sind die Prädikate P und Q elementar (subelementar), so auch $P \wedge Q$ wegen Übung 8.5.

---

1) bedeutet: P trifft zu auf x

2. Mit dem Prädikat Px ist auch das Prädikat $\neg Px$ primitiv-rekursiv (elementar, subelementar):

Es gilt:

$$\begin{array}{l} \neg Px \leftrightarrow \overline{sg}(f_P(x)) = 0 \\ \neg\neg Px \leftrightarrow \overline{sg}(f_P(x)) = 1 \end{array} \quad \text{also } f_{\neg P}(x) = \overline{sg}(f_P(x))$$

Ist das Prädikat P elementar (subelementar), so auch das Prädikat $\neg P$ wegen Übung 8.5.

Wegen der Ersetzbarkeit der übrigen aussagenlogischen Operationen durch $\wedge, \neg$ genügt es, diese beiden Fälle zu beweisen. Es sei noch angemerkt, daß der Disjunktion zweier Prädikate auch das Produkt der charakteristischen Funktionen entspricht.

3. Mit dem n-stelligen Prädikat P ist auch das n-stellige Prädikat $\bigwedge_{x \leqslant y} P\mathfrak{x}x$ primitiv-rekursiv

Es gilt:

$$\bigwedge_{x \leqslant y} P\mathfrak{x}x \leftrightarrow sg\Big(\sum_{x \leqslant y} f_P(\mathfrak{x}, x)\Big) = 0$$

$$\neg \bigwedge_{x \leqslant y} P\mathfrak{x}x \leftrightarrow sg\Big(\sum_{x \leqslant y} f_P(\mathfrak{x}, x)\Big) = 1.$$

Wegen Übung 8.10 gilt dies analog auch für elementare und subelementare Prädikate.

Wegen der Äquivalenz

$$\bigvee_{x \leqslant y} P\mathfrak{x}x \leftrightarrow \neg \bigwedge_{x \leqslant y} \neg P\mathfrak{x}x$$

ist damit auch der Fall des beschränkten Existenzquantors behandelt.

Bemerkung: Wir werden in Kapitel 13 beweisen, daß die Anwendung eines unbeschränkten All- oder Existenzquantors auf ein elementares Prädikat aus dieser Klasse herausführen und evtl. ein nicht einmal mehr entscheidbares Prädikat liefern kann.

Definition 9.2: Das (n-1 + r)-stellige Prädikat Q entsteht durch *Einsetzung* der r-stelligen Funktion f an der i-ten Stelle $(1 \leqslant i \leqslant n)$ in das n-stellige Prädikat P, wenn für alle $x_1, \dots, x_{i-1}, x_{i+1}, \dots, x_n, y_1, \dots, y_r$ gilt:

$$Qx_1 \dots x_{i-1}\, x_{i+1} \dots x_n\, y_1 \dots y_r \leftrightarrow Px_1 \dots x_{i-1}\, f(y_1, \dots, y_r)\, x_{i+1} \dots x_n.$$

Übung 9.2: Sind das n-stellige Prädikat P und die r-stellige Funktion f primitiv-rekursiv (elementar, subelementar), so auch das durch Einsetzung von f an der i-ten Stelle $(1 \leqslant i \leqslant n)$ entstehende Prädikat.

Übung 9.3: Beweisen Sie, daß das Prädikat $y = 2^x$ subelementar ist.

In der Mathematik werden oft Funktionen durch Fallunterscheidungen definiert, z. B. max (x, y), sg (x), $\overline{sg}$ (x). Wir wollen uns überlegen, daß auch eine solche Definition aus den bisher untersuchten Funktionenklassen nicht hinausführt.

Definition 9.3: Gegeben seien Funktionen $g_1, \ldots, g_r$ und Prädikate $P_1, \ldots, P_r$. Zu jedem Tupel x treffe genau eines der Prädikate $P_1, \ldots, P_r$ zu.
Dann heißt die Funktion f mit

$$f(x) := \begin{cases} g_1(x) & \text{falls } P_1 x \\ \vdots & \vdots \\ g_r(x) & \text{falls } P_r x. \end{cases}$$

definiert durch *Fallunterscheidung* aus den Funktionen $g_1, \ldots, g_r$ und den Prädikaten $P_1, \ldots, P_r$.

Satz 9.2: Sind die Funktionen $g_1, \ldots, g_r$ und die Prädikate $P_1, \ldots, P_r$ primitiv-rekursiv (elementar, subelementar), und ist f durch Fallunterscheidung aus $g_1, \ldots, g_r$ und $P_1, \ldots, P_r$ definiert, dann ist auch f primitiv-rekursiv (elementar, subelementar).

Beweis: Die Funktion f läßt sich schreiben in der Form:

$$f(x) = g_1(x) \cdot \overline{sg}(f_{P_1}(x)) + \ldots + g_r(x) \cdot \overline{sg}(f_{P_r}(x)).$$

Mit Übung 8.5 und 8.6 folgt, daß f primitiv-rekursiv (elementar, subelementar) ist.

Übung 9.4: Zeigen Sie, daß die Prädikate $x \mid y$ (x teilt y) und $\mathrm{Pr}\, x$ (x ist Primzahl) subelementar sind.

Wir wollen jetzt eine Funktion p(n) definieren, die zu n die n-te Primzahl angibt. Dabei sei $p(0) := 1$. Man wird versuchen, diese Funktion rekursiv zu definieren:

$$p(0) = 1$$
$$p(n+1) = \text{die kleinste Zahl } y \text{ mit der Eigenschaft: } \mathrm{Pr}\, y \wedge y > p(n).$$

Wir benutzen zur Beschreibung der Induktionszeile einen Operator, der – in Abhängigkeit von den übrigen Argumenten – die kleinste Nullstelle y einer Funktion $g(x, y)$ heraussucht. In unserem Fall wissen wir, daß wir eine obere Schranke z angeben können, bis zu der diese Nullstelle zu suchen ist.

Definition 9.4: Die n + 1-stellige Funktion f entsteht durch *Anwendung des beschränkten μ-Operators* auf die n + 1-stellige Funktion g wenn gilt:

$$f(x, z) = \begin{cases} \text{das kleinste } y \text{ mit } y \leqslant z \text{ und } g(x, y) = 0, & \text{falls } \bigvee_{y \leqslant z} g(x, y) = 0 \\ 0 & \text{sonst,} \end{cases}$$

Schreibweise: $f(x, z) = \mu y_{y \leqslant z}\; g(x, y) = 0.$

Satz 9.3: Die Klasse der primitiv-rekursiven (elementaren, subelementaren) Funktionen ist abgeschlossen gegen die Anwendung des beschränkten μ-Operators.

Beweis: Da wir den Suchprozeß für y – beginnend bei 0 – spätestens bei z abbrechen können, läßt sich die gesuchte Zahl darstellen als

$$\sum_{y \leqslant z} y \cdot (1 \dot{-} g(x, y)) \cdot sg\left(2 \dot{-} \sum_{u \leqslant y} (1 \dot{-} g(x, u))\right).$$

Von den beiden Faktoren $(1 \dot{-} g(x, y))$ und $sg\left(2 \dot{-} \sum_{u \leqslant y} (1 \dot{-} g(x, u))\right)$ ist immer einer Null, bis auf den Fall der kleinsten y mit $g(x,y) = 0$. Dann sind beide Faktoren 1.

Übung 9.5: Zeigen Sie, daß man den beschränkten μ-Operator durch eine beschränkte Rekursion ersetzen kann.

Übung 9.6: Es ist zu zeigen, daß die Funktion

$$f(x,y) := \begin{cases} \left[\frac{x}{y}\right] & \text{falls } y > 0 \\ 0 & \text{sonst} \end{cases}$$

subelementar ist.

Übung 9.7: Zeigen Sie, daß die Funktion $f(x) := [\sqrt{x}]$ subelementar ist.

Übung 9.8: Man zeige, daß die Funktionen $f(x, y) :=$ das kleinste gemeinsame Vielfache von x und y, und $h(x, y) :=$ der größte gemeinsame Teiler von x und y, subelementar sind.

Übung 9.9: Zeigen Sie, daß die Funktion

$$f(x) := \begin{cases} [\log_2 x] & \text{falls } x > 0 \\ 0 & \text{sonst} \end{cases}$$

subelementar ist.

Die Funktion p(n) läßt sich jetzt mit Hilfe des beschränkten μ-Operators definieren als

$$p(0) = 1$$
$$p(n+1) = \mu y_{y \leqslant 2^{2^n}} \, Pr\, y \wedge y > p(n).$$

Aus der Zahlentheorie ist für die n-te Primzahl die Abschätzung

$$p(n) \leqslant 2^{(2^{n-1})}$$

bekannt.

Übung 9.10: Zeigen Sie, daß sich die obige Definition von $p(n+1)$ schreiben läßt als $h(p(n), n)$, wobei zur Definition von h eine Anwendung des beschränkten μ-Operators benötigt wird.

Damit ist gezeigt, daß p(n) elementar ist. Für p(n) werden wir im folgenden p_n schreiben.

Aus der Zahlentheorie ist bekannt, daß sich jede Zahl eindeutig als Produkt von Primfaktoren schreiben läßt. Wir bezeichnen mit exp(i, x) den Exponenten der i-ten Primzahl in der Primfaktorzerlegung von x.

Übung 9.11: Zeigen Sie, daß die Funktion exp(i, x) elementar ist (Definition durch beschränkten μ-Operator).

10. Die RM-Berechenbarkeit der primitiv-rekursiven Funktionen

Im Kapitel 8 haben wir einen Baukasten zur Definition von Funktionen entwickelt. Bei den Vorüberlegungen waren wir von Ähnlichkeiten in der Struktur der Programme für die Grundrechenarten ausgegangen. Wir wollen in diesem Abschnitt beweisen, daß mit dem Baukasten der primitiv-rekursiven Funktionen keine anderen Funktionen definiert werden können, als auf RM berechenbar sind.

Satz 10.1: Jede primitiv-rekursive Funktion ist RM-berechenbar.

Beweis: Wir führen diesen Beweis induktiv über den Aufbau von *P*, indem wir zu den Ausgangsfunktionen Programme angeben und zeigen, welche Konstruktionsprozesse an Programmen den Konstruktionsprozessen Einsetzung und primitive Rekursion entsprechen.

Programme für die Ausgangsfunktionen:

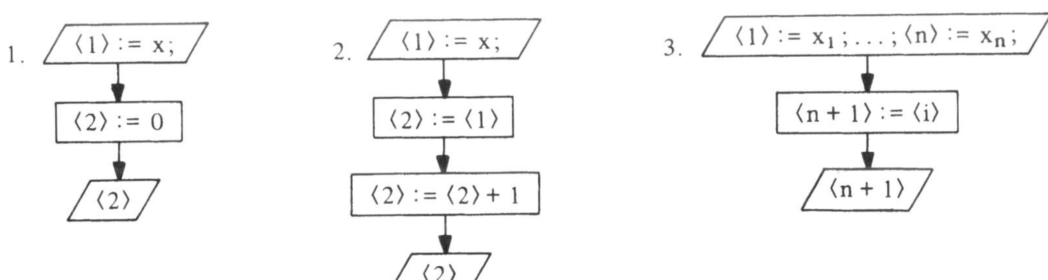

Konstruktionsprozesse:

4. f sei durch Einsetzung aus g und h entstanden.
   Gegeben seien Programme zur Berechnung von g und h.

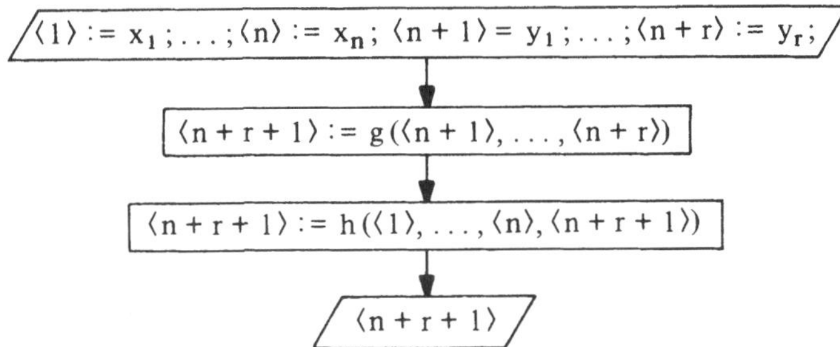

5. f sei durch primitive Rekursion aus g und h definiert. Gegeben seien Programme zur Berechnung von g und h. Dann ergibt sich ein Programm für f wie folgt:

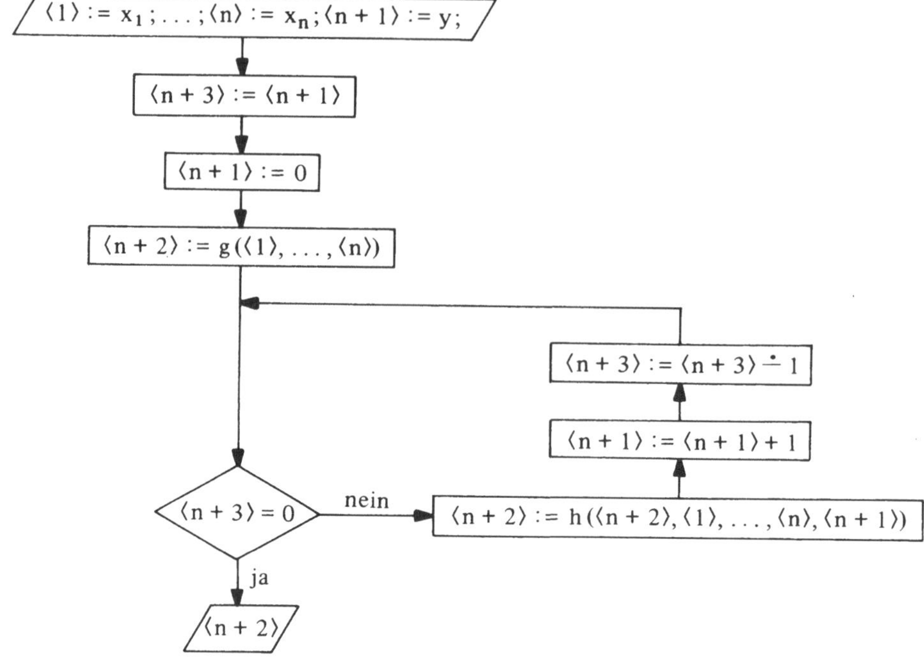

Die beiden Programme 4. und 5. machen die mathematische Struktur der beiden Konstruktionsprozesse deutlich sichtbar: Einsetzung von Funktionen ist Hintereinanderanwendung von Programmen, primitive Rekursion entspricht der beschränkten Iteration eines Programms, die wir im Kapitel 16 definieren.

11. Die Rekursivität der RM-berechenbaren Funktionen

Im 10. Kapitel haben wir bewiesen, daß jede primitiv-rekursive Funktion RM-berechenbar ist. Wir wenden uns jetzt der Frage zu, ob auch die Umkehrung gilt.

Betrachtet man eine injektive Abbildung, die jedem n-Tupel natürlicher Zahlen eine natürliche Zahl zuordnet, so lassen sich die Registerinhalte in einer natürlichen Zahl kodieren. Die gebräuchlichste Kodierung benutzt die Tatsache der eindeutigen Zerlegbarkeit der natürlichen Zahlen in Primfaktoren. Die Registerinhalte $\langle i \rangle$ lassen sich in der natürlichen Zahl

$$\prod_{i=1}^{n} p_i^{\langle i \rangle}$$

kodieren. Die Dekodierfunktionen sind $\exp(i, x)$; vgl. Übung 9.11.

Die Rechnung einer RM kann nun als Rechnung an dem Kodifikat simuliert werden. Jeder RM-berechenbaren Funktion f soll eine Funktion f* zugeordnet werden, die analog zum Programm zur Berechnung von f definiert wird und sich auf Kodifikaten von Registerinhalten analog zur RM verhält.

Sei F ein Programm zur normierten Berechnung der m-stelligen Funktion f auf höchstens n Registern ($n > m$). Dann lassen sich den Elementaroperationen folgende Funktionen zuordnen:

Jedem $\boxed{\langle i \rangle := \langle i \rangle + 1}$ wird die Funktion

$$a_i(x) := p_i \cdot x$$

jedem $\boxed{\langle i \rangle := \langle i \rangle \dot{-} 1}$ wird die Funktion

$$s_i(x) := \begin{cases} \left[\frac{x}{p_i}\right] & \text{falls } p_i \mid x \\ x & \text{sonst} \end{cases}$$

zugeordnet. Die Funktionen $a_i(x)$ (bzw. $s_i(x)$) erhöhen (bzw. erniedrigen) den Exponenten der i-ten Primzahl in der Primzahlzerlegung von x um 1.

Für die Iterationsschleifen müssen wir eine Iteration von Funktionen definieren. Zu einer Funktion g wird durch eine primitive Rekursion die Iterierte $\bar{g}$ von g wie folgt definiert:

$$\bar{g}(x, 0) = x$$
$$\bar{g}(x, y + 1) = g(\bar{g}(x, y)).$$

Ist dem Programmteil G im Programm F die Funktion g zugeordnet, so soll dem im folgenden dargestellten Programmteil (also der Iteration von G)

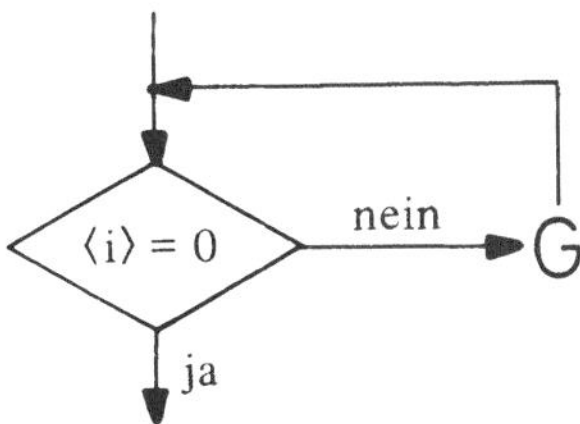

eine Funktion h zugeordnet werden.

Die Iterationsschleife wird nach der kleinsten Anzahl von Umläufen verlassen, nach der das i-te Register den Inhalt 0 hat. Die Funktion g muß also so oft iteriert werden, bis der Exponent der i-ten Primzahl 0 ist.

Wir könnten h durch eine Anwendung eines μ-Operators definieren

$$h(x) = \bar{g}(x, \mu y \exp(i, \bar{g}(x, y)) = 0),$$

bei der wir von außen keine Schranke angeben können. Muß es aber überhaupt eine Zahl y geben, so daß $\exp(i, \bar{g}(x, y)) = 0$, d. h. daß die Schleife nach spätestens y Umläufen verlassen wird? Wir wissen, daß das Gesamtprogramm F für beliebige Eingabe von Argumenten irgendwann stoppt. Also müssen auch alle Programmteile irgendwann verlassen werden. Daraus folgt aber *nicht*, daß diese Programmteile für beliebige Eingabe stoppen, wenn man sie losgelöst vom Kontext betrachtet. Dies läßt sich schon an folgendem einfachen Beispiel zeigen:

Das Programm

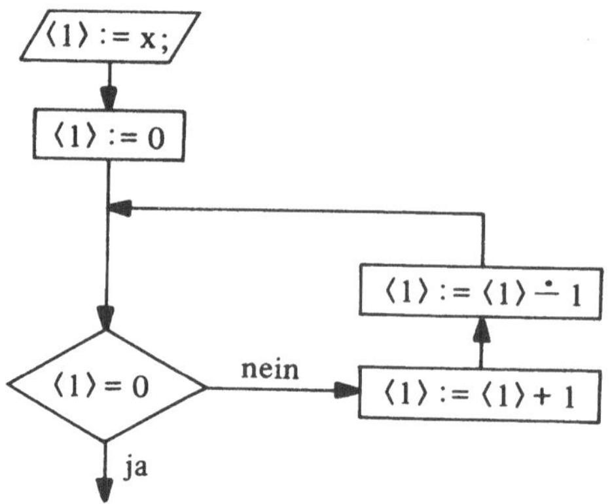

stoppt für alle x.

Dagegen stoppt der hier verwendete Programmteil als selbständiges Programm

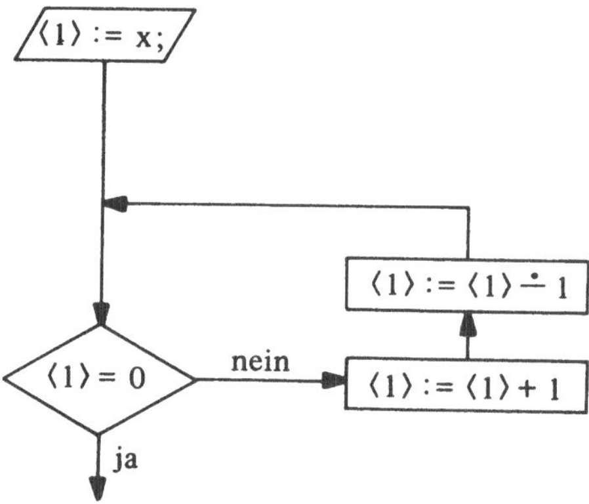

nicht für $x \neq 0$.

Soll also gemäß unserer Beweisidee diesem Programmteil eine Funktion h zugeordnet werden, so können wir nicht erwarten, daß h für alle Werte von x definiert werden kann. Wegen der hier auftauchenden Problematik mit Iterationsschleifen müssen wir in unserem Konzept auch Funktionen zulassen, deren Definitionsbereich möglicherweise nicht alle natürlichen Zahlen umfaßt. Wir nennen solche Funktionen *partielle* Funktionen. Funktionen, die über $\mathbb{N}$ definiert sind, nennen wir auch *totale* Funktionen. Den Definitionsbereich einer Funktion f bezeichnen wir mit D_f.

Wir formulieren jetzt die Konstruktionsprozesse „Einsetzung" und „primitive Rekursion" für partielle Funktionen und definieren dann den Baukasten der *rekursiven (partiellen) Funktionen*.

Definition 11.1: $f(x) \cong g(x) :\leftrightarrow (D_f = D_g \wedge (x \in D_f \to f(x) = g(x)))$

$$f \cong g :\leftrightarrow \bigwedge_x f(x) \cong g(x).$$

Zwei partielle Funktionen sind also erst dann als gleich anzusehen, wenn auch ihre Definitionsbereiche übereinstimmen und nicht schon dann, wenn sie auf dem Durchschnitt ihrer Definitionsbereiche gleiche Werte annehmen.

Definition 11.2: Die partielle Funktion f entsteht durch Einsetzung aus den partiellen Funktionen g und h genau dann, wenn

1. $\bigwedge_x \bigwedge_y ((x, y) \in D_f \leftrightarrow y \in D_g \wedge (x, g(y)) \in D_h)$
2. $\bigwedge_x \bigwedge_y ((x, y) \in D_f \rightarrow f(x, y) = h(x, g(y)))$.

Definition 11.3: Die partielle Funktion f entsteht aus den partiellen Funktionen g und h durch primitive Rekursion genau dann, wenn

$$f(x, 0) \cong g(x)$$

$$f(x, y+1) \cong h(x, y, f(x, y)).$$

Definition 11.4: Die partielle Funktion f entsteht aus der partiellen Funktion g durch Anwendung des μ-Operators genau dann, wenn

$$f(x) = \begin{cases} \text{das kleinste y mit } g(x, y) = 0, \text{ falls } \bigvee_y (g(x, y) \cong 0 \wedge \bigwedge_{z \leq y} (x, z) \in D_g) \\ \text{nicht definiert} \qquad \text{sonst} \end{cases}$$

Schreibweise: $f(x) \cong \mu y\ g(x, y) = 0$

Definition 11.5: f heißt eine *rekursive partielle* Funktion, wenn sich f aus den Anfangsfunktionen C_0, N, U_n^i durch Einsetzung, primitive Rekursion und Anwendung des μ-Operators definieren läßt.

f heißt eine rekursive Funktion, wenn f eine rekursive partielle Funktion ist, die für alle natürlichen Zahlen definiert ist.

D. h., f ist zwar für alle natürlichen Zahlen definiert, aber bei der Konstruktion von f dürfen partielle Funktionen benutzt werden.

Nachdem wir den Umgang mit partiellen Funktionen präzisiert haben, können wir nun leicht den Beweis zu Ende führen, daß jede RM-berechenbare Funktion rekursiv ist.

Ist dem Unterprogramm G die partielle Funktion g zugeordnet, so ordnen wir der Iterationsschleife die Funktion

$$h(x) \cong \bar{g}(x, \mu y \exp(i, \bar{g}(x, y) = 0))$$

zu. Der Verkettung von Programmen entspricht die Einsetzung (gemäß Definition 11.2) der zugeordneten Funktionen.

Sei nun die rekursive partielle Funktion f* in obiger Weise dem Programm F zugeordnet. Da F für jede Wahl von Argumenten $x_1, \ldots, x_m$ nach endlich vielen Schritten stoppt, ist die Funktion f* mindestens für solche natürlichen Zahlen definiert, die die Gestalt $\prod_{i=1}^{m} p_i^{x_i}$ haben. Die Funktion $f^*\left(\prod_{i=1}^{m} p_i^{x_i}\right)$ ist also für jede Wahl von Argumenten $x_1, \ldots, x_m$ definiert, also rekursiv.

Am Ende der Rechnung der RM mit dem Programm F steht im m + 1-ten Register das Ergebnis $f(x_1, \ldots, x_m)$.

Definieren wir also die Funktion $\hat{f}$ durch

$$\hat{f}(x_1, \ldots, x_m) = \exp\left(m + 1, f^*\left(\prod_{i=1}^{m} p_i^{x_i}\right)\right),$$

dann gilt

$$f(x_1, \ldots, x_m) = \hat{f}(x_1, \ldots, x_m).$$

Damit ist der folgende Satz bewiesen:

Satz 11.1: Jede RM-berechenbare Funktion ist rekursiv.

Den in Definition 11.5 definierten rekursiven partiellen Funktionen entsprechen die RM-berechenbaren partiellen Funktionen. Dabei heißt eine partielle Funktion RM-berechenbar, wenn sie für jedes Argument ihres Definitionsbereiches RM-berechenbar ist. Definition 5.1 und 5.2 sind entsprechend zu ergänzen.

Der Beweis für Satz 11.1 ergibt somit zugleich einen Beweis für

Satz 11.2: Jede RM-berechenbare partielle Funktion ist eine rekursive partielle Funktion.

Mit dem folgenden Satz ist der Beweis der Gleichwertigkeit von RM-Berechenbarkeit und Rekursivität abgeschlossen:

Satz 11.3: Jede rekursive (partielle) Funktion ist eine RM-berechenbare (partielle) Funktion.

Beweis: Der Beweis für die Ausgangsfunktionen, Einsetzung und primitive Rekursion verläuft analog zu Satz 10.1.

μ-Operator:
Gegeben sei eine (partielle) Funktion h mit

$$h(x_1, \ldots, x_n) \cong \mu y\; g(x_1, \ldots, x_n, y) = 0$$

und ein Programm zur Berechnung von g. Dann berechnet folgendes Programm die Funktion h:

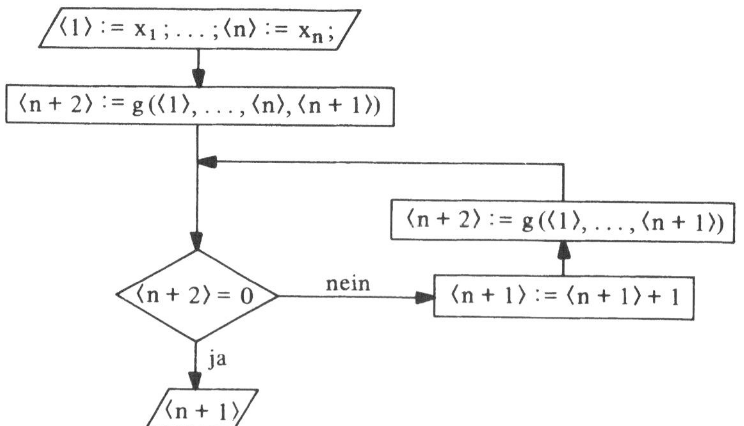

12. Universelle Funktionen

Eine rekursive Funktion ist zwar für alle natürlichen Zahlen definiert, aber zu ihrer Definition können partielle Funktionen benutzt worden sein. Sieht man sich die Definition 11.5, an, so erkennt man, daß der einzige Konstruktionsprozeß, der von den überall definierten Ausgangsfunktionen zu partiellen Funktionen führen kann, die Anwendung des μ-Operators für den Fall ist, daß nicht gilt $\bigwedge_x \bigvee_y g(x, y) = 0$. Gilt für eine Funktion g: $\bigwedge_x \bigvee_y g(x, y) = 0$, so sagt man, daß die Anwendung des *μ-Operators im Normalfall* erfolgt.

Man kann sich nun fragen, ob sich nicht jede rekursive Funktion so definieren läßt, daß alle Anwendungen des μ-Operators im Normalfall erfolgen. Wir wollen das in diesem Kapitel beweisen. Dabei wird sich zeigen, daß überhaupt nur eine Anwendung des μ-Operators im Normalfall notwendig ist. Wir werden wie im vorigen Kapitel wieder von Programmen ausgehen. Wir werden aber diesmal nicht induktiv jedem Programm eine Funktion zuordnen, sondern jedem Programm eine natürliche Zahl, aus der man alle Informationen über das Programm ablesen kann. Eine solche injektive Abbildung von Gegenständen – hier Programmen – in die natürlichen Zahlen nennt man *Gödelisierung,* die Zahl heißt die Gödelnummer des Programms. *Gödel* hat 1931 mit dieser eigens dazu von ihm erfundenen Technik den nach ihm benannten Unvollständigkeitssatz bewiesen.

Im vorigen Abschnitt hatten wir schon eine Gödelisierung der Registerinhalte benutzt. Wir werden in diesem Abschnitt eine dreistellige universelle Funktion K(p, x, t) definieren, die die Gödelnummer aller Registerinhalte der durch die Gödelnummer p kodierten RM im t-ten Rechenschritt angibt, wenn sie mit den Registerinhalten gestartet ist, die in der Gödelnummer x kodiert sind. Eine Analyse der Definition von K zeigt, daß diese Funktion sogar elementar ist. Mit Hilfe der Funktion K läßt sich dann jede rekursive Funktion durch nur *eine* Anwendung des μ-Operators im Normalfall definieren. Dieser besagt, daß die mit $x = \prod_{i=1}^{n} p_i^{x_i}$ gestartete Rechnung der durch p kodierten RM abbricht.

Programmworte für Registermaschinen

Wir haben bisher Programme von Registermaschinen in der Form von Flußdiagrammen geschrieben. Für die folgenden Überlegungen ist es anschaulicher, eine andere Notation zu wählen. Für die Elementarbefehle $\boxed{\langle i\rangle := \langle i\rangle + 1}$ und $\boxed{\langle i\rangle := \langle i\rangle - 1}$ wählen wir die Buchstaben A_i und S_i. Die Verkettung von Elementarbefehlen schreiben wir als Verkettung der Buchstaben zu einem Wort. Die Iteration eines Programms P

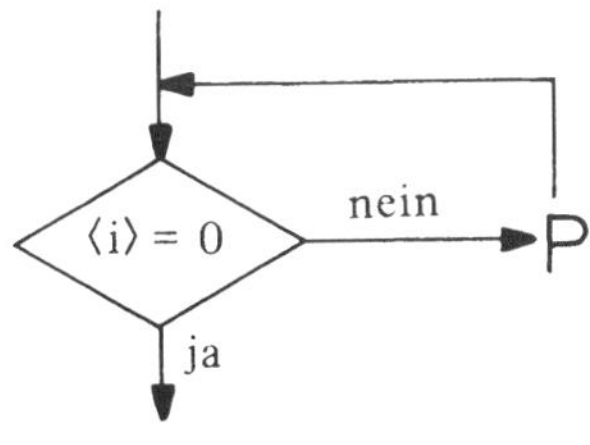

schreiben wir in der Form ($(_iP)$). Am Schluß des Programms soll der Buchstabe E das Ende der Rechnung bezeichnen. Dann läßt sich ein Programm für eine RM mit n Registern als *Wort* über dem Alphabet $\{), E, A_i, S_i\ (_i;\ 1 \leq i \leq n\}$ deuten. Wir nennen es *Programmwort.*

Beispiel: Das Löschprogramm $\boxed{\langle i \rangle := 0}$ sieht jetzt so aus: $(_iS_i)\,E$.

Übung 12.1: Schreiben Sie das Programm $\boxed{\langle k \rangle := \langle i \rangle}$ in der neuen Notation.

Gödelisierung von Programmworten

Wir wollen jetzt Programmworte gödelisieren. Dazu werden wir zunächst jedem Buchstaben eine Gödelnummer zuordnen. Auf diese Weise entsteht aus einem Programmwort mit r Buchstaben ein r-Tupel natürlicher Zahlen. Für die Kodierung von Tupeln natürlicher Zahlen in einer Zahl hatten wir schon in Kapitel 11 eine Methode angegeben. Statt $\prod_{i=1}^{r} p_i^{x_i}$ schreiben wir im folgenden $\langle x_1, \ldots, x_r \rangle$, und statt $\exp(i, x)$ schreiben wir auch $(x)_i$, oder auch einfach x_i, wenn keine Verwechselung möglich ist.

Die Gödelisierung soll in folgender Weise vorgenommen werden:

$A_i \sim 2^i$

$S_i \sim 3^i$

$(_i \sim 5^i \cdot 7^b$, b ist die Stelle im Programmwort, an die bei der Antwort „ja“ gesprungen wird

$) \sim 11^c$, c ist die Stelle im Programmwort, an die bei der Antwort „nein“ zurückgesprungen wird

$E \sim 13$

Die Gödelnummer des einzelnen Buchstabens hängt also davon ab, an welcher Stelle im Programmwort der Buchstabe steht. Die Buchstaben im Programmwort denken wir uns bei 1 beginnend durchnumeriert; der Buchstabe E soll in jedem Programmwort die Nummer 0 bekommen.

Beispiel: Die Gödelnummer des Programmworts $(_1 S_1 A_2 A_3)\,(_3 S_3 A_1)\,E$:

1. $(_1 \sim 5^1 \cdot 7^6$, da der Buchstabe $(_3$ an sechster Stelle im Programmwort steht
2. $S_1 \sim 3^1$
3. $A_2 \sim 2^2$
4. $A_3 \sim 2^3$
5. $) \sim 11^1$, da der Buchstabe $(_1$ an erster Stelle im Programmwort steht
6. $(_3 \sim 5^3 \cdot 7^0$, da der Buchstabe E an nullter Stelle im Programmwort steht
7. $S_3 \sim 3^3$
8. $A_1 \sim 2^1$
9. $) \sim 11^6$, da der Buchstabe $(_3$ an sechster Stelle im Programmwort steht

0. $E \sim 13$

Schreibt man nun die Buchstaben des Programmwortes und ihre Gödelnummern untereinander, so ergibt sich folgendes:

$$\begin{array}{cccccccccc} (_1 & S_1 & A_2 & A_3 &) & (_3 & S_3 & A_1 &) & E \\ 5^1\cdot 7^6, & 3^1, & 2^2, & 2^3, & 11^1, & 5^3\cdot 7^0, & 3^3, & 2^1, & 11^6, & 13 \end{array}$$

Für die Gödelnummer p dieses Programmwortes gilt deshalb

$$\begin{aligned} p &= \langle 5^1\cdot 7^6, 3^1, 2^2, 2^3, 11^1, 5^3\cdot 7^0, 3^3, 2^1, 11^6, 13\rangle \\ &= 2^{5\cdot 7^6}\cdot 3^3\cdot 5^{2^2}\cdot 7^{2^3}\cdot 11^{11}\cdot 13^{5^3}\cdot 17^{3^3}\cdot 19^2\cdot 23^{11^6}\cdot 29^{13} \end{aligned}$$

Konfigurationszahlen

Bearbeitet die RM gerade den j-ten Programmbuchstaben eines durch die Gödelnummer p verschlüsselten Programmworts und sind ihre Registerinhalte durch die Zahl x verschlüsselt, so nennt man die Zahl $k = \langle j, p, x\rangle$ *Konfigurationszahl*. Aus einer Konfigurationszahl k läßt sich nun die gesamte Information über eine RM in folgender Weise herauslesen:

$(k)_1$:	Position des aufgerufenen Programmbuchstabens im Programmwort
$(k)_1 = 0$:	RM stoppt
$(k)_2$:	Gödelnummer des Programms
$(k)_3$:	Gödelnummer der Registerinhalte zum augenblicklichen Zeitpunkt
$\exp(k_1, k_2)$:	Gödelnummer des aufgerufenen Programmbuchstabens
$\exp(1, \exp(k_1, k_2))$:	bearbeitetes Register bei Additionsbefehl
$\exp(2, \exp(k_1, k_2))$:	bearbeitetes Register bei Subtraktionsbefehl
$\exp(3, \exp(k_1, k_2))$:	Nummer des Registers, nach dem die Iterationsschleife gesteuert wird
$\exp(4, \exp(k_1, k_2))$:	Position des als nächsten auszuführenden Programmbuchstabens, falls die Antwort auf die Frage bei der Iterationsschleife „ja“ ist
$\exp(5, \exp(k_1, k_2))$:	Position des Programmbuchstabens, an die der Rücksprung bei der Iterationsschleife erfolgt.

Konfigurationsfunktion

Der nächste Schritt unserer Überlegungen besteht darin, einer Konfigurationszahl k durch eine primitiv-rekursive Funktion diejenige Zahl zuzuordnen, die Konfigurationszahl der RM im nächsten Programmschritt ist. Die Zahl heißt Folgekonfigurationszahl. Da man in der Zahl k die Information gespeichert hat, welcher Programmbuchstabe als nächster ausgeführt wird, geht es nun darum, den Programmbuchstaben A_i und S_i entsprechende

Funktionen a(i, x) und s(i, x) zuzuordnen, die an Gödelnummern x der Registerinhalte die entsprechenden Umformungen vornehmen (vgl. Kapitel 11).

$$a(i, x) := p_i \cdot x$$

$$s(i, x) := \begin{cases} \left[\frac{x}{p_i}\right] & \text{falls } p_i \mid x \\ x & \text{sonst.} \end{cases}$$

Insgesamt errechnet sich die Folgekonfigurationszahl einer Konfigurationszahl k durch die Funktion F, die durch folgende Fallunterscheidung definiert ist. Die Fallunterscheidung ist danach durchgeführt, welcher Programmschritt als nächster aufgerufen ist. Übersetzt man die rechts stehenden zahlentheoretischen Prädikate in die entsprechenden „inhaltlichen" Aussagen, so wird das Prinzip deutlich. Im Abschnitt „Konfigurationszahlen" dieses Kapitel hatten wir eine entsprechende Übersetzungstabelle angegeben. Die letzte Zeile der Definition erfaßt einmal den Fall, daß der nächste Programmbuchstabe der Stopp-Befehl ist, und zum zweiten alle die Fälle, in denen die Zahl k nicht die Gestalt einer Konfigurationszahl hat. Die Funktion F muß ja für alle natürlichen Zahlen definiert sein.

$$F(k) = \begin{cases} \langle k_1 + 1, k_2, a(\exp(1, \exp(k_1, k_2)), k_3)\rangle & \text{falls } k_1 \neq 0 \wedge 2 \mid \exp(k_1, k_2) \\ \langle k_1 + 1, k_2, s(\exp(2, \exp(k_1, k_2)), k_3)\rangle & \text{falls } k_1 \neq 0 \wedge \neg\, 2 \mid \exp(k_1, k_2) \\ & \wedge\, 3 \mid \exp(k_1, k_2) \\ \langle k_1 + 1, k_2, k_3\rangle & \text{falls } k_1 \neq 0 \wedge \neg\, 2 \mid \exp(k_1, k_2) \\ & \wedge \neg\, 3 \mid \exp(k_1, k_2) \wedge 5 \mid \exp(k_1, k_2) \\ & \wedge\, \exp(\exp(3, \exp(k_1, k_2)), k_3) \neq 0 \\ \langle \exp(4, \exp(k_1, k_2)), k_2, k_3\rangle & \text{falls } k_1 \neq 0 \wedge \neg\, 2 \mid \exp(k_1, k_2) \\ & \wedge \neg\, 3 \mid \exp(k_1, k_2) \wedge 5 \mid \exp(k_1, k_2) \\ & \wedge\, \exp(\exp(3, \exp(k_1, k_2)), k_3) = 0 \\ \langle \exp(5, \exp(k_1, k_2)), k_2, k_3\rangle & \text{falls } k_1 \neq 0 \wedge \neg\, 2 \mid \exp(k_1, k_2) \\ & \wedge \neg\, 3 \mid \exp(k_1, k_2) \wedge \neg\, 5 \mid \exp(k_1, k_2) \\ & \wedge \neg\, 7 \mid \exp(k_1, k_2) \wedge 11 \mid \exp(k_1, k_2) \\ \langle 0, k_2, k_3\rangle & \text{sonst} \end{cases}$$

Übung 12.1: Sei $p = 2^{25} \cdot 3^9 \cdot 5^2 \cdot 7^8 \cdot 11^{11} \cdot 13^{13}$ und $k = \langle 4, p, 700\rangle$

1. Geben Sie das Programmwort an, dessen Gödelnummer p ist.
2. Es sind $\bar{F}(k, 1)$, $\bar{F}(k, 2)$, $\bar{F}(k, 3)$, $\bar{F}(k, 4)$ zu berechnen.
3. Welchen Programmbuchstaben führt die RM bei $\bar{F}(k, 3)$ aus?
4. Berechnen Sie $\exp(4, \exp(3, \bar{F}(k, 3)))$.
   Welche Bedeutung hat diese Zahl?

Nach diesen Vorbereitungen läßt sicht nun die dreistellige Funktion K(p, x, t) definieren, die in Abhängigkeit von (der Rechenzeit) t die Rechnung der RM mit dem Programm, das der Gödelnummer p entspricht, beschreibt, wenn x die Gödelnummer der Registerinhalte zu Beginn der Rechnung ist.

$K(p, x, 0) \quad = \langle 1, p, x\rangle$	Konfigurationszahl zu Beginn der Rechnung, d. h. beim Programmbuchstaben an der Position 1
$K(p, x, t+1) = F(K(p, x, t))$	Folgekonfigurationszahl.

$K(p, x, t)$ ist also die t-te Iterierte von $F(\langle 1, p, x\rangle)$, in der Bezeichnung des Kapitels 11 $\bar{F}(\langle 1, p, x\rangle, t)$. Wir müssen noch untersuchen, in welcher Funktionenklasse diese Funktion K liegt. Nach den Überlegungen des Kapitels 9 sind die zur Definition von F benutzten Funktionen elementar. Also ist F selbst elementar. Um zu zeigen, daß die Funktion K elementar ist, benötigen wir noch eine Abschätzung für $\bar{F}(\langle 1, p, x\rangle, t)$. Diese ergibt sich folgendermaßen:

$\bar{F}(\langle 1, p, x\rangle, t)$ ist die Konfigurationszahl der Registermaschine mit Gödelnummer p nach dem t-ten Rechenschritt. Die erste Komponente gibt die Stelle an, an der im Programm gerechnet wird. Eine Abschätzung hierfür ist die Anzahl der Buchstaben im Programmwort mit der Gödelnummer p. Diese läßt sich wieder durch p nach oben abschätzen.

Die zweite Komponente von $\bar{F}(\langle 1, p, x\rangle, t)$ bleibt unverändert p.

Die dritte Komponente, die Gödelnummer x aller Registerinhalte, kann höchstens durch t-maliges Addieren von 1 in einem Exponenten erhöht worden sein. Das können wir durch x^t nach oben abschätzen.

Insgesamt ergibt sich also die Abschätzung:

$$K(p, x, t) = \bar{F}(\langle 1, p, x\rangle, t) \leqslant \langle p, p, x^t\rangle$$

Diese Abschätzung gilt auch dann, wenn p und x keine Gödelnummern von Programmen bzw. Registerinhalten von RM sind, da eigentlich nur die formale Definition der Funktion F benutzt worden ist.

Normalformtheorem

Eine RM stoppt, d. h., der Programmschritt E wird erreicht, genau dann, wenn die erste Komponente der Konfigurationszahl 0 ist. Denn in der ersten Komponente wurde die Position des aufgerufenen Programmschritts gespeichert, und die Numerierung war so eingerichtet, daß E immer die Position 0 erhält.

Wir haben also den Stopp einer RM mit einem Programm der Gödelnummer p und den Anfangsregisterinhalten, die in der Zahl x gödelisiert sind, durch ein elementares zahlentheoretisches Prädikat ausgedrückt. Dieses heißt aus historischen Gründen *Kleenesches T-Prädikat* und ist hier definiert durch

$$T\,p\,x\,t \Leftrightarrow \exp(1, K(p, x, t)) = 0$$

Die Anzahl der Rechenschritte, bis die RM stoppt, ist

$$\mu t\, T\,p\,x\,t.$$

Wenn die RM bei der Berechnung einer n-stelligen Funktion stoppt, so steht nach Vereinbarung das Ergebnis im n + 1-ten Register. In einer Konfigurationszahl k kommt man an den Inhalt des n + 1-ten Registers durch exp(n + 1, exp(3, k)).

Nach diesen Vorüberlegungen können wir eine dreistellige universelle Funktion U^n definieren, die jede n-stellige RM-berechenbare Funktion simuliert.

$$U^n(p, x, t) := \exp(n + 1, \exp(3, K(p, x, t)))$$

Diese Funktion U^n ist elementar. Jede RM-berechenbare Funktion läßt sich also aus elementaren Funktionen durch nur eine Anwendung des μ-Operators im Normalfall definieren:

Satz 12.1: **Normalformtheorem von Kleene**. Zu jedem $n \in \mathbb{N}$ gibt es eine dreistellige elementare Funktion U^n, so daß es zu jeder n-stelligen RM-berechenbaren Funktion f eine Zahl p gibt, so daß für alle $x_1, \ldots, x_n$ gilt:

$$f(x_1, \ldots, x_n) = U^n(p, \langle x_1, \ldots, x_n \rangle, \mu t\, T\, p \langle x_1, \ldots, x_n \rangle\, t).$$

Wegen der Gleichwertigkeit von RM-Berechenbarkeit und Rekursivität (Satz 11.9) besagt dieses Normalformtheorem auch, daß sich jede rekursive Funktion aus elementaren, *überall definierten,* Funktionen durch nur *eine* Anwendung des μ-Operators *im Normalfall* definieren läßt. Die Zulassung von partiellen Funktionen und die beliebige Verwendung des μ-Operators auch ohne Normalfall erweitern also die Möglichkeiten des Baukastens zur Definition von berechenbaren Funktionen nicht, solange das Ergebnis eine überall definierte Funktion ist.

In Anlehnung an elektronische Rechenanlagen läßt sich das RM Konzept auch so abändern, daß nur noch in einem Register (z. B. Register 1) gerechnet werden darf und die übrigen Register nur als Speicher dienen. Neben den beiden Rechenoperationen A_1 und S_1 müssen dann als weitere Elementaroperationen noch das Vertauschen der Registerinhalte mit dem Inhalt des Registers 1 zugelassen werden. Diese Operation wollen wir mit V_i bezeichnen. Als Konstruktionsprozesse lassen wir neben Verkettung nur noch die Iteration nach dem Register 1 zu. Wir können dann bei den Programmbuchstaben A_1, S_1, $(_1$ jeweils noch den Index 1 weglassen. Das Alphabet dieser Programmsprache besteht dann nur noch aus den n + 5 Buchstaben A, S, V_i, (,), E.

Übung 12.3: Beweisen Sie, daß jede rekursive Funktion mit diesem RM Konzept berechenbar ist.

Übung 12.4: Definieren Sie für dieses RM Konzept die Folgekonfigurationsfunktion.

Übung 12.3 und 12.4 zeigen, daß der Programmbaukasten für diese RM genauso leistungsfähig ist wie der bisher betrachtete.

Die Aussage des Normalformtheorems läßt sich unter Benutzung des Begriffs der Schrittzahlfunktion auch so formulieren:

Satz 12.2: Zu jeder n-stelligen rekursiven Funktion f gibt es eine Zahl p, so daß für alle $x_1, \ldots, x_n$ gilt:

$$f(x_1, \ldots, x_n) = U^n(p, \langle x_1, \ldots, x_n \rangle, s_f(\langle x_1, \ldots, x_n \rangle)).$$

Die Kompliziertheit einer berechenbaren Funktion läßt sich also unter mindestens zwei Aspekten sehen: einmal die Kompliziertheit der Beschreibung von kombinatorischen Umformungen, etwa das Verhalten einer RM – das ist mit elementaren Funktionen möglich –, zum anderen die Rechenzeit. Satz 12.2 gibt Anlaß, die Rechenzeit als Kompliziertheitsmaß von Funktionen anzusehen.

Wir werden darauf im Kapitel 15 eingehen.

13. Die Unentscheidbarkeit des Stop-Problems für RM

Im letzten Abschnitt hatten wir eine dreistellige Funktion $U^n(p, x, t)$ definiert, mit der man jede n-stellige rekursive Funktion simulieren kann. Das Normalformtheorem gibt Anlaß, daraus eine zweistellige Funktion $\widetilde{U}^n$ zu definieren durch

$$\widetilde{U}^n(p, x) :\cong U^n(p, x, \mu t\, T\, p\, x\, t).$$

Die Funktion $\widetilde{U}^n(p, x)$ zählt mit wachsendem p alle rekursiven Funktionen auf. Man nennt sie deshalb eine *Aufzählungsfunktion* für die Klasse der rekursiven Funktionen.

Definition 13.1: Eine Funktion F heißt Aufzählungsfunktion für eine Funktionenklasse K, wenn es zu jeder Funktion $f \in K$ eine Zahl p gibt, so daß

$$\bigwedge_{x \in D_f} F(p, \langle x \rangle) \cong f(x).^{1)}$$

Es läßt sich nun leicht durch einen Diagonalschluß beweisen, daß eine Aufzählungsfunktion für totale Funktionen i. a. komplizierter ist als die Funktionen, die sie aufzählt.

Satz 13.1: F sei eine Aufzählungsfunktion für die Funktionenklasse K von totalen Funktionen. K enthalte die Nachfolgerfunktion, U^1_2 sowie eine Funktion f mit $f(x) = \langle x \rangle^{1)}$ und sei abgeschlossen gegen Einsetzung. Dann liegt F nicht in K.

Beweis: Wir schließen indirekt und nehmen an, daß F in K liegt. Dann liegt nach Voraussetzung auch die Funktion $F(x, \langle x \rangle) + 1$ in K. Da F Aufzählungsfunktion für K ist, gibt es also eine Zahl p:

$$\bigwedge_x F(p, \langle x \rangle) = F(x, \langle x \rangle) + 1.$$

Man erhält daraus den Widerspruch $F(p, \langle p \rangle) = F(p, \langle p \rangle) + 1$. Also kann F nicht in K liegen.

---

1) Bei $\langle x \rangle$ kann es sich um eine beliebige Tupelkodierung handeln, die aber jeweils F modifiziert.

Eine Anwendung von Satz 13.1 auf die Aufzählungsfunktion $\widetilde{U}^n$ für die rekursiven Funktionen ergibt ein Beispiel für die Existenz von partiellen rekursiven Funktionen, die nicht rekursiv sind:

Satz 13.2: Es gibt keine rekursive Aufzählungsfunktion für alle rekursiven Funktionen.

Akzeptiert man die These von *Church,* daß die rekursiven Funktionen (oder wegen Satz 11.1 die RM-berechenbaren Funktionen) eine adäquate Präzisierung des Begriffs der totalen berechenbaren Funktionen darstellen, so sagt Satz 13.2 aus, daß die Funktion $\widetilde{U}^n$ nicht total berechenbar ist. Die Funktion $\widetilde{U}^n$ wurde definiert aus den elementaren Funktionen durch Anwendung des μ-Operators. Da $\widetilde{U}^n$ nicht rekursiv ist, erfolgt die Anwendung des μ-Operators nicht im Normalfall. Die Funktion $\widetilde{U}^n$ ist also eine rekursive partielle Funktion. Da $\widetilde{U}^n$ aber auch eine Aufzählungsfunktion für alle n-stelligen rekursiven partiellen Funktionen ist, gilt im Gegensatz zu Satz 13.2.

Satz 13.3: Es gibt eine rekursive partielle Aufzählungsfunktion für alle rekursiven partiellen Funktionen.

Die Erweiterung der rekursiven Funktionen zu den rekursiven partiellen Funktionen ist also eine wesentliche Erweiterung.

Wir hatten festgestellt, daß bei der Definition der Funktion $\widetilde{U}^n$ die Anwendung des μ-Operators nicht im Normalfall erfolgt, d.h.

$$\neg \bigwedge_p \bigwedge_x \bigvee_t \mathrm{T}\,p\,\langle x\rangle\,t.$$

Intuitiv bedeutet das: Nicht jede RM stoppt, angesetzt auf beliebige Argumente. Dieser Sachverhalt ist nicht neu. Er war in Kapitel 11 der Anlaß für die Einführung von partiellen Funktionen. Wir wollen jetzt fragen, ob es entscheidbar ist, ob eine beliebige RM, angesetzt auf beliebige Argumente, stoppt. Da wir den Begriff des entscheidbaren Prädikats durch den Begriff ‚rekursives Prädikat' präzisiert haben, heißt die Frage, ob das Prädikat $\bigvee_t \mathrm{T}\,p\,x\,t$ rekursiv ist.

Satz 13.4: Das Prädikat $\bigvee_t \mathrm{T}\,p\,x\,t$ ist nicht rekursiv.

Beweis: Wir schließen indirekt: Wäre das Prädikat rekursiv, so wäre auch das Prädikat $\neg \bigvee_t \mathrm{T}\,p\,\langle p\rangle\,t$ rekursiv. D.h. es gäbe eine Zahl z: RM mit Programm der Gödelnummer z stoppt, angesetzt auf p, und im zweiten Register steht 0 genau dann, wenn $\neg \bigvee_t \mathrm{T}\,p\,\langle p\rangle\,t$, und sonst steht dort eine 1.

Durch Diagonalisierung folgt dann:

Die RM mit Programm der Gödelnummer z stoppt, angesetzt auf z, und im zweiten Register steht 0 genau dann, wenn $\neg \bigvee_t \mathrm{T}\,z\,\langle z\rangle\,t$, d.h. aber, wenn die RM mit Programm der Gödelnummer z, angesetzt auf z, niemals stoppt. Also ist das Prädikat $\bigvee_t \mathrm{T}\,p\,x\,t$ nicht rekursiv. Dies läßt sich anschaulicher auch so formulieren:

Satz 13.5: Es gibt kein effektives Verfahren, das zu beliebig vorgegebener RM M und beliebigem Tupel x entscheidet, ob M, angesetzt auf x, nach endlich vielen Schritten stoppt oder nicht.

Der Inhalt dieses Satzes ist bekannt als die *Unentscheidbarkeit des Stop-Problems für RM.*

Übung 13.1: Zeigen Sie, daß es kein allgemeines effektives Verfahren gibt, um für eine beliebige partiell-rekursive Funktion f und beliebige natürliche Zahl x zu entscheiden, ob $x \in D_f$.

14. Rekursiv-aufzählbare Prädikate

In diesem Kapitel wollen wir uns mit den Wertebereichen von rekursiven Funktionen beschäftigen. Betrachten wir eine einstelle Funktion f. Dann durchläuft die Menge f(0), f(1), ... den Wertebereich W der Funktion f, evtl. mit Wiederholungen. Man kann sagen, daß die Funktion f die Elemente von W aufzählt. Wir wollen deshalb eine Menge natürlicher Zahlen *rekursiv-aufzählbar* nennen, wenn sie der Wertebereich einer rekursiven Funktion oder die leere Menge ist. Wir erweitern den Begriff der Aufzählbarkeit auf n-stellige Prädikate:

Definition 14.1: Ein n-stelliges Prädikat P heißt rekursiv-aufzählbar:

$$\leftrightarrow \bigwedge_{x} \neg Px \vee \bigvee_{f_1 \in R} \dots \bigvee_{f_n \in R} P = \{(f_1(y), \dots, f_n(y)) \mid y \in \mathbb{N}\}.$$

Wir hatten den Begriff der Rekursivität als eine adäquate Präzisierung der effektiven Berechenbarkeit angesehen. Deshalb sind die rekursiv-aufzählbaren Mengen als Präzisierung der durch ein effektives Verfahren erzeugten Zahlenmengen anzusehen. In Kapitel 10 hatten wir gesehen, daß es die Methode der Gödelisierung gestattet, mathematische Objekte, die keine Zahlen sind, in die natürlichen Zahlen einzubetten und die Beziehungen zwischen ihnen als zahlentheoretische Prädikate zu formulieren. In dieser Weise entsprechen die rekursiv-aufzählbaren Mengen in natürlicher Weise den von einem Baukasten (Kalkül) erzeugten Objekten.

Die rekursiv-aufzählbaren Prädikate lassen sich noch in anderer Form darstellen:

Satz 14.1: Ein n-stelliges Prädikat P ist rekursiv-aufzählbar genau dann, wenn es ein n + 1-stelliges rekursives Prädikat Q gibt, so daß für alle x gilt:

$$Px \leftrightarrow \bigvee_{y} Qxy.$$

Beweis: 1. P sei rekursiv-aufzählbar. Ist P leer, so wähle man $Qxy \leftrightarrow (Px \wedge y = y)$. P sei nicht leer. Dann gibt es rekursive Funktionen $f_1, \dots, f_n$, so daß

$Px \leftrightarrow \bigvee_{y} (f_1(y) = x_1 \wedge \dots \wedge f_n(y) = x_n)$. Dann ist das Prädikat

$Qx \leftrightarrow f_1(y) = x_1 \wedge \dots \wedge f_n(y) = x_n$ rekursiv.

2. P sei nicht leer und darstellbar in der Form $Px \leftrightarrow \bigvee_y Qxy$, wobei Q ein rekursives Prädikat ist. Sei z ein festes n-Tupel mit Pz.
Wir definieren jetzt die gesuchten n rekursiven Funktionen f_i wie folgt:

$$f_i(y) = \begin{cases} (y)_i & \text{falls } Q(y)_1 \dots (y)_{n+1} \\ z_i & \text{sonst.} \end{cases}$$

Für diese Funktionen f_i wird gezeigt, daß

$$Px \leftrightarrow \bigvee_y (f_1(y) = x_1 \wedge \dots \wedge f_n(y) = x_n).$$

Gelte Px:
Sei u eine Zahl, für die Qx u gilt. Setzen wir $y = \langle x, u \rangle$, so gilt: $Q(y)_1 \dots (y)_{n+1}$, also ist $f_i(y) = x_i$ für $1 \leqslant i \leqslant n$.
Gelte $f_1(y) = x_1 \wedge \dots \wedge f_n(y) = x_n$ für ein y:
Es sind zwei Fälle zu unterscheiden:
1. $Q(y)_1 \dots (y)_{n+1}$: Dann ist $f_i(y) = (y)_i = x_i$ für $1 \leqslant i \leqslant n$. Also Px.
2. sonst: Dann ist $f_i(y) = z_i$ für $1 \leqslant i \leqslant n$. Nach Voraussetzung gilt aber $Pz_1 \dots z_n$. Also $Px_1 \dots x_n$.

Ähnlich den rekursiven Funktionen läßt sich auch jedes rekursiv-aufzählbare Prädikat in normierter Weise darstellen. Das ist der Inhalt des folgenden *Kleene*schen Aufzählungstheorems:

Satz 14.2: Zu jedem n-stelligen rekursiv-aufzählbaren Prädikat P gibt es eine Zahl p, so daß gilt:

$$Px \leftrightarrow \bigvee_t T p \langle x \rangle t$$

Beweis: Wegen Satz 14.1 gibt es ein rekursives Prädikat Q: $Px \leftrightarrow \bigvee_y Qxy$.
Die charakteristische Funktion f_Q von Q ist rekursiv. Ein Programm zur Berechnung von $\mu y \, f_Q(x, y) = 0$ habe die Gödelnummer p.
1. Es gelte $\bigvee_y Qxy$. Dann liegt für die Anwendung des μ-Operators der Normalfall vor. Die RM mit Programm p bleibt nach endlich vielen Schritten stehen. Also gilt $\bigvee_t T p \langle x \rangle t$.
2. Es gelte $\bigvee_t T p \langle x \rangle t$. Daraus folgt sofort $\bigvee_y Qxy$.

Zwischen rekursiven und rekursiv-aufzählbaren Prädikaten besteht folgender Zusammenhang:

Satz 14.3: Ein Prädikat P ist genau dann rekursiv, wenn sowohl P als auch das Prädikat $\neg P$ rekursiv-aufzählbar sind.

Beweis: P sei rekursiv. Dann ist $Px \wedge y = y$ rekursiv und P läßt sich schreiben als

$$\bigvee_y (Px \wedge y = y) \leftrightarrow Px$$

und entsprechend $\neg P$.

Seien sowohl P als auch $\neg$ P rekursiv-aufzählbar. Nach Satz 14.1 gibt es also rekursive Prädikate Q und R, so daß gilt:

$$Px \leftrightarrow \bigvee_y Qxy \qquad \text{und} \qquad \neg Px \leftrightarrow \bigvee_y Rxy$$

In der klassischen Logik gilt das Tertium non datur: $Px \vee \neg Px$.
Also gilt:

$$\bigvee_y Qxy \vee \bigvee_y Rxy$$

Das ist äquivalent mit

$$\bigvee_y (Qxy \vee Rxy).$$

Es gilt also:

$$\bigwedge_x \bigvee_y (Qxy \vee Rxy).$$

Für das Prädikat $Qxy \vee Rxy$ liegt der Normalfall vor. Also ist die Funktion

$$f(x) = \mu y\, Qxy \vee Rxy$$

eine rekursive Funktion.
Dann gilt: $Px \leftrightarrow Qxf(x)$.
Denn aus Px folgt $\bigvee_y Qxy$ und $\neg \bigvee_y Rxy$. Also gilt für dieses x und alle y: $Qxy \leftrightarrow Qxy \vee Rxy$. Also gilt $Qxf(x)$.
Gelte umgekehrt $Qxf(x)$. Dann gibt es also ein y mit Qxy.

In Satz 13.4 haben wir bewiesen, daß das Prädikat $\bigvee_t Tpxt$ nicht rekursiv ist. Nach Satz 14.1 ist es aber rekursiv-aufzählbar. Die Klasse der rekursiv-aufzählbaren Prädikate ist also echt größer als die der rekursiven Prädikate. Die Klasse der rekursiv-aufzählbaren Prädikate ist aber nicht gegen Negation abgeschlossen, denn das Prädikat $\neg \bigvee_t Tpxt$ kann nicht rekursiv-aufzählbar sein, da sonst nach Satz 14.3 das Prädikat $\bigvee_t Tpxt$ rekursiv wäre im Widerspruch zu Satz 13.4.

Das zehnte Hilbertsche Problem

Wir wollen jetzt noch ein rekursiv-aufzählbares Prädikat angeben, von dem etwa 70 Jahre lang unbekannt war, ob es rekursiv ist. *Hilbert* formulierte 1900 auf dem Mathematikerkongreß in Paris 23 Probleme, die ihm interessant erschienen und deren Lösungen bisher nicht gelungen waren. Das zehnte Problem bezieht sich auf die ganzzahligen Lösungen algebraischer Gleichungen mit ganzen Koeffizienten. Solche Gleichungen heißen diophantische Gleichungen nach dem griechischen Mathematiker *Diophant*. *Hilbert* fragte nach einem allgemeinen Verfahren (Algorithmus), mit dem sich bei gegebener diophantischer Gleichung entscheiden läßt, ob sie eine ganzzahlige Lösung hat oder nicht. Aus dem Satz von *Lagrange* über die Darstellbarkeit von natürlichen Zahlen als Summe von vier Quadraten ganzer Zahlen folgt, daß sich das 10. Hilbertsche Problem auf die Frage nach der Existenz eines Algorithmus für Lösungen in natürlichen Zahlen reduzieren läßt.

Das 10. Hilbertsche Problem war 70 Jahre lang ungelöst. Auf dem Weg zu seiner Lösung wurde das Problem immer weiter eingekreist. Erst 1970 gelang es zwei sowjetischen Mathematikern, das letzte Glied der Kette zu schließen und damit zu beweisen, daß es den gesuchten Algorithmus nicht geben kann, das 10. Hilbertsche Problem also unentscheidbar ist.

Im folgenden soll kurz der Lösungsweg skizziert werden. Für eine ausführliche Darstellung muß auf die angegebene Literatur verwiesen werden. Eine übersichtliche Darstellung findet man im Anhang von [18].

Definition 14.2: Ein Prädikat D heißt diophantisch, bzw. exponentiell diophantisch, wenn es aus den Prädikaten $x + y = z$, $x \cdot y = z$, $x = 1$, (bzw. $x + y = z$, $x \cdot y = z$, $x^y = z$) mit den logischen Operationen $\wedge$, $\vee$, $\bigvee$ definierbar ist.

Übung 14.1: Zeigen Sie, daß die Prädikate $x \leqslant y$, $x \mid y$, $x \neq 0$ diophantisch sind. Zeige, daß das Prädikat $x = 1$ exponentiell diophantisch ist.

Durch logische Umformung kann man erreichen, daß jedes (exponentiell) diophantische Prädikat D definiert werden kann in der Form

$$Dx_1 \dots x_n : \leftrightarrow \bigvee_{y_1} \dots \bigvee_{y_r} Px_1 \dots x_n\, y_1 \dots y_r,$$

und P aus den oben genannten Prädikaten nur durch die logischen Operationen $\wedge$, $\vee$ entstanden ist. Mit Hilfe der charakteristischen Funktion f_P läßt sich D auch darstellen in der Form

$$Dx_1 \dots x_n \leftrightarrow \bigvee_{y_1} \dots \bigvee_{y_r} f_P(x_1, \dots, x_n, y_1, \dots, y_r) = 0.$$

Ist D diophantisch, so ist f_P ein Polynom. Diese Darstellung zeigt, daß jedes (exponentiell) diophantische Prädikat aufzählbar ist.

Um die Unentscheidbarkeit des 10. Hilbertschen Problems zu beweisen, genügt es, ein unentscheidbares diophantisches Prädikat anzugeben. Dazu ist gezeigt worden, daß jedes aufzählbare Prädikat diophantisch ist. Da das „STOP-Prädikat" (Satz 14.1) z. B. ein aufzählbares aber nicht entscheidbares Pädikat ist, ist damit die Unentscheidbarkeit bewiesen. Als Vorstufen zu diesem Satz wurde 1950 von *Davis* bewiesen [8]:

Satz 14.4: Ein Prädikat P ist aufzählbar genau dann, wenn es ein dreistelliges diophantisches Prädikat D gibt, so daß gilt:

$$\bigwedge_x (Px \leftrightarrow \bigvee_y \bigwedge_z (z \leqslant y \rightarrow Dxyz))$$

Mit Hilfe dieses Satzes konnten dann 1960 *Davis, Putnam* und *Julia Robinson* beweisen [9]:

Satz 14.6: Das Prädikat $x^y = z$ ist diophantisch genau dann, wenn es ein zweistelliges diophantisches Prädikat Q gibt mit

$$\bigvee_z \bigwedge_x \bigwedge_y (Qxy \rightarrow y \leqslant A_4(x, z))) \wedge \bigwedge_z \bigvee_x \bigvee_y (Qxy \wedge y > x^z) \quad (A_4 \text{ vgl. S. } 50)$$

1970 ist es *Matijasevič* und *Čudnovskij* gelungen [20], ein geeignetes diophantisches Prädikat anzugeben. Sie benutzten dazu die Fibonnacci-Folge $\varphi(x)$, die definiert ist durch

$$\varphi(0) = 0, \quad \varphi(1) = 1, \quad \varphi(x+2) = \varphi(x) + \varphi(x+1).$$

Das gesuchte diophantische Prädikat Q mit exponentiellem Wachstum ist dann $Qxy :\leftrightarrow y = \varphi(2x)$.

Übung 14.2: Zeigen Sie, daß $\bigwedge_x \varphi(2x) \leqslant x^{(x^x)}$ und $\bigwedge_z \bigvee_x \varphi(2x) > x^z$.

Der schwierigere Teil besteht in dem Nachweis, daß Q diophantisch ist. Dazu werden u. a. die Teilbarkeitseigenschaften von Fibonnacci-Zahlen benutzt.

15. Kompliziertheitsmaße für Funktionen

In den letzten beiden Kapiteln haben wir uns mit den prinzipiellen Grenzen der Berechenbarkeit und Entscheidbarkeit beschäftigt. Wir wollen in diesem Abschnitt untersuchen, ob es naheliegende Maße für die Kompliziertheit von Funktionen gibt, und ob es unterhalb der Frage „rekursiv oder nicht“ weitere natürliche Plateaus gibt.

In den ersten Abschnitten sind uns einige solcher Plateaus begegnet: subelementare, elementare, primitiv-rekursive, rekursive Funktionen. Bis jetzt war noch immer die Frage offen, ob diese Funktionenklassen jeweils echt größer sind als die vorhergehenden. Diese Frage wird in diesem Abschnitt positiv entschieden werden.

Zu Beginn der Überlegungen des Kapitels 7 über primitiv-rekursive Funktionen war davon ausgegangen worden, daß sich durch Anwendung der primitiven Rekursion aus der Nachfolgerfunktion immer kompliziertere Funktionen definieren lassen. Als ein Kompliziertheitsmaß für Funktionen bietet sich also die Anzahl der bei der Definition hintereinanderliegenden Rekursionen (Rekursionszahlen) an. Wir definieren deshalb folgende Folge von Funktionenklassen R^n:

Definition 15.1: $f \in R^n$ $(n \geqslant 0)$ genau dann, wenn

1. f eine der Ausgangsfunktionen U^i_m, C_0, Nachfolger ist oder
2. f durch eine Einsetzung aus bereits erhaltenen Funktionen aus R^n definiert ist oder
3. $n \geqslant 1$ ist und f durch eine primitive Rekursion aus bereits erhaltenen Funktionen aus R^{n-1} definiert ist.

Übung 15.1: Untersuchen Sie, in welcher Klasse die folgenden Funktionen schon definierbar sind: a (x, y), v (x), s (x, y), m (x, y), $f(x, y) := x \cdot \overline{sg}(y)$, $g(x) := 2^x$, max (x, y).

Definition 15.2: Rel (R^n) sei die Klasse der Prädikate, die sich in der Form

$f(\mathfrak{x}) = 0$ mit $f \in R^n$ darstellen lassen.

Übung 15.2: Für $n \geqslant 1$ ist $\mathrm{Rel}(\mathcal{R}^n)$ abgeschlossen gegen die Operationen der Aussagenlogik.

Übung 15.3: Das Prädikat $x = y$ liegt in $\mathrm{Rel}(\mathcal{R}^n)$.

Übung 15.4: Für $n \geqslant 1$ ist $\mathcal{R}^n$ abgeschlossen gegen Definitionen durch Fallunterscheidung.

In Kapitel 8 hatten wir mit den subelementaren und elementaren Funktionen schon das Wachstum von Funktionen als ein weiteres Kompliziertheitsmaß angesehen. Diesen Ansatz, Funktionenklassen durch beschränkte Rekursion zu definieren und dabei eine Folge immer stärker wachsender Funktionen zu benutzen, wollen wir jetzt systematisch weiter verfolgen. Auf *Ackermann* geht eine Idee zurück, den Prozeß, mit dem aus der Nachfolgerfunktion nacheinander die Addition, Multiplikation, Potenz definiert werden, weiter fortzusetzen, um zu immer stärker wachsenden Funktionen zu kommen.

Solche Ackermannschen Funktionen A_n wollen wir jetzt definieren.

Definieren wir $A_0(x, y) = y + 1$, dann soll A_1 die Addition, A_2 die Multiplikation, A_3 die Potenz werden. Wir schreiben im folgenden noch einmal die rekursiven Definitionen von Addition, Multiplikation, Potenz auf und daneben eine entsprechende Darstellung als Ackermannsche Funktion.

$$\begin{array}{ll} x + 0 = x & A_1(x, 0) = x \\ x + (y + 1) = (x + y) + 1 & A_1(x, y + 1) = A_0(x, A_1(x, y)) \\[1ex] x \cdot 0 = 0 & A_2(x, 0) = 0 \\ x \cdot (y + 1) = x \cdot y + x & A_2(x, y + 1) = A_1(x, A_2(x, y)) \\[1ex] x^0 = 1 & A_3(x, 0) = 1 \\ x^{y+1} = x^y \cdot x & A_3(x, y + 1) = A_2(x, A_3(x, y)) \end{array}$$

Die Rekursionszeile ist in allen drei Fällen nach dem gleichen Schema definiert. Nur beim Induktionsanfang treten Unterschiede auf, die wir auch in der folgenden Definition berücksichtigen:

$$A_0(x, y) = y + 1$$

$$A_{n+1}(x, 0) = \begin{cases} x & \text{für } n = 0 \\ 0 & \text{für } n = 1 \\ 1 & \text{sonst} \end{cases}$$

$$A_{n+1}(x, y + 1) = A_n(x, A_{n+1}(x, y))$$

Übung 15.5: Beweisen Sie durch Induktion nach y, daß gilt:

$$A_4(x, y) = \underbrace{x^{(x^{(x \ldots)} \ldots)}}_{y\text{-mal}} \text{ für } y > 0.$$

Diese Funktionen A_n werden wir jetzt benutzen, um eine Folge E^n von Funktionenklassen zu definieren, die nach dem Wachstum ihrer Funktionen unterschieden werden können. Die Funktionenklassen E^n heißen *Grzegorczyk*-Klassen (vgl. [15]).

Definition 15.3: $f \in \mathcal{E}^n$ $(n \geqslant 0)$ genau dann, wenn

1. f eine der Ausgangsfunktionen U_m^i, C_0, Nachfolger oder A_n ist oder
2. f durch Einsetzung aus bereits erhaltenen Funktionen aus $\mathcal{E}^n$ definiert ist oder
3. $n \geqslant 1$ ist und f durch eine beschränkte primitive Rekursion aus bereits erhaltenen Funktionen aus $\mathcal{E}^n$ definiert ist.

Bevor wir die Kompliziertheitsmaße *Rekursionszahlen* und *Wachstum* miteinander vergleichen, ist es sinnvoll, zunächst einige Eigenschaften der Funktionen A_n zu kennen. Die Funktionen sind monoton wachsend in beiden Argumenten und wachsend in n:

Übung 15.6: Beweise durch Induktion

1. $A_n(x, 1) = x$	für $n \geqslant 2, x \geqslant 0$
2. $A_n(1, y) = 1$	für $n \geqslant 3, y \geqslant 0$
3. $A_n(x, y) > y$	für $n \geqslant 0, x \geqslant 2, y \geqslant 0$ (für n = 2 nur bei $y > 0$)
4. $A_n(x, y + 1) > A_n(x, y)$	für $n \geqslant 1, x \geqslant 2, y \geqslant 0$
5. $A_n(x + 1, y) \geqslant A_n(x, y)$	für $n \geqslant 0, x \geqslant 0, y \geqslant 0$
6. $A_{n+1}(x, y) \geqslant A_n(x, y)$	für $n \geqslant 2, x \geqslant 2, y \geqslant 0$
7. $A_{n+1}(x + 1, y + 1) \geqslant A_n(x, y)$	für $n \geqslant 0, x \geqslant 0, y \geqslant 0$

Außerdem kann man Einsetzungen von Funktionen A_n durch Erhöhung des zweiten Arguments „auffangen". Das ist der Inhalt von

Satz 15.1: a) für $n \geqslant 2$, $x \geqslant 2$, $k \geqslant 0$, $l \geqslant 0$ gilt:

$$A_{n-1}(A_n(x, k), A_n(x, l)) \leqslant A_n(x, k + l)$$

b) für $n \geqslant 2$, $x \geqslant 2$, $k \geqslant 0$, $l \geqslant 0$ gilt:

$$A_n(A_n(x, k), l) \leqslant A_n(x, k \cdot l)$$

Beweis: Wir beweisen die Konjunktion der Aussagen a) und b) durch Induktion nach n.

Für n = 2:

$$A_1(A_2(x, k), A_2(x, l)) = x \cdot k + x \cdot l = x(k + l) = A_2(x, k + l)$$
$$A_2(A_2(x, k), l) = x \cdot k \cdot l = A_2(x, k \cdot l)$$

Induktionsschritt:

Zunächst beweisen wir die Aussage a) durch Induktion über k:

k = 0:

$$A_n(A_{n+1}(x, 0), A_{n+1}(x, l)) = A_n(1, A_n(x, l)) = 1 \leqslant A_{n+1}(x, l)$$
$$A_n(A_{n+1}(x, k+1), A_{n+1}(x, l)) = A_n(A_n(x, A_{n+1}(x, k)), A_{n+1}(x, l))$$
$$\leqslant A_n(x, A_{n+1}(x, k) \cdot A_{n+1}(x, l)) \quad \text{wegen b)}$$

$$= A_n(x, A_2(A_{n+1}(x,k), A_{n+1}(x,l)))$$
$$\leqslant A_n(x, A_n(A_{n+1}(x,k), A_{n+1}(x,l)))$$
wegen 6.
$$\leqslant A_n(x, A_{n+1}(x, k+l))$$
Induktionsvoraussetzung
$$= A_{n+1}(x, k+1+l)$$

Jetzt beweisen wir mit Hilfe von a) im Induktionsschritt die Aussage b) durch Induktion über l:

$l = 0$

$A_{n+1}(A_{n+1}(x,k), 0) \quad = \quad 1 \leqslant A_{n+1}(x, 0)$ wegen 3.

$A_{n+1}(A_{n+1}(x,k), l+1) = A_n(A_{n+1}(x,k), A_{n+1}(A_{n+1}(x,k), l))$

$\leqslant A_n(A_{n+1}(x,k), A_{n+1}(x, k\cdot l))$ Induktionsvoraussetzung

$\leqslant A_{n+1}(x, k + k\cdot l)$ wegen a)

$= A_{n+1}(x, k\cdot(l+1))$

Mit den in Übung 15.6 und Satz 15.1 gewonnenen Kenntnissen über die Funktionen A_n erhält man jetzt leicht eine Abschätzung der Funktionen aus E^n. Wir führen dazu noch folgende Abkürzung ein: $\hat{x} := \max(x, 2)$.

Satz 15.2: Zu jeder Funktion $f \in E^n$ $(n \geqslant 0)$ gibt es eine Zahl k, so daß für alle x gilt:

$$f(x) \leqslant A_{n+1}(\hat{x}, k)$$

Beweis: Wir führen den Beweis durch Induktion über den Aufbau von E^n:

1. Für die Ausgangsfunktionen C_0, U_m^i ist die Behauptung für $n = 0$ und $n = 1$ erfüllt, für $n \geqslant 2$ folgt sie dann mit Behauptung 6 der Übung 15.6.

$$A_0(x,y) = y + 1 \leqslant \max(x,y,2) + 1 = A_1(\widehat{(x,y)}, 1)$$
$$A_n(x,y) \leqslant A_n(\widehat{(x,y)}, y) \leqslant A_n(\widehat{(x,y)}, \widehat{(x,y)}) =$$
$$= A_n((x,y), A_{n+1}(\widehat{(x,y)}, 1))$$
$$= A_{n+1}(\widehat{(x,y)}, 2).$$

2. Es sei $f(x,y) = g(x, h(y))$
$$h(y) \leqslant A_{n+1}(\hat{y}, k_1)$$
$$g(x,y) \leqslant A_{n+1}(\widehat{(x,y)}, k_2).$$

Wegen Aussage 4 von Übung 15.6 können wir annehmer, daß $k_1, k_2 \geqslant 2$ sind. Dann gilt für f folgende Abschätzung.

$$f(x,y) \leqslant A_{n+1}(\max(x, h(y), 2), k_2)$$
$$\leqslant A_{n+1}(A_{n+1}(\widehat{(x,y)}, k_1), k_2)$$
$$\leqslant A_{n+1}(\widehat{(x,y)}, k_1 \cdot k_2).$$

Wir können jetzt ohne große Mühe beweisen, daß die Funktionenklassen E^n eine aufsteigende Hierarchie von ineinander echt enthaltenen Funktionenklassen bilden. Die subelementaren und elementaren Funktionen liegen dabei am unteren Ende: E^2 ist die Klasse der subelementaren Funktionen, E^3 die Klasse der elementaren Funktionen.

Satz 15.3: Für $n \geqslant 0$ gilt: E^n ist echt enthalten in E^{n+1}.

Beweis: Mit Aussage 7 von Übung 15.6 gilt: $A_i \in E^{n+1}$ für $1 \leqslant i \leqslant n$. Also gilt $E^n \subseteq E^{n+1}$. Daß diese Inklusion echt ist, ergibt sich wieder durch einen Diagonalschluß:

Die Funktion $f(x) = A_{n+1}(x, x) + 1$ liegt in E^{n+1}. Läge sie schon in E^n, dann gäbe es eine Zahl $k \geqslant 2$:

$$f(x) \leqslant A_n(x, k) \qquad \text{für } x \geqslant 2.$$

Man erhält daraus den Widerspruch

$$f(k) = A_{n+1}(k, k) + 1 \leqslant A_n(k, k).$$

Die Funktionen A_n liegen in R^n. Deshalb gilt $E^n \subseteq P$ für $n \geqslant 0$.

Wir wollen jetzt die Hierarchie E^n mit der Hierarchie R^n vergleichen, also die beiden Kompliziertheitsmaße Wachstum und Rekursionszahlen. Die Überlegungen vereinfachen sich, wenn man noch die Rechenzeit als weiteres Kompliziertheitsmaß hinzunimmt.

Satz 15.4: $R^0 \subseteq E^0$ und $R^1 \subseteq E^1$

Satz 15.5: $R^n \subseteq E^{n+1}$ für $n \geqslant 1$

Satz 15.6: Zu jedem $f \in E^n$ gibt es eine Schrittzahlfunktion $s_f \in E^n$ $(n \geqslant 2)$.

Satz 15.7: $R^n = E^{n+1}$ für $n \geqslant 2$

Beweis 15.4: Es gilt $R^0 \subseteq E^0$. Alle Funktionen $g \in R^0$ haben die Gestalt $g(x_1, \ldots, x_m) = x_i + k$ $(1 \leqslant i \leqslant m)$, wobei k eine konstante natürliche Zahl ist. Es ist zu zeigen, daß die Anwendung einer primitiven Rekursion auf Funktionen aus R^0 nur lineare Funktionen liefert.

f sei also definiert durch

$$f(x, 0) = x_i + k_1$$
$$f(x, y + 1) = f(x, y) + k_2.$$

Dann gilt folgende Abschätzung für f:

Übung 15.7: $f(x, y) \leqslant x_i + k_1 + y \cdot k_2$

Diese Abschätzung zeigt, daß f in E^1 liegt.

Übung 15.8: Zeigen Sie, daß es zu jeder einstelligen Funktion $f \in E^2$ eine Zahl k gibt mit $f(x) \leqslant x^k$ für $x \geqslant 2$.

Übung 15.9: Zeige, daß es zu der Funktion $f(x) := 2^x$ keine Zahl k gibt, so daß $\bigwedge_x 2^x \leqslant x^k$.

Bemerkung: Diese beiden Übungen zeigen, daß R^2 nicht in E^2 liegt. Die subelementaren Funktionen lassen sich durch Polynome majorisieren. Es gibt aber elementare Funktionen, die sich nicht durch Polynome majorisieren lassen (*Beispiel:* $f(x) = 2^x$).

Beweis 15.5: Wir beweisen die Behauptung durch Induktion nach n. Aus Satz 15.4 folgt der Induktionsbeginn $R^1 \subseteq E^2$.

Induktionsschluß: Sei $R^n \subseteq E^{n+1}$. Zu zeigen ist $R^{n+1} \subseteq E^{n+2}$.

Dazu genügt es, folgendes zu beweisen: Aus

$$f(x,0) = g(x)$$
$$f(x,y+1) = h(f(x,y),x,y)$$

und $g,h \in E^{n+1}$ folgt $f \in E^{n+2}$. Es ist also zu zeigen, daß f in E^{n+2} beschränkt ist.

Da $h \in E^{n+1}$, gibt es nach Satz 15.2 eine Zahl $k \geqslant 2$:

$$h(x,y,z) \leqslant A_{n+2}(\widehat{(x,y,z)},k).$$

Wir beweisen durch Induktion nach y:

$$f(x,y) \leqslant A_{n+2}(\max(x,g(x),2),k^y).$$

Beweis:

$$\begin{aligned} f(x,0) = g(x) &\leqslant \max(x,g(x),2) \\ &= A_{n+2}(\max(x,g(x),2),k^0) \\ f(x,y+1) &\leqslant A_{n+2}(\max(x,y,f(x,y),2),k) \\ &\leqslant A_{n+2}(A_{n+2}(\max(x,g(x),2),k^y),k) \\ &\leqslant A_{n+2}(\max(x,g(x),2),k^{y+1}). \end{aligned}$$

Beweis 15.6: Der Beweis wird durch Induktion über den Aufbau von E^n geführt. Für jedes $n \geqslant 2$ ist also zu zeigen:

1. Die Ausgangsfunktionen von E^n sind mit Schrittzahlfunktionen aus E^n berechenbar.
2. Ist f durch Einsetzung aus $g,h \in E^n$ definiert und sind g, h mit Schrittzahlfunktionen aus E^n berechenbar, so auch f.
3. Ist f durch eine beschränkte Rekursion aus $h_1, h_2, h_3 \in E^n$ definiert und sind h_1, h_2, h_3 mit Schrittzahlfunktionen aus E^n berechenbar, so auch f.

Beweis:

Zu 1. Die Ausgangsfunktionen C_0, U_n^i, Nachfolger, A_1 sind mit linearen Schrittzahlfunktionen berechenbar (Kapitel 6).

Übung 15.10: Beweisen Sie durch Induktion nach n, daß die Funktion A_n mit einer Schrittzahlfunktion aus E^n berechenbar ist. Benutzen Sie dabei die Schrittzahlfunktion des Teils 3 des Beweises 15.6.

Zu 2. Beim Beweis des Satzes 10.1 ist ein Programm für die Einsetzung angegeben. Unter Benutzung der Definition 6.1 von Unterprogrammen ergibt sich dann folgende Abschätzung für die Schrittzahlfunktion s_f:

$$s_f(x,y) \leqslant s_g(y) + 2 \cdot g(y) + s_h(x, g(y)) + 2 \cdot h(x, g(y))$$
$$= s_g(y) + s_h(x, g(y)) + 2 \cdot (g(y) + f(x, y)).$$

Liegen die Funktionen g und h mit ihren Schrittzahlfunktionen in E^n, so liegen auch f und s_f in E^n.

Zu 3. Beim Beweis des Satzes 10.1 ist ein Programm für die primitive Rekursion angegeben. Es ergibt sich aus diesem Programm folgende Abschätzung für eine Schrittzahlfunktion s_f:

$$s_f(x, y) = 5y + y + s_g(x) + 2 \cdot g(x) +$$
$$+ \sum_{i<y} (s_h(f(x, i), x, i) + f(x, i) + 2 \cdot h(f(x, i), x, i) + 2)$$
$$= 6 \cdot y + s_g(x) + 2 \cdot g(x)$$
$$+ \sum_{i<j} (s_h(f(x, i), x, i) + f(x, i) + 2 \cdot f(x, i+1) + 2).$$

Liegen die Funktionen g und h mit ihren Schrittzahlfunktionen in E^n und liegt f in E^n, so zeigt diese Darstellung unter Benutzung von Übung 15.11, daß $s_f \in E^n$.

Übung 15.11: Zeigen Sie, daß E^n gegen beschränkte Summation abgeschlossen ist.

Beweis 15.7: Wegen Satz 15.5 bleibt zu zeigen: $E^{n+1} \subseteq R^n$ für $n \geqslant 2$.
Sei $f \in E^{n+1}$. Dann läßt sich f darstellen nach Satz 12.2 in der Form

$$f(x) = U^m(p, \langle x \rangle, s_f(x)).$$

Zum Beweis des Satzes 15.7 genügt es also, anzugeben, daß die Funktionenklasse R^2 eine universelle Funktion U^m enthält und daß sich jede Funktion aus E^{n+1} durch eine Funktion aus R^n majorisieren läßt.

Zum ersten Problem: Der Beweis des Satzes 12.2 beruhte auf einer Beschreibung der Rechnung von Registermaschinen mit möglichst einfachen Funktionen. Eine wesentliche Rolle spielt die Gödelisierung von Registerinhalten und Programmen von RM. Die Anzahl der benötigten Rekursionen wird also durch die Kompliziertheit der benutzten Kodierung und Dekodierung bestimmt. Wir haben damals die Kodierung in Primzahlpotenzprodukten benutzt.

Übung 15.12: Zeigen Sie, daß die beim Beweis des Normalformtheorems (12.1) benutzte Folgekonfigurationsfunktion F in R^7 liegt.

Durch die Wahl einer anderen Kodierung kann man erreichen, daß eine Folgekonfigurationsfunktion schon in R^2 liegt (vgl. [30]). Die Konfigurationsfunktion hat dann eine primitive Rekursion mehr, liegt also in R^3.

Die Konfigurationsfunktion von Satz 12.1 ist elementar, sie läßt sich aber – wie wir im zweiten Teil dieses Beweises zeigen werden – durch eine Funktion aus R^2 majorisieren. Lange Zeit war es ein ungelöstes Problem, ob sie sich dann nicht auch in R^2 definieren läßt. Der naheliegende Weg, eine Folgekonfigurationsfunktion in R^1 zu suchen, erwies sich als unmöglich. Durch eine neue Beweistechnik gelang es, eine Art Konfigurationsfunktion in R^2 anzugeben (vgl. [22]).

Zum zweiten Problem: Wir definieren neue Funktionen A'_n $(n \geqslant 3)$

$$A'_3(x, y) = 2^{x \cdot y}$$

$$A'_{n+1}(x, 0) = 1$$

$$A'_{n+1}(x, y+1) = A'_n(x, A'_{n+1}(x, y))$$

Da die Funktionen $m(x, y)$ und $f(x) := 2^x$ in R^2 liegen, liegen die Funktionen A'_{n+1} in R^n $(n \geqslant 2)$.

Übung 15.13: Beweisen Sie durch Induktion: $A_n(x, y) \leqslant A'_n(x, y)$ für $n \geqslant 3, x, y \geqslant 0$

Sei nun $g \in E^{n+1}$ $(n \geqslant 2)$. Dann gibt es nach Satz 15.2 eine Zahl k mit $g(x) \leqslant A_{n+2}(\hat{x}, k)$

Nach Übung 15.13 gilt auch $g(x) \leqslant A'_{n+2}(\hat{x}, k)$. Dann folgt mit Übung 14.14 die Behauptung.

Übung 15.14: Zeige durch Induktion nach k, daß die *einstellige* Funktion $f_{n,k}$, definiert durch

$$f_{n,k}(x) := A'_{n+2}(x, k), \text{ in } R^n \text{ liegt.}$$

16. Charakterisierung der primitiv-rekursiven Funktionen

Die Klasse P der primitiv-rekursiven Funktionen läßt sich als $\bigcup_{n \in \mathbb{N}} R^n$ schreiben. Satz 15.7 zeigt, daß es unterhalb von P eine unendliche Hierarchie von Funktionenklassen gibt, die sich durch im Ansatz verschiedene, aber im Effekt gleichwertige Kompliziertheitsmaße charakterisieren lassen. Insbesondere lassen sich die subelementaren Funktionen charakterisieren als Funktionen mit einer *polynomialen* Rechenzeit und die elementaren Funktionen als solche mit einer *exponentiellen* Rechenzeit. Wir wollen jetzt noch kurz auf die Klasse der primitiv-rekursiven Funktionen eingehen.

Satz 16.1: Es gibt eine rekursive Funktion, die nicht primitiv-rekursiv ist.

Bemerkung: Damit ist insbesondere gezeigt, daß die zur Darstellung der rekursiven Funktionen im Normalformtheorem benötigte einmalige Anwendung des μ-Operators im Normalfall wesentlich ist und nicht durch primitive Rekursionen ersetzt werden kann.

Beweis: Auf *Ackermann* geht die Idee zurück, mit Hilfe der Funktionen A_n eine Majorante für alle primitiv-rekursiven Funktionen zu konstruieren und durch einen Diagonalschluß zu beweisen, daß diese nicht primitiv-rekursiv sein kann.

Wir definieren diese Ackermann-Funktion A wie folgt:

$$A(n, x, y) := A_n(x, y).$$

Behauptung:

Zu jeder primitiv-rekursiven Funktion f gibt es eine Zahl k:

$$f(x) \leqslant A(k, \hat{x}, k).$$

Beweis:

Sei $f \in P$, dann gibt es eine Zahl n, so daß $f \in R^n$.

Nach Satz 15.2 gibt es eine Zahl k', so daß

$$f(x) \leqslant A_{n+1}(\hat{x}, k')$$

Wählen wir k als $\max(n + 1, k')$, so folgt die Behauptung.

Diagonalschluß:

Annahme $A \in P$. Dann liegt auch die Funktion $A(n, \hat{n}, n) + 1$ in P. Es gibt also eine Zahl k:

$$A(n, \hat{n}, n) + 1 \leqslant A(k, \hat{n}, k).$$

Damit folgt der Widerspruch:

$$A(k, \hat{k}, k) + 1 \leqslant A(k, \hat{k}, k).$$

Es bleibt noch zu zeigen, daß die Ackermann-Funktion A rekursiv ist. Die Definition von A zeigt, daß die Funktion im intuitiven Sinne effektiv berechenbar ist. Unter Benutzung der These von *Church* folgt, daß die Funktion rekursiv ist. Einen vollständigen Beweis der Rekursivität der Funktion A findet man z. B. in [16].

Bemerkung: Die Funktion A wurde zwar, geht man auf die Definition der Funktionen A_n zurück, in gewisser Weise auch durch rekursive Definitionen konstruiert, aber die Rekursion lief nicht, wie bei der primitiven Rekursion, über eine Variable, sondern über zwei Variablen (über „n" und „y"). Da die Funktion A nicht primitiv-rekursiv ist, ist damit zugleich gezeigt, daß solche allgemeinen Rekursionsschemata nicht unbedingt mit der primitiven Rekursion gleichwertig sind. Zur Definition der Ackermann-Funktion wurde eine sogenannte zweifache Rekursion benutzt. Diesem Rekursionstyp entsprechen die beim Beweis der einzelnen Teile der Übung 15.6 manchmal benötigten Doppelinduktionen. Auf den Zusammenhang komplizierterer Rekursionsschemata kann hier nicht eingegangen werden (vgl. [29]).

Für die Charakterisierung der RM-berechenbaren Funktionen durch Definitionsschemata hatten wir im Beweis von Satz 11.1 die Klasse der primitiv-rekursiven Funktionen durch die Hinzunahme des μ-Operators erweitert. Auch bei der erneuten Charakterisierung der

RM-berechenbaren Funktionen war im Normalformtheorem *eine* Anwendung des μ-Operators notwendig. Satz 16.1 hat nun gezeigt, daß sie nicht durch primitiv-rekursive Prozesse ersetzt werden kann. In Übung 9.4 war gezeigt worden, daß man aber einen beschränkten μ-Operator durch eine primitive Rekursion ersetzen kann. Da man bei einem beliebigen Programm von „außen" keine Beschränkung der Rechenzeit angeben kann, kann der μ-Operator im Normalformtheorem nicht beschränkt werden. Die primitiv-rekursiven Funktionen scheinen also dadurch charakterisierbar zu sein, daß man den entsprechenden Programmen von „außen" eine Beschränkung der Rechenzeit ansehen kann. Diese Idee wollen wir jetzt präzisieren:

Definition 16.1: Ist P ein Programm für eine RM und kommt das Register i im Programm P nicht vor, so heißt das Programm $({}_iS_iP)$ eine beschränkte Iteration von P.

Satz 16.2: Die primitiv-rekursiven Funktionen sind genau diejenigen RM-berechenbaren Funktionen, in deren Programmen nur beschränkte Iterationen vorkommen.

Beweis: Es sind zwei Richtungen zu beweisen.

1. Eine Analyse von Beweis 10.1 zeigt, daß zur Berechnung der Ausgangsfunktionen die beschränkte Iteration ausreicht (Kopierprogramm siehe Kapitel 6).

   Beim Umschreiben eines Programms, dessen Iterationen beschränkt sind, zu einem Unterprogramm (Definition 6.1) bleibt diese Eigenschaft erhalten, ebenso bei der Verkettung von Programmen zur Berechnung der Einsetzung von Funktionen.
   Beim Programm zur Berechnung der primitiven Rekursion wird das Register n + 3 im Unterprogramm nicht benutzt. Also liegt dort eine beschränkte Iteration nach Register n + 3 vor.
2. Da bei jedem Durchlauf in der Iterationsschleife bei beschränkter Iteration $({}_iS_iP)$ der Inhalt des Registers i um 1 kleiner wird, bricht die Iteration nach $\langle i \rangle$ Schritten ab. Es liegt also bei der Beschreibung der beschränkten Iteration durch einen μ-Operator (siehe Satz 11.1) erstens der Normalfall vor, so daß die entsprechenden Funktionen überall definiert sind, und zweitens läßt sich mit $\exp(i, x)$ eine Schranke für $\mu y \exp(i, \bar{g}(x, y)) = 0$ angeben, so daß sich diese Anwendung des μ-Operators im Beweis von Satz 11.1 durch eine Anwendung des beschränkten μ-Operators und damit nach Übung 9.4 durch eine primitive Rekursion ersetzen läßt.

Übung 16.1: Man beweise ohne das Ergebnis von Übung 9.4:
Die Klasse der RM-berechenbaren Funktionen, bei deren Programmen alle vorkommenden Iterationen beschränkt sind, ist abgeschlossen gegen Anwendung des beschränkten μ-Operators.

Der Beweis von Satz 11.1 zeigt in Verbindung mit Satz 16.1, daß zur Beschreibung von beliebigen Iterationen die Prozesse „primitive Rekursion" und „Anwendung des μ-Operators" i. a. gemeinsam notwendig sind.

Wir wollen jetzt noch einen Konstruktionsprozeß bei Funktionen untersuchen, der bei geringfügiger Erweiterung der Ausgangsfunktionen zusammen mit dem Prozeß „Einsetzung" zur Definition der rekursiven Funktionen ausreicht.

Definition 16.2: Aus den Funktionen f und g entsteht die Funktion f_g durch Anwendung des Iterationsoperators, wenn gilt:

$$f_g(x) = \begin{cases} x & \text{falls } g(x) = 0 \\ f_g(f(x)) & \text{sonst} \end{cases}$$

Satz 16.3: Die Klasse der rekursiven Funktionen läßt sich auch definieren als die kleinste Funktionenklasse, die

1. die Funktionen C_0, U_n^i, Nachfolger, Vorgänger und eine beliebige zweistellige rekursive Kodierfunktion mit ihren beiden Dekodierfunktionen[1]) enthält,
2. abgeschlossen ist gegen die Prozesse Einsetzung und Anwendung des Iterationsoperators.

Beweis: Zunächst ist zu beweisen, daß die Anwendung des Iterationsoperators ein rekursiver Prozeß ist. Das zeigt folgende Darstellung:

$$f_g(x) \cong \bar{f}(x, \mu z\, g(\bar{f}(x, z)) = 0$$

In der anderen Richtung ist zu beweisen, daß sich primitive Rekursion und Anwendung des μ-Operators durch den Iterationsoperator ersetzen lassen.

Primitive Rekursion

Sei $f(x, 0) = g(x)$
$f(x, y + 1) = h(f(x, y), x, y).$

Wir definieren eine Funktion h' durch

$$h'(z) := \langle h(z_1, z_2, \ldots, z_{n+1}, z_{n+2}), z_2, \ldots, z_{n+1}, z_{n+2} + 1, z_{n+3} \dot{-} 1\rangle.$$

Die durch Anwendung des Iterationsoperators auf h' und $(z)_{n+3}$ entstandene Funktion nennen wir h*. Also

$$h^*(z) = \begin{cases} z & \text{falls } z_{n+3} = 0 \\ h^*(h'(z)) & \text{sonst.} \end{cases}$$

Dann wird zunächst folgendes bewiesen:

Behauptung: $\bigwedge_y \bigwedge_k \bigwedge_x (h^*(\langle f(x, k), x, k, y\rangle))_1 = f(x, k + y)$

---

1) Im folgenden Beweis wird diese Kodierfunktion auch mit $\langle x, y\rangle$ und die beiden Dekodierfunktionen mit $(x)_1$ und $(x)_2$ bezeichnet.

Beweis durch Induktion nach y:

Induktionsanfang: trivial nach Definition von h*

Induktionsschritt:

$$(h^*(\langle f(x,k),x,k,y+1\rangle))_1 = (h^*(h'(\langle f(x,k),x,k,y+1\rangle)))_1$$
$$= (h^*(\langle h(f(x,k),x,k),x,k+1,y\rangle))_1$$
$$= (h^*(\langle f(x,k+1),x,k+1,y\rangle))_1 = f(x,(k+1)+y)$$
$$= f(x,k+(y+1)). \qquad \text{Induktionsvoraussetzung}$$

Daraus folgt:

$$(h^*(\langle g(x),x,0,y\rangle))_1 = (h^*(\langle f(x,0),x,0,y\rangle))_1 = f(x,y)$$

μ-Operator:

Sei $f(x) = \mu z\ g(x,z) = 0$

Wir definieren eine Funktion g' durch $g'(y) := g(y_1,\ldots,y_{n+1})$ und h durch $h(y) := \langle y_1, y_2 + 1\rangle$.

Dann gilt:

$$f(x) = (h_{g'},(\langle x,0\rangle))_2 .$$

17. Kleine universelle Registermaschinen

Im Kapitel 15 wurden verschiedene Ansätze zur Beschreibung der Kompliziertheit von Funktionen untersucht. Die in Kapitel 12 bewiesene Existenz einer universellen Funktion zeigt, daß die Anzahl der benötigten Register kein sinnvolles Kompliziertheitsmaß ist. Denn alle rekusiven Funktionen lassen sich z. B. mit so viel Registern berechnen, wie zur Berechnung der universellen Funktion notwendig sind, wenn die Argumente $x_1,\ldots,x_n$ in der Form $\langle x_1,\ldots,x_n\rangle$ in das erste Register eingegeben werden.

Es stellt sich nun die Frage, ob sich die durch dieses Resultat ergebende obere Grenze für die benötigte Registerzahl weiter reduzieren läßt. Wir werden in diesem Abschnitt in zwei Schritten beweisen, daß man mit nur zwei Registern auskommt, dagegen mit einem Register nur sehr einfache Funktionen berechnet werden können.

Satz 17.1: Zu jedem Programm P für eine Registermaschine mit n Registern gibt es ein Programm $\bar{P}$, das nur 3 Register benutzt und das Programm P wie folgt simuliert:

Die RM mit Programm P stoppt, angesetzt auf $x_1,\ldots,x_n$, genau dann, wenn die RM mit Programm $\bar{P}$, angesetzt auf $\langle x_1,\ldots,x_n\rangle$, 0, 0, stoppt.

Die RM mit Programm P stoppt, angesetzt auf $x_1, \ldots, x_n$, auf $y_1, \ldots, y_n$ genau dann, wenn die RM mit Programm $\overline{P}$, angesetzt auf $\langle x_1, \ldots, x_n \rangle, 0, 0$, auf $\langle y_1, \ldots, y_n \rangle, 0, 0$ stoppt.

Beweis: Wir führen den Beweis durch Induktion über den Aufbau der Programme: Zunächst müssen die Elementarbefehle A_i und S_i durch Programme ersetzt werden, die entsprechende Umformungen an $\langle x_1, \ldots, x_n \rangle$ vornehmen. Dem Befehl A_i entspricht die Multiplikation von $\langle x_1, \ldots, x_n \rangle$ mit p_i. Wir definieren deshalb für eine feste Zahl k das Programm Mult [k] durch

$$\text{Mult}\,[k] := ({}_1 S_1 A_2^k)\,({}_2 S_2 A_1)$$[1]

und erhalten für A_i das Programm

$$\overline{A}_i := \text{Mult}\,[p_i].$$

Dem Befehl S_i entspricht eine Division durch p_i, falls die Ausführung möglich ist, sonst bleibt $\langle x_1, \ldots, x_n \rangle$ unverändert. Wir entwickeln also zunächst ein Programm T [k], das folgendes leistet:

$$\begin{array}{l} x\ \ 0\ \ 0 \\ \quad\Downarrow \\ x\ \ 0\ \ \overline{sg}(k|x) \end{array}$$

Wir definieren dieses Programm durch (vgl. [4]):

$$T\,[k] := ({}_1 S_1 A_2 A_3)\,({}_2 S_2^k A_1^k)\,({}_3 S_3 S_1 A_2)\,A_3 ({}_1 S_1 S_3)\,({}_2 S_2 A_1)$$

Den Programmablauf skizziert folgende Tabelle:

$$\begin{array}{ccc} \langle 1 \rangle & \langle 2 \rangle & \langle 3 \rangle \\ x & 0 & 0 \\ & \Downarrow & \\ 0 & x & x \\ & \Downarrow & \\ k \cdot \left(\left[\frac{x}{k} \right] + sg(k|x) \right) & 0 & x \\ & \Downarrow & \\ k \cdot \left(\left[\frac{x}{k} \right] + sg(k|x) \right) \dot{-} x & x & 1 \\ & \Downarrow & \\ 0 & x & \overline{sg}(k|x) \\ & \Downarrow & \\ x & 0 & \overline{sg}(k|x). \end{array}$$

Als ein Programm für die Division durch k nehmen wir

$$\text{Div}\,[k] := ({}_1 S_1^k A_2)\,({}_2 S_2 A_1)$$

---

1) A_2^k bedeutet $\underbrace{A_2 \ldots A_2}_{\text{k-mal}}$

Insgesamt erhalten wir dann für den Elementarbefehl S_i das Programm

$$\overline{S_i} := T[p_i]\,({}_3S_3\,\mathrm{Div}\,[p_i]).$$

Der Verkettung von zwei Programmworten P und Q zu PQ entspricht das Programmwort $\overline{PQ} := \bar{P}\bar{Q}$.

Der Iteration $({}_iP)$ des Programms P entspricht das Programmwort

$$\overline{({}_iP)} := T[p_i]\,({}_3S_3\bar{P}\,T[p_i]).$$

Im folgenden Satz 17.2 werden wir beweisen, daß bei dem bisher gewählten Aufbau von Programmen für RM eine Reduktion auf 2 Register unmöglich ist, da sich das Ergebnis der Rechnung auf 2 Registern linear durch die Inhalte der beiden Register zu Beginn der Rechnung beschränken läßt (vgl. [4]).

Satz 17.2: Zu jedem Programm P einer RM, das nur 2 Register benutzt und mindestens eine Iteration enthält, gibt es Zahlen k, l, m mit der Eigenschaft:

für alle x_1, x_2, y_1, y_2 gilt: falls die RM, angesetzt auf x_1, x_2, nach endlich vielen Schritten auf y_1, y_2 stoppt, so gilt

$$(y_1 \leqslant m \cdot (x_1 + x_2) + l \wedge y_2 = k)$$

oder für alle x_1, x_2, y_1, y_2 gilt: falls die RM, angesetzt auf x_1, x_2, nach endlich vielen Schritten auf y_1, y_2 stoppt, so gilt

$$(y_1 = k \wedge y_2 \leqslant m \cdot (x_1 + x_2) + l).$$

Beweis: Wir führen den Beweis durch Induktion über die Anzahl der hintereinanderliegenden Iterationen.

1. *Induktionsanfang:*

   Jedes Programm, bei dem nur eine Iteration ineinandergeschachtelt ist, läßt sich so in Teilworte zerlegen, daß diese nur die Gestalt $({}_iP)$ oder W haben, wobei P und W nur aus Elementaroperationen bestehen.

1.1 P sei entstanden durch Verkettung von Elementaroperationen. Wir können o. B. d. A. annehmen, daß in P die Elementaroperationen A_i und S_i so sortiert sind, daß sich P in der Form P_1P_2 darstellen läßt, wobei P_1 nur die Elementarbefehle A_1, S_1 und P_2 nur die Elementarbefehle A_2, S_2 enthält.

Wir können weiter annehmen, daß im Programm P_1 (bzw. P_2) keine Teilworte der Form A_1S_1 (bzw. A_2S_2) mehr vorkommen, da diese einfach weggelassen werden können.

Falls die RM mit Programm $({}_1P_1P_2)$ bzw. $({}_2P_2P_1)$ für die Argumente x_1, x_2 auf y_1, y_2 stoppt, müssen die Programme die Form $({}_1S_1^aS_2^bA_2^c)$ bzw. $({}_2S_2^aS_1^bA_1^c)$ haben, wobei $a > 0$ und b, c $\geqslant 0$ sind, oder es ist $x_1 = y_1 = 0$ bzw. $x_2 = y_2 = 0$.

Insgesamt gilt:

$$(y_1 = 0 \wedge y_2 \leqslant c \cdot x_1 + x_2) \quad \text{bzw.} \quad (y_2 = 0 \wedge y_1 \leqslant c \cdot x_2 + x_1).$$

1.2 Durch Induktion über die Anzahl der Verkettungen von Programmworten der Gestalt $({}_iP)$ und W, wobei P und W nur aus Elementarbefehlen bestehen, ergibt sich insgesamt die gesuchte Abschätzung.

2. *Induktionsschritt:*

Wie beim Induktionsanfang genügt es, den Fall $({}_iQ)$ zu untersuchen. Aus Symmetriegründen können wir uns auf den Fall $({}_1Q)$ beschränken. Nach Induktionsvoraussetzung gibt es für eine RM mit Programm Q zwei Möglichkeiten:

1. Fall: Wenn sie, angesetzt auf x_1, x_2, auf y_1, y_2 stoppt, gilt:

$$y_1 \leqslant m \cdot (x_1 + x_2) + l \wedge y_2 = k$$

Dann gilt, falls die RM mit Programm $({}_1Q)$, angesetzt auf x_1, x_2 mit $x_1 > 0$, auf y_1, y_2, stoppt: $y_1 = 0 \wedge y_2 = k$ (für $x_1 = 0$ ist $y_2 = x_2$).

2. Fall: Wenn sie, angesetzt auf x_1, x_2, auf y_1, y_2 stoppt, gilt:

$$y_1 = k \wedge y_2 \leqslant m \cdot (x_1 + x_2) + l$$

Dann gilt, falls die RM mit Programm $({}_1Q)$, angesetzt auf x_1, x_2 mit $x_1 > 0$, stoppt: Nach jeder Ausführung des Programms Q ist $\langle 1 \rangle = k$. Da nach dem Stop des Programms $({}_1Q)$ der Inhalt des ersten Registers Null ist, gilt $k = 0$. Also wird Q nur einmal ausgeführt, und es gilt $y_2 \leqslant m \cdot (x_1 + x_2) + l$.
(Falls $x_1 = 0$, so ist $y_2 = x_2$).

Wir wollen jetzt beweisen, daß eine Reduktion auf 2 Register möglich ist, falls man eine andere Programmiersprache für RM wählt. Bei den bisherigen Programmen waren Sprünge nur in Verbindung mit der Iteration zugelassen. Für den folgenden Satz wollen wir bei Programmen Sprünge an beliebige Stellen zulassen. Diese erweiterte Definition des Programmbegriffs läßt sich präzisieren, indem man Programme für eine RM als Programmtafeln, bestehend aus Programmzeilen, einführt. Jede Zeile hat die Gestalt $j\, b_j\, n_j\, m_j$. Dabei ist j die fortlaufende Nummer der Zeilen, b_j einer der Elementarbefehle A_i, S_i, E und n_j bzw. m_j die Nummer der Programmzeile, an die gesprungen wird, falls der Inhalt des Registers vor Ausführung des Befehls b_j gleich Null bzw. ungleich Null ist.

Die Erweiterung der Programmiersprache bringt für die Funktionenklassen E^n ($n \geqslant 2$), P und R keine anderen Ergebnisse als bei der Benutzung linearer Programmworte bisher bewiesen worden sind.

Satz 17.3: Zu jedem Programmwort P für eine Registermaschine mit 3 Registern gibt es ein Programm $\overline{P}$ in der erweiterten Programmiersprache, das nur 2 Register benutzt und das Programm P wie folgt simuliert:

Die RM mit Programm P stoppt, angesetzt auf x, y, z, genau dann, wenn die RM mit Programm $\overline{P}$, angesetzt auf ⟨x, y, z⟩, 0 stoppt.

Die RM mit Programm P stoppt, angesetzt auf x, y, z, auf a, b, c genau dann, wenn die RM mit Programm $\overline{P}$, angesetzt auf ⟨x, y, z⟩, 0, auf ⟨a, b, c⟩, 0 stoppt.

Beweis: Wir führen den Beweis durch Induktion über den Aufbau der Programmworte. Das gesuchte neue Programm geben wir nicht als Programmtafel an sondern in der Form eines Flußdiagramms, damit die Struktur klarer hervortritt. Wegen der suggestiven Bezeichnungsweise des Flußdiagramms läßt sich daraus leicht eine Programmtafel herstellen.

Die Flußdiagramme $\overline{A}_1$, $\overline{A}_2$ und $\overline{A}_3$ ergeben sich sofort durch Übertragen der Programmworte Mult [2], Mult [3], Mult [5] des Beweises 17.1 in ein Flußdiagramm.

Für die Simulation des Subtraktionsbefehls und des Tests bei der Iteration wollen wir ein gemeinsames Flußdiagramm entwickeln. Da wir jedes Programm $({}_iP)$ durch ein Programm $({}_iS_iA_iP)$ ersetzen können, dürfen wir o. B. d. A. annehmen, daß alle Iterationsprogramme die Gestalt $({}_iS_iP)$ haben. Wir werden zunächst dem Programmteil $({}_iS_i$ ein Flußdiagramm $\rightarrow \overline{({}_iS_i}$ $\overset{=}{\underset{\neq}{\rightleftarrows}}$ zuordnen:

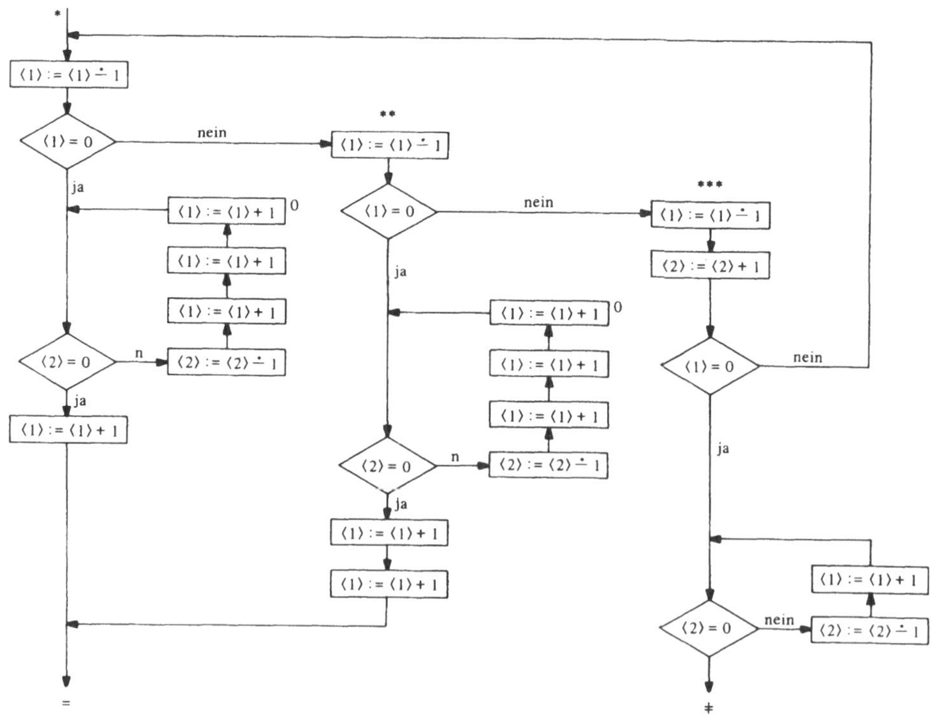

Vorstehendes Flußdiagramm simuliert $(_2S_2$. Der Eingang liegt bei $*$, der Ausgang = wird erreicht, falls das zu simulierende Register 2 den Inhalt 0 hat. Dann gilt ja $3 \nmid \langle x, y, z\rangle$. In diesem Fall bleibt $\langle x, y, z\rangle$ unverändert. Ist $\langle 2\rangle \neq 0$, also $3 \mid \langle x, y, z\rangle$, so wird zu $\langle x, y \dot{-} 1, z\rangle$ übergegangen und Ausgang $\neq$ erreicht.

Übung 17.1: Geben Sie ein Flußdiagramm zur Simulation von $(_1S_1$ und $(_3S_3$ an.

Mit diesen Flußdiagrammen können wir dann den Elementarbefehl S_i durch

$\rightarrow \overline{(_iS_i}$ (= / $\neq$) $\rightarrow$

simulieren, indem wir die beiden Ausgänge = und $\neq$ identifizieren. Damit haben die Flußdiagramme A_i und S_i jeweils einen Eingang und Ausgang.

Der Verkettung von zwei Programmworten P und Q zu PQ entspricht die Verkettung der Flußdiagramme $\overline{P}$ und $\overline{Q}$.

Dem Programmwort $(_iS_iP)$ wird das Flußdiagramm

$\rightarrow \overline{(_iS_i} \xrightarrow{\neq} \overline{P}$ (zurück zu $\overline{(_iS_i}$); $\overline{(_iS_i} \xrightarrow{=} \rightarrow$

zugeordnet.

Durch diese Art der Simulation haben die gemäß dem induktiven Aufbau der Programmworte entstehenden Flußdiagramme immer nur einen Eingang und einen Ausgang, so daß sie einfach verkettet werden können.

Die Beweise der Sätze 17.2 und 17.3 benutzen die Möglichkeit, die Inhalte mehrerer Register in einer Zahl zu kodieren und diese dann in einem Register zu speichern. Diese Technik wird einmal angewandt, um bei n-stelligen $(n > 1)$ Funktionen die Argumente zu kodieren. Zum anderen, um die Rechnung in Hilfsregistern zu kodieren. Beschränkt man sich auf einstellige Funktionen, so fällt der erste Grund weg und es bleibt die Frage, ob dann nicht für jede einstellige rekursive Funktion f eine Berechnung in der Form $x, 0 \Rightarrow f(x), 0$ möglich ist, anstelle von $2^x, 0 \Rightarrow 2^{f(x)}, 0$.

Die Untersuchungen von *Barsdin* [3] haben gezeigt, daß dies nicht möglich ist. Die Benutzung einer Kodifikation K in der Form $K(x), 0 \Rightarrow K(f(x)), 0$, $K \neq id$, ist also für die Reduktion auf 2 Register *wesentlich.*

Satz 17.4: Sei f eine Funktion, die mit einem als Programmtafel mit p Zeilen gegebenen Programm auf *einem* Register berechnet werden kann. Dann gilt:

$$\bigwedge_x (f(x) \leqslant p \vee |f(x) - x| \leqslant p)$$

Beweis: Wir beweisen indirekt und nehmen an, daß es eine Funktion f gibt, für die gilt:

$$\bigvee_x (f(x) > p \wedge |f(x) - x| > p).$$

Für x_0 gelte $f(x_0) > p \wedge |f(x_0) - x_0| > p$. Da die RM den Registerinhalt in jedem Rechenschritt nur um 1 verändern kann, braucht sie zur Berechnung von $f(x_0)$ mindestens p + 1 Schritte. Mindestens eine Programmzeile wird mindestens zweimal aufgerufen, z. B. die Zeile mit der Nummer p_0. Außerdem ist in den letzten p + 1 Rechenschritten vor dem Stop der RM der Registerinhalt von Null verschieden.

Der Aufruf der jeweils nächsten Programmzeile erfolgt gemäß dem Programm in Abhängigkeit davon, ob das Register den Inhalt 0 hat oder nicht. In den letzten p + 1 Rechenschritten wird also immer die Zeile gemäß Registerinhalt $\neq 0$ aufgerufen unabhängig vom sich verändernden Registerinhalt. Die vom *ersten* Aufruf der Zeile p_0 als nächste aufgerufene Programmzeile hat deshalb dieselbe Nummer wie die vom *zweiten* Aufruf der Zeile p_0 als nächste aufgerufene Zeile. Deshalb wiederholt sich die Folge der aufgerufenen Programmzeilen periodisch, bis der Inhalt des Registers 0 ist. Da in den letzten p + 1 Schritten vor dem Stop der RM bei $f(x_0)$ dies nicht der Fall ist, kann die RM auch bei $f(x_0)$ nicht stoppen im Widerspruch zur Voraussetzung.

Übung 17.2: Beweisen Sie mit den Methoden des Beweises von Satz 17.4: Falls eine 1-RM mit einem Programm der Gödelnummer p von p_0 Zeilen, gestartet mit dem Registerinhalt x, nach endlich vielen Schritten stoppt, so gilt:

$$\bigwedge_t (K(p, \langle x \rangle, t))_{31} \leq x + p_0$$

D. h.: Auch während der Rechnung einer 1-RM kann sich der Registerinhalt nur wenig vergrößern.

Übung 17.3: Beweisen Sie mit Übung 17.2, daß eine 1-RM mit einem Programm der Gödelnummer p von p_0 Zeilen, die mit dem Registerinhalt x startet, nach spätestens $p_0 x + p_0^2$ Schritten stoppt, falls sie überhaupt stoppt.

D. h. insbesondere, daß 1-RM ein entscheidbares Stop-Problem haben.

Übung 17.4: Zeigen Sie, daß 2-RM, deren Programm als Programmwort gegeben ist, ein entscheidbares Stop-Problem haben.

Bemerkung: Durch Darstellung von RM als Automatennetze läßt sich leicht zeigen, daß auch solche RM ein entscheidbares Stop-Problem haben, die zwar über endlich viele Register verfügen, von denen aber nur *eines* eine unbegrenzte Speicherkapazität hat (Übung 24.22).

18. Worterzeugende Kalküle

Im ersten Teil des Buches haben wir verschiedene Aspekte des Berechenbarkeitsbegriffes für Funktionen über natürlichen Zahlen untersucht. Schon im Kapitel 2 haben wir festgestellt, daß die natürlichen Zahlen spezielle Worte sind, d.h. durch einen speziellen Wortbaukasten erzeugt werden können. In den folgenden Kapiteln wollen wir idealisierte Maschinen und Regelsysteme untersuchen, die auf Worten operieren, die mit beliebigen Wortbaukästen gebildet sind. In diesem Abschnitt werden wir das informelle Reden von Worten und die Erzeugung von Wortmengen durch Baukästen präzisieren.

Wir bezeichnen im folgenden eine endliche, nicht-leere Menge von unterscheidbaren Zeichen als *Alphabet*. Ihre Elemente heißen *Buchstaben*. Eine endliche lineare Folge von Buchstaben aus einem Alphabet A heißt ein *Wort über* A. Analog zur leeren Menge lassen wir auch das *leere Wort* zu, das keinen Buchstaben enthält, und bezeichnen es mit $\square$. Die Menge aller Worte über einem Alphabet A bezeichnen wir mit A^*.

Das Nebeneinanderschreiben von zwei Worten W_1 und W_2 heißt *Verkettung* und wird als $W_1 W_2$ geschrieben. Die Verkettung von Worten über einem Alphabet A ist eine zweistellige Funktion über A^*. Da sie assoziativ ist, brauchen bei der Verkettung von mehr als zwei Worten keine Klammern geschrieben zu werden.

Zwei Worte W_1 und W_2 sind gleich, wenn sie an der gleichen Stelle gleiche Buchstaben haben, Bezeichnung $W_1 \equiv W_2$. Das Zeichen $\equiv$ darf in diesem Zusammenhang nicht mit dem Zeichen = verwechselt werden; $\equiv$ gehört *nicht* zum Alphabet von W_1 und W_2, dagegen verwenden wir das Zeichen „=" in Worten wie 1 + 1 = 2 als einen Buchstaben wie 1, +, 2.

Definition 18.1: Ein Wort T heißt *Teilwort* des Wortes W, wenn es Worte U, V gibt, so daß gilt: $W \equiv U\,T\,V$. Dabei können sowohl U als auch V das leere Wort sein. Ist U oder V nicht das leere Wort, so heißt T echtes Teilwort von W.

Ein Wort A heißt *Anfangswort* des Wortes W, wenn es ein Wort U gibt, so daß $W \equiv A\,U$. Ist weder A noch U das leere Wort, so heißt A echtes Anfangswort von W.

Übung 18.1: Beweisen Sie, daß das leere Wort Teilwort jedes Wortes ist.

Übung 18.2: Man beweise, daß jedes Anfangswort eines Wortes auch Teilwort von ihm ist.

Übung 18.3: Beweisen Sie, daß die Relation „Anfangswort von" reflexiv, transitiv und identitiv ist.

Übung 18.4: Es ist zu beweisen, daß die Relation „Teilwort von" reflexiv, transitiv und identitiv ist.

Übung 18.5: Beweisen Sie, daß die Relationen „Teilwort von", „Anfangswort von" nicht symmetrisch sind.

Übung 18.6: Mit welchen Relationen über natürlichen Zahlen sind (echtes) Teilwort und (echtes) Anfangswort vergleichbar, wenn man natürliche Zahlen als Strichfolgen darstellt?

Diese Übungen zeigen, daß die Teilwort- und Anfangswort-Beziehung Ordnungsrelationen sind. Wir kürzen im folgenden die Relation „A ist Teilwort von B" durch $A \leqslant B$ und „A ist Anfangswort von B" durch $A \trianglelefteq B$ ab.

Übung 18.7: Man zeige, daß die Relationen $\leqslant$ und $\trianglelefteq$ nicht connex sind, d. h., daß nicht für zwei beliebige Worte A und B über einem Alphabet gelten muß: $A \leqslant B$ oder $B \leqslant A$, bzw. $A \trianglelefteq B$ oder $B \trianglelefteq A$.

Was folgt über das Alphabet A, wenn die Relation $\leqslant$ oder $\trianglelefteq$ connex sind, d. h., wenn die Relationen $\leqslant$ bzw. $\trianglelefteq$ eine totale Ordnung auf der Menge *aller* Worte über A sind?

Neben den in Kapitel 2 untersuchten Wortbaukästen haben wir bisher noch Baukästen zur Erzeugung von Programmworten für RM untersucht. Alle bisher betrachteten Wortbaukästen haben gemeinsame Eigenschaften:

1. Zur Angabe des Baukastens gehört die Angabe über das Ausgangsmaterial. Im folgenden werden wir es Alphabet nennen.

   Beispiel: Bei Programmworten für eine n-Register Maschine hatten wir das Alphabet

   $$\{A_1, \ldots, A_n, S_1, \ldots, S_n, (_1, \ldots, (_n), E\}$$

2. Die Angabe eines Regelsystems zur Konstruktion von Worten. Dabei unterscheiden wir zwei Gruppen: die Regeln ohne und die Regeln mit Voraussetzungen, sog. *Prämissen.*

   Die Angabe der Bausteine bei den Wortbaukästen ist als Angabe von Regeln ohne Prämisse aufzufassen.

   Bei den Wortbaukästen aus Kapitel 2 hatten alle Regeln der Baukästen B I und B IV höchstens eine Prämisse; bei B II, B III, B V, B VI keine oder zwei Prämissen. Bei Programmworten hatten wir Regeln ohne Prämissen, mit einer und mit zwei Prämissen.

Zur Angabe der Regeln ist es zweckmäßig, Variable für die bei der Regelanwendung nicht veränderten Teilworte zu benutzen. Die benutzten Variablen müssen – um Verwechslungen zu vermeiden – einem anderen Alphabet angehören. Zur Formulierung der Regeln ist also neben dem Alphabet A ein Variablenalphabet V notwendig mit $A \cap V = \emptyset$. Die Prämissen und die Conclusio der Regeln sind dann Worte über dem Alphabet $A \cup V$.

Bezeichnung: Für die Notation von Regeln wollen wir folgende Bezeichnung einführen:
$\frac{\alpha_1, \ldots, \alpha_n}{\beta}$ soll bedeuten: $\alpha_1, \ldots, \alpha_n$ sind die Prämissen der Regel, β ist die Conclusio.
Eine Regel ohne Prämisse wird geschrieben:

$$\overline{\beta}$$

Wir schreiben jetzt zwei Beispiele noch einmal in der neuen Schreibweise:

Regelsystem zur Erzeugung von Strichfolgen:

Alphabet: $A = \{|\}$
Variablenalphabet: $V = \{S\}$

Regel ohne Prämisse:

$$\overline{|}$$

Regel mit Prämisse:

$$\frac{S}{S|}$$

Regelsystem zur Erzeugung von Programmworten:

Alphabet $A = \{A_1, \ldots, A_n, S_1, \ldots, S_n, (_1, \ldots, (_n,)\}$
Variablenalphabet: $V = \{P, Q\}$

Regeln ohne Prämisse:

$$\frac{}{A_1}, \frac{}{A_2}, \ldots, \frac{}{A_n}$$

$$\frac{}{S_1}, \frac{}{S_2}, \ldots, \frac{}{S_n}$$

Regeln mit zwei Prämissen:

$$\frac{P}{(_1P)}, \frac{P}{(_2P)}, \ldots, \frac{P}{(_nP)}$$

Regel mit zwei Prämissen:

$$\frac{P, Q}{PQ}$$

Bei der Erzeugung von Programmworten mit beschränkten Iterationen war die Ausführung der Regeln mit einer Prämisse noch durch die Bedingung eingeschränkt, daß die Registernummer der Iteration im Programm P nicht vorkommen darf. Dies ist ein Beispiel für Regelsysteme, bei denen die Regelanwendung an zusätzliche Bedingungen geknüpft ist.

Wir haben bisher aus heuristischen Gründen von Baukästen gesprochen. Für Baukästen zur Erzeugung von Worten ist in der Literatur der Begriff *Kalkül* üblich.

Definition 18.2: Ein *Kalkül* ist gegeben durch zwei Alphabete: das Zeichenalphabet A (kurz Alphabet genannt) und das Variablenalphabet V, wobei $A \cap V = \emptyset$, sowie endlich viele Regeln.

Jede Regel hat die Gestalt

$$\frac{\alpha_1, \ldots, \alpha_n}{\beta} \quad \text{oder} \quad \frac{}{\beta}$$

$\alpha_1, \alpha_2, \ldots, \alpha_n, \beta$ sind Worte über dem Alphabet $A \cup V$, $\alpha_1, \ldots, \alpha_n$ heißen die Prämissen der Regel, β heißt die Conclusio der Regel.

Benutzung des Kalküls: Für die Variablen einer Regel können beliebige Worte über A eingesetzt werden. Die Prämissen $\alpha_1, \ldots, \alpha_n$ und die Conclusio β einer Regel werden nach Ersetzung sämtlicher Variablen durch Worte über A zu Worten $W_1, \ldots, W_n$ bzw. W über A. Man sagt dann, daß das Wort W mit Hilfe einer Kalkülregel aus den Worten $W_1, \ldots, W_n$ direkt *abgeleitet* ist;

Eine *Ableitung* eines Wortes W in einem Kalkül ist eine endliche Folge von Worten mit folgenden Eigenschaften: jedes Wort der Folge ist entweder durch eine prämissenlose

Regel oder aus vorangehenden Worten mit Hilfe einer Kalkülregel direkt abgeleitet, und das letzte Wort der Folge ist W.

Ein Wort W heißt in einem Kalkül K *ableitbar,* wenn es in dem Kalkül eine Ableitung für W gibt; Bezeichnung: $\vdash_K W$

Bemerkung: Ein Kalkül zu Erzeugung (Ableitung) von Worten muß mindestens eine Regel ohne Prämisse haben, damit überhaupt ein Wort hingeschrieben werden kann.

Übung 18.8: Gib einen Kalkül zur Erzeugung aller Worte über dem Alphabet $\{a, b\}$ an.

Übung 18.9: Deute unsere Schreibweise der natürlichen Zahlen mit arabischen Ziffern als Worte über einem passenden Alphabet und gib den Kalkül zu ihrer Erzeugung an.

Übung 18.10: Gib einen Kalkül zur Erzeugung aller Terme mit natürlichen Zahlen in + und · an, also einen Kalkül, mit dem man Terme der Gestalt $(((13 + 27) \cdot 5) + (3 \cdot (7 + 4)))$ *hinschreiben* kann. Man kann dies auch als eine induktive Definition des Begriffs „Term über natürlichen Zahlen in + und ·“ ansehen. Wie ist dann der Begriff „Gleichung“ definierbar?

19. Induktive Definitionen und Beweise

Im vorigen Abschnitt haben wir Wortmengen über Kalküle definiert, die diese Mengen erzeugen: Menge der Strichfolgen (nat. Zahlen), Menge der Programmworte für RM, Menge der Terme, Menge aller Worte über einem Alphabet. Es handelt sich hier um Spezialfälle der in der Mathematik üblichen *Definition durch Induktion.*

Ein solches Definitionsverfahren dient in der Mathematik auch zur Definition von Begriffen und Mengen von Objekten, die keine Wortmengen sind. Wir haben z. B. die Klasse der subelementaren, elementaren, primitiv-rekuriven und rekursiven Funktionen induktiv definiert.

Definition 19.1: Eine Menge I heißt induktiv definiert aus der Menge A mit Hilfe der Konstruktionsprozesse $K_1, \ldots, K_r$, genau dann, wenn I der Durchschnitt aller Mengen M ist (die „kleinste“ Menge), die folgende Eigenschaften haben:

1. $A \subseteq M$
2. Wendet man einen der Konstruktionsprozesse $K_1, \ldots, K_r$ auf Elemente von M an, so ist das Ergebnis auch ein Element von M.

Diese ausführliche Definition kürzt man im mathematischen Sprachgebrauch häufig in folgender Weise ab:

I ist die kleinste Menge, die A enthält und abgeschlossen gegen die Konstruktionsprozesse $K_1, \ldots, K_r$ ist.

A nennt man in diesem Zusammenhang Menge der Ausgangselemente. Sie braucht nicht endlich zu sein (z. B. unendlich viele Funktionen U_n^i

gehören zu den Ausgangselementen der Klasse der rekursiven Funktionen).

Die Konstruktionsprozesse nennen wir in diesem Zusammenhang auch Nachfolgerfunktionen. Sie können mehrstellig sein, z. B. Verkettung von Worten. Es kann sich auch um partielle Nachfolgerfunktionen handeln; Beispiel: Schema der primitiven Rekursion (Einschränkung der Stellenzahl der beteiligten Funktionen).

Im einfachsten Fall – in beider Hinsicht: ein Ausgangselement und eine einstellige Nachfolgerfunktion – erhält man die Menge der natürlichen Zahlen. Will man beweisen, daß alle Elemente einer induktiv definierten Menge I eine Eigenschaft E haben, so zeigt man dies mit einem Beweis durch Induktion (über den Aufbau der Menge I), wie es für Wortbaukästen schon im Kapitel 2 und später für induktiv definierte Funktionenklassen mehrfach getan wurde (z. B. in den Kapiteln 10 und 11: Äquivalenz von RM-berechenbar und rekursiv).

Man zeigt dazu:

1. Induktionsanfang: alle Ausgangselemente haben die Eigenschaft E
2. Induktionsschritt: haben Elemente der Menge die Eigenschaft E, so auch die aus diesen durch Anwendung der Nachfolgerfunktionen entstehende Elemente.

Im Spezialfall der natürlichen Zahlen wird dieses Verfahren auch Beweis durch vollständige Induktion genannt.

Bei Wortmengen ist oft ein Induktionsprinzip vorteilhaft, das nicht über den Aufbau der Wortmenge, also „längs" des Kalküls, geführt wird, sondern über die *Wortlänge*, d. h. Anzahl der Buchstaben eines Wortes. Hier wird eine Behauptung über Worte in eine passende über natürliche Zahlen (Wortlängen) umgeformt.

Dazu beweist man:

1. E trifft auf alle Worte mit einem (bzw. keinem) Buchstaben zu.
2. Falls E auf alle Worte mit einer Wortlänge von höchstens n zutrifft, so trifft E auch auf alle Worte der Länge n + 1 zu.

Dieses Induktionsprinzip liegt einer Übung im Kapitel 2 zugrunde, in der zu zeigen ist, daß jedes Wort mit B I konstruiert werden kann. Wir führen hier den Beweis aus:

1. Jedes Wort, das nur einen Buchstaben hat, kann mit B I konstruiert werden, da alle Worte mit einem Buchstaben zu den Ausgangselementen von B I gehören.
2. Wir nehmen an, wir hätten schon bewiesen, daß alle Worte der Länge höchstens n mit B I konstruiert werden können. W sei ein Wort der Länge n + 1. Es habe die Gestalt $W \equiv a_1 \ldots a_n a_{n+1}$ mit $a_i \in A$. Nach Induktionsvoraussetzung können wir das Teilwort $a_1 \ldots a_n$ von W mit B I konstruieren. Durch eine entsprechende Kalkülregel können wir an dieses Teilwort den Buchstaben a_{n+1} anhängen.

In der Mathematik sind zwei wesentlich verschiedene Typen von Definitionen üblich.

Die explizite Definition:

Die neudefinierten Ausdrücke (Definiendum) sind *Abkürzungen* für schon eingeführte Bezeichnungen bzw. Begriffe (Definiens). Dabei kommt im Definiens das Definiendum *nicht* vor. An jeder Stelle, an der das Definiendum in einem Text vorkommt, darf es durch das Definiens ersetzt werden.

Die implizite Definition:

Man kann mathematische Objekte definitorisch innerhalb eines mathematischen Kontextes einführen, in dem von diesen Objekten die Rede ist. So werden die Begriffe „Punkt", „Gerade", „liegt auf" als mathematische Objekte im Rahmen eines geometrischen Axiomensystems eingeführt, die natürlichen Zahlen im Rahmen der Peano-Axiome. Auch die Angabe eines Baukastens läßt sich als implizite Definition der Menge von Objekten auffassen, die durch den Baukasten erzeugt werden. Ein Spezialfall solcher impliziten Definitionen ist die induktive Definition.

Für Funktionen und Eigenschaften über natürlichen Zahlen ist dieses Verfahren bekannt. Die Ausdehnung auf verschiedene Wortmengen liegt nahe. Man kann z. B. die Funktion l „Länge eines Wortes" folgendermaßen induktiv definieren:

$$l(\mathrm{a}) = 1,\ l(\mathrm{b}) = 1, \dots, l(\mathrm{z}) = 1$$
$$l(\mathrm{Wa}) = l(\mathrm{W}) + 1, \dots, l(\mathrm{Wz}) = l(\mathrm{W}) + 1.$$

Übung 19.1: Definieren Sie induktiv die Relationen „X ist Anfangswort von Y" für Worte über dem Alphabet $\{a, b, c\}$.

Bei einer induktiven Definition kommt das Definiendum auf beiden Seiten des Gleichheitszeichens (bei Termen) bzw. des Äquivalenzzeichens (bei Aussageformen) vor. Es muß deshalb bewiesen werden, daß kein Zirkel vorliegt, sondern daß durch dieses „Definitionsverfahren" eindeutig ein Term bzw. eine Aussageform bestimmt ist. Dieses ist der Inhalt des sogenannten *Rekursionstheorems,* das auf *Dedekind* zurückgeht. In seiner Schrift „Was sind und was sollen die Zahlen" [10] führt er als erster den Beweis, daß „die unter dem Namen der vollständigen Induktion bekannte Beweisart wirklich beweiskräftig und daß auch die Definition durch Induktion bestimmt und widerspruchsfrei ist." Dabei ergibt sich die Eindeutigkeit im Falle der induktiven Definition leicht mit einem Beweis durch Induktion. Schwieriger ist der Nachweis der Existenz.

Zur Geschichte der vollständigen Induktion vgl. [13] oder [33].

Die Problematik, die im Zusammenhang mit induktiven Definitionen auftritt, wollen wir an zwei Beispielen erläutern:

1. Wir definieren eine Wortmenge durch den Kalkül über dem Alphabet $\{a, b\}$

$$\frac{}{\mathrm{a}},\quad \frac{}{\mathrm{b}},\quad \frac{\mathrm{W}}{\mathrm{aW}},\quad \frac{\mathrm{W}}{\mathrm{Wa}},\quad \frac{\mathrm{W}}{\mathrm{bW}},\quad \frac{\mathrm{W}}{\mathrm{Wb}}.$$

Auf dieser Wortmenge definieren wir durch Induktion eine Funktion f:

$$\begin{array}{lll} f(a) = a & f(aW) = a\,f(W) & f(bW) = b\,f(W) \\ f(b) = b & f(Wa) = a\,f(W) & f(Wb) = b\,f(W). \end{array}$$

Für das Wort ab ergeben sich nun zwei verschiedene Funktionswerte:

$$\begin{aligned} f(ab) &= a\,f(b) = ab \\ &= b\,f(a) = ba. \end{aligned}$$

Diesen Widerspruch erhält man deshalb, weil Worte durch den Baukasten auf verschiedene Weise erzeugt werden können, obwohl die Nachfolgerfunktionen injektiv sind.

Induktive Funktionen sind also höchstens dann unproblematisch, wenn jedes Element der induktiven Menge auf genau eine Weise erzeugt werden kann.

2. Wir definieren eine Wortmenge durch den Kalkül über dem Alphabet {a, b}

$$\frac{}{a}, \quad \frac{}{b}, \quad \frac{}{ab}, \quad \frac{W}{Wa}, \quad \frac{W}{Wb}.$$

Auf dieser Wortmenge definieren wir durch Induktion eine Funktion g:

$$g(a) = 1 \qquad g(Wa) = g(W) + 1$$
$$g(b) = 1 \qquad g(Wb) = g(W) + 1.$$
$$g(ab) = 1$$

Für das Wort ab ergeben sich zwei verschiedene Funktionswerte:

$$g(ab) = 1$$
$$= g(a) + 1 = 2.$$

Diesen Widerspruch erhält man deshalb, weil ein Ausgangselement auch durch Nachfolgerbildung erreicht werden kann.

Für das noch zu beweisende Rekursionstheorem stellen wir deshalb an die induktive Menge zwei Forderungen, die Verallgemeinerungen von entsprechenden Peanoaxiomen für natürliche Zahlen sind:

P1: Die Ausgangselemente liegen nicht im Bildbereich der Nachfolgerfunktionen.

P2: Für jedes Element der Menge (mit Ausnahme der Ausgangselemente) sind die Vorgänger eindeutig bestimmt.

Das Rekursionstheorem wird jetzt zeigen, daß diese beiden Bedingungen ausreichen, um induktive Definitionen rechtfertigen zu können. Um die Bezeichnung übersichtlicher zu gestalten, wollen wir uns dabei auf den Fall beschränken, daß die induktive Menge I aus zwei Ausgangselementen durch eine einstellige und eine zweistellige Nachfolgerfunktion definiert ist. Dieser Beweis läßt sich leicht auf den allgemeinen Fall ausdehnen.

Satz 19.1: Rekursionstheorem M sei eine beliebige, nichtleere Menge und I eine induktiv definierte Menge mit den Ausgangselementen a_1, a_2 und den Nachfolgerfunktionen φ, ψ, die den Bedingungen P1 und P2 genügen. k_1, k_2, h_1, h_2 seien Funktionen von geeigneter Stellenzahl mit Argumenten aus I und Werten in M. Dann ist durch folgendes Rekursionsschema genau eine Funktion $f: I^n \times I \to M$ definiert:

$$f(x, a_i) = k_i(x) \qquad i = 1, 2$$
$$f(x, \varphi(x)) = h_1(x, x, f(x, x))$$
$$f(x, \psi(z_1, z_2)) = h_2(x, z_1, z_2, f(x, z_1), f(x, z_2))$$

Übung 19.2: Zeigen Sie, daß die Funktion f eindeutig bestimmt ist, falls überhaupt eine solche Funktion existiert.

Zum Beweis der Existenz benötigen wir zwei Hilfssätze, die die eindeutige Existenz der Funktion auf beliebigen „Anfängen“ von I garantieren.

Satz 19.2: Die Voraussetzungen seien dieselben wie in Satz 19.1.

Dann gibt es zu jedem Element $x \in I$ eine Teilmenge A_x von I (Anfang von I) und eine Funktion $g_x : I^n \times A_x \to M$ mit

1. $a_1, a_2 \in A_x \wedge x \in A_x$,
2. $\bigwedge_y (\varphi(y) \in A_x \to y \in A_x) \wedge \bigwedge_y \bigwedge_z (\psi(y,z) \in A_x \to y \in A_x \wedge z \in A_x)$,
3. $\varphi(x) \notin A_x \wedge \bigwedge_y (\psi(x,y) \notin A_x \wedge \psi(y,x) \notin A_x)$,
4. $\bigwedge_{\mathcal{x}} g_x(\mathcal{x}, a_i) = k_i(\mathcal{x}) \qquad i = 1, 2,$
5. $\bigwedge_u (\varphi(u) \in A_x \to g_x(\mathcal{x}, \varphi(u)) = h_1(\mathcal{x}, u, g_x(\mathcal{x}, u)))$,
   $\bigwedge_u \bigwedge_v (\psi(u,v) \in A_x \to g_x(\mathcal{x}, \psi(u,v)) = h_2(\mathcal{x}, u, v, g_x(\mathcal{x}, u), g_x(\mathcal{x}, v)))$.

Satz 19.3: Es gelten die Voraussetzungen von Satz 19.1. Außerdem seien A und A′ Anfänge von I, die den Behauptungen 1, 2 und 3 von Satz 19.2 genügen. Außerdem seien g und g′ Funktionen von $I^n \times A \to M$ bzw. $I^n \times A' \to M$ mit:

a) $\bigwedge_{\mathcal{x}} g(\mathcal{x}, a_i) = g'(\mathcal{x}, a_i) = k_i(\mathcal{x}) \qquad \text{für } i = 1, 2.$

b) $\bigwedge_{\mathcal{x}} \bigwedge_x (\varphi(x) \in A \to g(\mathcal{x}, \varphi(x)) = h_1(\mathcal{x}, g(\mathcal{x}, x)))$
   $\bigwedge_{\mathcal{x}} \bigwedge_x \bigwedge_y (\psi(x,y) \in A \to g(\mathcal{x}, \psi(x,y)) = h_2(\mathcal{x}, x, y, g(\mathcal{x}, y), g(\mathcal{x}, z)))$

c) $\bigwedge_{\mathcal{x}} \bigwedge_x (\varphi(x) \in A' \to g'(\mathcal{x}, \varphi(x)) = h_1(\mathcal{x}, x, g'(\mathcal{x})))$
   $\bigwedge_{\mathcal{x}} \bigwedge_x \bigwedge_y (\psi(x,y) \in A' \to g'(\mathcal{x}, \psi(x,y)) = h_2(\mathcal{x}, x, y, g'(\mathcal{x}, x), g'(\mathcal{x}, y)))$.

Dann gilt: $\bigwedge_{\mathcal{x}} \bigwedge_x (x \in A \cap A' \to g(\mathcal{x}, x) = g'(\mathcal{x}, x))$.

Beweis 19.1: Wir definieren die gesuchte Funktion f durch die Vorschrift:

$$f(\mathcal{x}, x) := g_x(\mathcal{x}, x).$$

Dabei ist g_x eine Funktion auf $I^n \times A_x$, wie sie gemäß Satz 19.2 existiert. Dann gilt:

$$f(\mathcal{x}, a_i) = k_i(\mathcal{x}) \qquad i = 1, 2$$

und

$$\begin{aligned} f(\mathcal{x}, \varphi(x)) &= g_{\varphi(x)}(x, \varphi(x)) \\ &= h_1(\mathcal{x}, x, g_x(\mathcal{x}, x)) \qquad \text{nach Satz 18.3} \\ &= h_1(\mathcal{x}, x, f(\mathcal{x}, x)). \end{aligned}$$

$$\begin{aligned} f(\mathcal{x}, \psi(z_1, z_2)) &= g_{\psi(z_1, z_2)}(\mathcal{x}, \psi(z_1, z_2)) \\ &= h_2(\mathcal{x}, z_1, z_2, g_{z_1}(\mathcal{x}, z_1), g_{z_2}(\mathcal{x}, z_2)) \qquad \text{nach Satz 18.3} \\ &= h_2(\mathcal{x}, z_1, z_2, f(\mathcal{x}, z_1), f(\mathcal{x}, z_2)). \end{aligned}$$

Es bleiben die Beweise der beiden Hilfssätze:

Beweis 19.2: Wir beweisen die Behauptung durch Induktion über den Aufbau von I:

Induktionsanfang:

1. $A_{a_1} := A_{a_2} := \{a_1, a_2\}$,
2. trivial erfüllt,
3. erfüllt wegen Bedingung P1,
4. $g(x, a_i) := k_i(x) \qquad i = 1, 2$,
5. trivial erfüllt.

Induktionsschritt:

Hier sind zwei Fälle zu behandeln.

Es gebe zu $x, y, z \in I$ Teilmengen A_x, A_y, A_z und Funktionen g_x, g_y, g_z gemäß den Bedingungen 1 bis 5.

Wir beweisen die Existenz einer Teilmenge $A_{\varphi(x)}$ und einer Funktion $g_{\varphi(x)}$ mit den Bedingungen 1 bis 5 und überlassen dem Leser

Übung 19.3: Zeigen Sie im Induktionsschritt die Existenz einer Teilmenge $A_{\psi(y,z)}$ und einer Funktion $g_{\psi(y,z)}$ mit den Bedingungen 1 bis 5.

Wir definieren $A_{\varphi(x)} := A_x \cup \{\varphi(x)\}$

1. Nach Induktionsvoraussetzung ist $a_i \in A_x$, also gilt auch $a_i \in A_{\varphi(x)}$.

2a. Sei $\varphi(u) \in A_{\varphi(x)}$.

2a1. Ist $u = x$, dann gilt nach Induktionsvoraussetzung $u \in A_x$, also $u \in A_{\varphi(x)}$.

2a2. Ist $u \neq x$, dann gilt wegen P2 $\varphi(u) \neq \varphi(x)$, also $\varphi(u) \in A_x$. Dann gilt nach Induktionsvoraussetzung $u \in A_x$, also auch $u \in A_{\varphi(x)}$.

2b. Sei $\psi(u, v) \in A_{\varphi(x)}$.
Wegen P2 ist $\psi(u, v) \neq \varphi(x)$, also gilt $\psi(u, v) \in A_x$. Nach Induktionsvoraussetzung gilt $u \in A_x$ und $v \in A_x$, also auch $u \in A_{\varphi(x)}$ und $v \in A_{\varphi(x)}$.

3a. Nach Induktionsvoraussetzung Teil 3 gilt $\varphi(x) \notin A_x$, daraus folgt mit Teil 2 $\varphi(\varphi(x)) \notin A_x$. Da wegen P2 $\varphi(\varphi(x)) \neq \varphi(x)$, folgt daraus $\varphi(\varphi(x)) \notin A_{\varphi(x)}$.

3b. Nach Induktionsvoraussetzung Teil 3 gilt $\varphi(x) \notin A_x$, daraus folgt nach Teil 2 $\psi(\varphi(x), u) \notin A_x$.
Da wegen P2 $\psi(\varphi(x), u) \neq \varphi(x)$, folgt daraus $\psi(\varphi(x), u) \notin A_{\varphi(x)}$.
Entsprechend gilt $\psi(v, \varphi(x)) \notin A_{\varphi(x)}$.

Wir definieren die gesuchte Funktion $g_{\varphi(x)}$ durch

$$g_{\varphi(x)}(x, u) := g_x(x, u) \qquad \text{für } u \in A_x$$

$$g_{\varphi(x)}(x, \varphi(x)) := h_1(x, x, g_x(x, x))$$

Dann gilt Teilbehauptung 4 nach Induktionsvoraussetzung, da $a_i \in A_x$.

5a1. Sei $\varphi(u) \in A_{\varphi(x)}$ und $u = x$.
Dann gilt $g_{\varphi(x)}(x, \varphi(x)) = h_1(x, x, g_x(x, x))$
$= h_1(x, x, g_{\varphi(x)}(x, x))$.

5a2. Sei $\varphi(u) \in A_{\varphi(x)}$ und $u \neq x$. Dann gilt $\varphi(u) \in A_x$.
Daraus folgt $g_{\varphi(x)}(x, \varphi(u)) = g_x(x, \varphi(u))$
$= h_1(x, u, g_x(x, u))$
Induktionsvoraussetzung
$= h_1(x, u, g_{\varphi(x)}(x, u))$

5b. Sei $\psi(u, v) \in A_{\varphi(x)}$. Wegen P2 gilt dann $\psi(u, v) \in A_x$.
Deshalb gilt $g_{\varphi(x)}(x, \psi(u, v)) = g_x(x, \psi(u, v))$
$= h_2(x, u, v, g_x(x, u), g_x(x, v))$
Induktionsvoraussetzung
$= h_2(x, u, v, g_{\varphi(x)}(x, u), g_{\varphi(x)}(x, v))$

Die letzte Umformung gilt, da nach Induktionsvoraussetzung Teil 2 aus $\psi(u, v) \in A_x$ folgt $u \in A_x$ und $v \in A_x$.

Beweis 19.3: Wir beweisen diesen Satz, den wir schon im Beweis von Satz 19.2 in der Übung 19.3 benutzt haben, ohne Satz 19.2 zu benutzen, durch Induktion nach x.

Induktionsanfang:

$g(x, a_i) = g'(x, a_i)$ für $i = 1, 2$ nach Voraussetzung a)

Induktionsschritt:

Sei $\varphi(x) \in A \cap A'$: Wegen Bedingung 2 in Satz 19.2 ist dann auch $x \in A \cap A'$. Mit der Induktionsvoraussetzung erhält man also

$g(x, x) = g'(x, x)$.

Daraus folgt

$h_1(x, x, g(x, x)) = h_1(x, x, g'(x, x))$

Mit Voraussetzung b) und c) erhält man:

$g(x, \varphi(x)) = g'(x, \varphi(x))$.

Sei $\psi(x, y) \in A \cap A'$: Dann folgt wie oben $x \in A \cap A' \wedge y \in A \cap A'$ und daraus

$g(x, x) = g'(x, x)$; $g(x, y) = g'(x, y)$.

Mit den Voraussetzungen b) und c) erhält man dann:

$g(x, \psi(x, y)) = g'(x, \psi(x, y))$.

Wird eine induktive Menge durch einen Kalkül mit mindestens einer mehrstelligen Nachfolgerfunktion erzeugt und gelten für diese Menge die Bedingungen P1 und P2 – wie beispielsweise beim Beweis des Rekursionstheorems vorausgesetzt –, so heißen ihre Elemente auch *Bäume. Binäre Bäume* liegen dann vor, wenn alle Nachfolgerfunktionen zweistellig sind. Eine Bezeichnung für Bäume ist einmal möglich in der Gestalt spezieller Worte, bei denen die zur Erzeugung benutzten Regelanwendungen durch Klammern angezeigt werden. Eine suggestivere Bezeichnung erhält man durch eine graphische Darstellung als Baum in der Ebene, bei dem die Knoten die Regelanwendung und die dazu führenden Äste die Prämissen der Regel bezeichnen.

Wir haben bisher nur Definitionsbaukästen für Funktionen über natürlichen Zahlen untersucht und Rechenmaschinen, die Zahlen verarbeiten. Es lassen sich aber auch über Worten und Bäumen Maschinen und „rekursive" Funktionen definieren (vgl. [1], [17], [27]). Auch bei diesen sogenannten Termmengen gibt es einige „natürliche" Kompliziertheitsmaße für Funktionen wie „primitiv-rekursiv" ([17]) und „elementar". Dagegen ist es unterhalb des Niveaus „elementar" nicht mehr möglich, bei Bäumen zu Kompliziertheitsmaßen zu gelangen, die ähnlich stabil sind wie bei natürlichen Zahlen, z. B. Charakterisierung durch Rechenzeit und verschiedene Definitionsschemata ([6]). Bezüglich dieser Fragen wird auf die angegebene Literatur verwiesen.

In den folgenden Abschnitten wollen wir noch einige *wort*verarbeitende Kalküle und Maschinen untersuchen.

20. Wortverarbeitende Kalküle

Wir haben bisher in den Beispielen und Übungen nur Kalküle angegeben, die zur Erzeugung von Wortmengen dienen. Wir wollen jetzt spezielle Kalküle zur Umformung von Worten untersuchen.

Beim Lösen einfacher Gleichungen wird ein geübter Mathematiker fast „mechanisch" nach bestimmten Regeln vorgehen: Das Auflösen von Klammern, das „Herüberbringen auf die andere Seite der Gleichung" sind solche Operationen, deren Zulässigkeit bewiesen worden ist und die dann geläufig geworden sind.

Diese Idee vom „mechanischen" Lösen von Gleichungen wollen wir präzisieren: Wir fassen eine Gleichung als ein Wort über einem passenden Alphabet auf. Die Lösung einer Gleichung ist dann ein Wort x = W, wobei in dem Teilwort W der Buchstabe x nicht vorkommen darf. Das Lösen einer gegebenen Gleichung soll durch Anwendung von Kalkülregeln eines geeigneten Kalküls geschehen. Beim Aufstellen der Kalkülregeln ist darauf zu achten, daß erstens alle Regeln *korrekt* sind, d. h., daß bei ihrer Anwendung die Lösungsmenge der Gleichung nicht verändert wird, und zweitens die Regelliste *vollständig* ist, daß also alle lösbaren Gleichungen des vorgegebenen Typs durch Anwendung des Kalküls gelöst werden können.

Das Aufstellen eines solchen Kalküls soll auch zeigen, welche Mühe eine vollständige Formalisierung eines intuitiv geläufigen mathematischen Verfahrens machen kann.

Am Beispiel $((5 \cdot (x + 2) - 7) = 13$ wollen wir uns überlegen, welche Regeln nützlich sind, um eine Gleichung zu lösen, und wie ein solches kalkülmäßiges Lösen von Gleichungen aussieht.

Wir wollen eine Zahl, die in arabischen Ziffern geschrieben ist, nur als Abkürzung für eine entsprechend große Strichfolge ansehen.

Als Alphabet A nehmen wir $\{\,|\,, x, +, -, \cdot, (,), =\}$.

Wir benötigen zwei Variablenalphabete: $V_1 = \{Z_1, Z_2\}$ für Ziffern und $V_2 = \{T_1, T_2, T_3, T_4\}$ für beliebige Terme und drei Kalküle K_1, K_2, K_3.

K_1 dient zur Erzeugung der Ziffern, K_2 zur Erzeugung beliebiger Terme und K_3 zur „Lösung" der Gleichungen.

Wir geben jetzt nur den Kalkül K_3 an:

1. $\dfrac{T_1 = T_2}{T_2 = T_1}$ 2. $\dfrac{(T_1 + T_2) = T_3}{T_1 = (T_3 - T_2)}$ 3. $\dfrac{(T_1 - T_2) = T_3}{T_1 = (T_3 + T_2)}$

4. $\dfrac{((T_1 + T_2) + T_3) = T_4}{(T_1 + (T_2 + T_3)) = T_4}$ 5. $\dfrac{((T_1 \cdot T_2) \cdot T_3) = T_4}{(T_1 \cdot (T_2 \cdot T_3)) = T_4}$ 6. $\dfrac{(T_1 + T_2) = T_3}{(T_2 + T_1) = T_3}$

7. $\dfrac{(T_1 \cdot T_2) = T_3}{(T_2 \cdot T_1) = T_3}$ 8. $\dfrac{(T_1 \cdot (T_2 + T_3)) = T_4}{((T_1 \cdot T_2) + (T_1 \cdot T_3)) = T_4}$ 9. $\dfrac{(Z_1 + Z_2) = T_1}{Z_1 Z_2 = T_1}$

10. $\dfrac{(Z_1 Z_2 \cdot T_1) = T_2}{((Z_1 \cdot T_1) + (Z_2 \cdot T_1)) = T_2}$ 11. $\dfrac{(Z_1 | - Z_2 |) = T_1}{(Z_1 - Z_2) = T_1}$ 12. $\dfrac{(| \cdot T_1) = T_2}{T_1 = T_2}$.

Das Variablenalphabet von K_3 ist $V_1 \cup V_2$. Die Verwendung der verschiedenen Variablen in den Regeln von K_3 ist so zu verstehen, daß für Variablen aus V_1 nur solche Worte eingesetzt werden dürfen, die durch den Kalkül K_1 erzeugt sind, also nur Ziffern, und für Variable aus V_2 nur solche Worte, die durch K_2 erzeugt sind, also nur Terme. K_3 ist also eigentlich ein zusammengesetzter Kalkül. Ausführlich müßten z. B. die Regeln 1 und 9 des Kalküls K_3 folgendermaßen geschrieben werden:

$$\frac{\vdash_{K_2} T_1, \vdash_{K_2} T_2, \vdash_{K_3} T_1 = T_2}{\vdash_{K_2} T_2 = T_1} \quad \text{bzw.} \quad \frac{\vdash_{K_1} Z_1, \vdash_{K_1} Z_2, \vdash_{K_2} T_1, \vdash_{K_3} (Z_1 + Z_2) = T_1}{\vdash_{K_2} Z_1 Z_2 = T_1}$$

Wir wollen jetzt die obige Gleichung „lösen". Am Rand wird immer die Nummer der Regel aus K_3 vermerkt, die benutzt worden ist.

Bei unseren Regeln haben wir die notwendigen Umformungen nur immer auf einer Seite des Gleichheitszeichens durchgeführt. Wegen Regel 1 kann man die entsprechenden Umformungen auch auf der anderen Seite durchführen, indem man vor und nach jeder Regelanwendung noch die Regel 1 anwendet. Eine solche Regelanwendung werden wir mit i' abkürzen für $2 \leqslant i \leqslant 12$.

$((5 \cdot (x + 2)) - 7)$	$= 13$	
$(5 \cdot (x + 2))$	$= (13 + 7)$	3.
$(5 \cdot (x + 2))$	$= 20$	9'.
$((5 \cdot x) + (5 \cdot 2))$	$= 20$	8.

$((5 \cdot 2) + (5 \cdot x))$	$= 20$	6.
$(5 \cdot 2)$	$= (20 - (5 \cdot x))$	2.
$(2 \cdot 5)$	$= (20 - (5 \cdot x))$	7.
$((1 \cdot 5) + (1 \cdot 5))$	$= (20 - (5 \cdot x))$	10.
$(1 \cdot 5)$	$= ((20 - (5 \cdot x)) - (1 \cdot 5))$	2.
5	$= ((20 - (5 \cdot x)) - (1 \cdot 5))$	12.
$(5 + (1 \cdot 5))$	$= (20 - (5 \cdot x))$	3'.
$((1 \cdot 5) + 5)$	$= (20 - (5 \cdot x))$	6.
$(1 \cdot 5)$	$= ((20 - (5 \cdot x)) - 5)$	2.
5	$= ((20 - (5 \cdot x)) - 5)$	12.
$(5 + 5)$	$= (20 - (5 \cdot x))$	3'.
10	$= (20 - (5 \cdot x))$	9.
$(10 + (5 \cdot x))$	$= 20$	3'.
$((5 \cdot x) + 10)$	$= 20$	6.
$(5 \cdot x)$	$= (20 - 10)$	2.
$(5 \cdot x)$	$= (19 - 9)$	11'.
$(5 \cdot x)$	$= 10$	wiederholt 11'.

Auf einen Kalkül für die Division wollen wir hier verzichten, so daß wir $(5 \cdot x) = 10$ als Lösung der Gleichung ansehen.

Übung 20.1: Die Regeln 4 und 5 beschreiben das Assoziativgesetz. Das Assoziativgesetz gestattet es aber, Terme in beiden Richtungen umzurechnen. Müssen deshalb noch die beiden „umgekehrten" Regeln

$$\frac{(T_1 + (T_2 + T_3)) = T_4}{((T_1 + T_2) + T_3) = T_4} \quad \text{und} \quad \frac{(T_1 \cdot (T_2 \cdot T_3)) = T_4}{((T_1 \cdot T_2) \cdot T_3) = T_4}$$

in den Kalkül aufgenommen werden?

Übung 20 2: Lösen Sie die Gleichung $(((x + 1) \cdot 2) + x) = 5$. Dazu sind die zusätzlich notwendigen Regeln zu formulieren.

Übung 20.3: Lösen Sie die Gleichung $(((5 \cdot x) - (3 \cdot x)) + (2 \cdot (x - 1))) = 5$. Formulieren Sie die dazu zusätzlich notwendigen Regeln und überlegen Sie, welche Regeln zum Lösen beliebiger linearer Gleichungen mit einer Variablen über $\mathbb{N}$ noch fehlen.

Mit den Regeln des Kalküls K_3, erweitert um die Regeln aus den Übungen 20.2 und 20.3, kann man jede lineare Gleichung in einer Variablen über $\mathbb{N}$ lösen. Dieses hier angewandte kalkülmäßige Lösen ist deshalb so umständlich, weil man noch keine ableitbaren Regeln über das Umformen im Inneren von Termen abgeleitet hat, die bei den üblichen Lösungswegen angewandt werden (und dazu noch „im Kopf", d. h. evtl. mehrere Regeln hintereinander, ohne die entstehenden Zeilen hinzuschreiben). Die Lösung der Gleichung muß nach den angegebenen (Spiel-)Regeln geschehen. Wie das geschieht, ist Aufgabe einer guten Strategie. Eine Reihenfolge der Regelanwendung ist nicht vorgeschrieben. Wir werden aber noch Kalküle kennenlernen, bei denen eine Reihenfolge der Regelanwendung vorgeschrieben ist.

Die Schwierigkeiten, die Schüler beim Lösen von Gleichungen haben, beruhen einmal darauf, daß man sich bei der großen Anzahl der Regeln nicht richtig an die korrekte

Regel erinnert, zum anderen aber auch auf mangelnder Übung im Umgang mit den Kalkülregeln. Denn von der Kenntnis der Regeln zum Einfall einer Strategie ist oft ein weiter Weg.

Wir wollen jetzt die gemeinsame Struktur aller der zum Lösen von Gleichungen benötigten Regeln untersuchen:

Alle Regeln haben die Gestalt:

$$\frac{W_1 Z_1 W_2 Z_2 \ldots W_n Z_n W_{n+1}}{W'_1 Z'_1 W'_2 Z'_2 \ldots W'_m Z'_m W'_{m+1}}$$

Dabei sind $Z_1, \ldots, Z_n$ Variablen und $\{Z'_1, \ldots, Z'_m\} \subseteq \{Z_1, \ldots, Z_n\}$.
$W_1, \ldots, W_n, W'_1, \ldots, W'_m$ sind spezielle Worte über A, die auch das leere Wort sein können. In unserem Fall war z. B. bei Regel 8 und 10 die Anzahl der Variablen (unter Berücksichtigung ihres Vorkommens) in der Prämisse und der Conclusio nicht gleich, also $n \neq m$. Kalküle der hier angegebenen Art heißen *kanonische POST-Kalküle.*

Bei der Präzisierung des Begriffs „zeichenverarbeitendes Regelsystem" sind verschiedene Wege beschritten worden (vgl. [19], [21], [24]). Wir werden im folgenden einige Kalkültypen vorstellen. Dies geschieht nicht nur aus historischem Interesse, sondern auch, um ein „Gespür" für die richtige Kombination der Spezialisierungen zu vermitteln, bei der man noch universelle Kalküle erhält.

Ein kanonischer POST-Kalkül heißt ein *normaler POST-Kalkül*, wenn alle Regeln die Gestalt

$$\frac{W_1 Z}{Z W_2}$$

haben. Die normalen POST-Kalküle gestatten also Umformungen an Worten, bei denen ein Anfangswort weggenommen wird und ein evtl. neues Teilwort am Ende des Wortes angefügt wird. Trotz dieser Einschränkung der Operationen auf Wortanfang bzw. Wortende bei normalen Kalkülen gegenüber den kanonischen POST-Kalkülen, bei denen auch im Inneren Umformungen vorgenommen werden können, läßt sich beweisen, daß bei Verwendung geeigneter Hilfsbuchstaben zur Markierung von Teilworten die normalen POST-Kalküle genau so leistungsfähig sind:

Satz 20.1: Zu jedem kanonischen POST-Kalkül K über dem Alphabet A läßt sich *effektiv* ein A umfassendes Alphabet A' und ein *normaler* POST-Kalkül K' über A' angeben, so daß gilt: Ein Wort über A ist in K genau dann ableitbar, wenn es in K' ableitbar ist.

Wir beweisen diesen Satz hier nicht direkt. Die im Kapitel 22 angegebene Darstellung von RM als normale POST-Kalküle ergibt einen anderen Beweis, wenn man voraussetzt, daß sich Umformungen mit kanonischen POST-Kalkülen nach geeigneter Gödelisierung durch rekursive Funktionen beschreiben lassen.

Ein weiterer interessanter Spezialfall der kanonischen POST-Kalküle sind solche Kalküle, bei denen die Umformungen nur an einer Stelle im Inneren des Wortes vorgenommen werden können:

Definition 20.1: Ein Semi-THUE-System ist ein Kalkül, bei dem alle Regeln die Gestalt

$$\frac{X W_1 Y}{X W_2 Y}$$

haben. Dabei sind X, Y Variable und W_1, W_2 Worte über dem Alphabet des Kalküls.

Zur Vereinfachung der Schreibweise werden diese Regeln auch in der Gestalt (W_1, W_2) geschrieben. Sie heißen auch definierende Relationen des Semi-THUE-Systems. Ein Semi-THUE-System heißt ein THUE-System, wenn mit jeder definierenden Relation (W_1, W_2) auch die inverse Relation (W_2, W_1) definierende Relation ist.

Ein Beispiel für THUE-Systeme sind endlich erzeugte Halbgruppen mit Einselement. Die definierenden Relationen werden dabei oft durch eine (Gruppen-) Tafel gegeben, die Elemente der Halbgruppe werden als Worte aus den Erzeugenden geschrieben. Für die Verknüpfung $a\,b = c$ gilt, daß in einem Wort sowohl jedes Vorkommen von ab durch c ersetzt werden darf als auch umgekehrt jedes Vorkommen von c durch ab. Deshalb ist zur Beschreibung von Halbgruppen durch ein Semi-THUE-System mit jeder Relation die inverse Relation notwendig. „Invers" ist hier bezogen auf das Rückgängigmachen von Wortersetzungen. Die Existenz von Inversen im Sinne der Gruppentheorie heißt im THUE-System, daß es zu jedem Buchstaben a_i des Alphabets genau einen Buchstaben b_i des Alphabets gibt, so daß die Relationen $(a_i b_i, \square)$ zu den definierenden Relationen des THUE-Systems gehören.

Übung 20.4: Schreibe eine Gruppentafel einer Gruppe mit 3 Elementen als THUE-System.

Bisher haben wir Kalküle betrachtet, bei denen die Anwendung der Regeln an keine Nebenbedingungen (z. B. Reihenfolge) geknüpft ist. Wir wollen jetzt noch kurz auf einen weiteren Kalkül-Typ eingehen, bei dem als Nebenbedingung die Länge der Worte auftritt.

Definition 20.2: Ein Kalkül heißt ein TAG-System[1]) vom Typ p, wenn alle Regeln die Gestalt

$$\frac{a X Y}{Y W}$$

haben, wobei a ein Buchstabe und W ein Wort über dem Alphabet ist und X, Y Elemente des Variablenalphabets sind. Dabei gilt als Nebenbedingung, daß bei der Regelanwendung für X nur Worte der Länge $p-1$ eingesetzt werden dürfen.

Bei einem TAG-System hängen die Umformungen an den Worten also jeweils nur von den $n \cdot p + 1$-ten $(n = 0, 1, 2, \ldots)$ Buchstaben des Wortes ab.

Ein TAG-System hat den Typ (p, q, r), wenn für die Länge $l(W_i)$ der in der Conklusio angehängten Worte W_i gilt: $q \leqslant l(W_i) \leqslant r$.

---

[1]) (engl.: to tag on: etwas hinten anhängen).

Beispiel für ein TAG-System mit p = 2

Aufgabe: Eine Zahl x werde durch ein Wort W der Länge 2 in der Form $\underbrace{WW\ldots W}_{x\text{-mal}}$ dargestellt. Das soll mit $(W)^x$ abgekürzt werden.

Gesucht ist ein TAG-System mit p = 2, mit dem man vom Wort $(W_1)^x (W_2)^y$ zum Wort $(V_1)^{2x} (V_2)^y$ übergehen kann. Dabei seien die Alphabete von W_1, W_2, V_1, V_2 disjunkt.

Das Beispiel und die Übung 20.5, 20.6 werden später bei der Simulation von RM durch TAG-Systeme benötigt.

Lösung: Das Alphabet sei $\{a_1, a_2, b_1, b_2\}$. Die Regeln werden rechts neben der entsprechenden Umformung notiert an der Stelle, wo sie gebraucht werden:

$(a_1 a_1)^x \quad (a_2 a_2)^y \qquad \dfrac{a_1 X Y}{Y b_1 b_1 b_1 b_1}$ wiederholt

$(a_2 a_2)^y \quad (b_1 b_1 b_1 b_1)^x \qquad \dfrac{a_2 X Y}{Y b_2 b_2}$ wiederholt

$(b_1 b_2)^{2x} \quad (b_2 b_2)^y$

Auf das letzte Wort in der Umformungskette ist keine Regel des TAG-Systems mehr anwendbar, auf die übrigen Worte immer genau eine Regel. Das letzte Wort sehen wir als Ergebnis der Umformung an.

Dieses TAG-System hat den Typ (2,2,4).

Übung 20.5: Gib ein TAG-System vom Typ (2,2,2) an, das auf ein Wort $(a_1 a_1)^x (a_2 a_2)^y$ angewandt das Ergebnis $(b_2 b_2)^y (b_1 b_1)^x$ liefert.

Übung 20.6: Gib ein TAG-System vom Typ (2,1,3) an für die Umformung von $(a_1 a_1)^x (a_2 a_2)^y$ in $(b_1 b_1)^{2x} (b_2 b_2)^y$, falls x *gerade* ist.

Hinweis: durch Einführung von Hilfsbuchstaben kann das Anhängen von 4 Buchstaben ersetzt werden durch eine passende Kombination des Anhängens von 2 und 3 Buchstaben!

Die hier betrachteten Beispiele für TAG-Systeme waren so eingerichtet, daß auf ein Wort immer genau eine Regel anwendbar war.

Bei der Ableitung in einem Kalkül sind manchmal auf ein Wort mehrere Regeln anwendbar. Es kann auch sein, daß auf ein Wort eine Regel an verschiedenen Stellen im Wort anwendbar ist und dadurch unterschiedliche Ergebnisse auftreten (z. B. THUE-Systeme, die Gruppen beschreiben, Übung 20.4). Bei Kalkülen ist also i. a. der Ablauf der Umformungen, die von einem Wort aus möglich sind, nicht eindeutig festgelegt.

Definition 20.3: Ein Kalkül K über dem Alphabet A heißt determiniert auf einer Teilmenge B von A^*, wenn gilt: Für jedes Wort W von B und für jede mit W beginnende Ableitung ist die Ableitung eindeutig bestimmt.

Determinierte Kalküle sind mit Maschinen vergleichbar, die Worte verarbeiten. Die Kalkülregeln entsprechen dem Programm. Wir werden im Kapitel 22 zeigen, daß sich RM als spezielle THUE-Systeme und TAG-Systeme auffassen lassen.

21. Wortalgorithmen

RM-berechenbare und rekursive Funktionen stellen zwei äquivalente Präzisierungen des Begriffs „effektiv berechenbare Funktionen“ über natürlichen Zahlen dar. In den Kapiteln 18 und 20 haben wir uns mit Verfahren beschäftigt, die Umformungen an Worten über beliebigen Alphabeten gestatten. In diesem Abschnitt werden wir deshalb noch kurz auf Präzisierungen des Begriffs „berechenbare Funktion über Worten“ eingehen. Wir wollen diese unter dem Namen „Wortalgorithmen“ zusammenfassen.

Ein erster Ansatz soll über determinierte Kalküle führen.

Da bei einem Kalkül K über einem Alphabet A nicht auf jedes Wort über A eine Kalkülregel anwendbar sein muß, ist es sinnvoll, den Begriff des Operationsbereiches eines Kalküls einzuführen analog dem Definitionsbereich von Funktionen:

Definition 21.1: Ist K ein Kalkül über dem Alphabet A, so bezeichnet Op(K) die Menge aller Worte über A, auf die eine Kalkülregel anwendbar ist.

Entsteht W′ aus W durch eine Regelanwendung, Bezeichnung $W \vdash W'$, so kann W′ wieder in Op(K) liegen. So kann aus einem Wort W eine Kette von Worten W_i entstehen mit $W \equiv W_1$ und $W_i \vdash W_{i+1}$. Eine solche Kette kann abbrechen, d.h.

$$\bigvee_n (W_n \vdash W_{n+1} \wedge W_{n+1} \notin \mathrm{Op}(K)).$$

Bricht bei einem *determinierten* Kalkül K die mit W beginnende Folge der auseinander ableitbaren Worte beim Wort W_n ab, also $W \vdash \ldots \vdash W_n$ und $W_n \notin \mathrm{Op}(K)$, so nennen wir W_n das Resultat von K, angesetzt auf W, abgekürzt Res(K, W).

Ein einfaches Beispiel dafür, daß ein determinierter Kalkül nicht in jedem Fall ein Resultat liefert, ist der Kalkül K, der nur aus der einen Regel $\frac{\square}{\square}$ besteht. Hier ist $\mathrm{Op}(K) = A^*$, K liefert für kein Wort über A ein Resultat.

Determinierte Kalküle, die für gewisse Worte ein Resultat liefern, lassen sich als Wortfunktionen auffassen:

Definition 21.2: Seien A und B Alphabete mit $A \subseteq B$ und K ein determinierter Kalkül über $C \subseteq B^*$.

$$\mathrm{Def}(f_{K,A}) := \left\{ W \mid W \in A^* \wedge \bigvee_R R = \mathrm{Res}(K, W) \right\}$$

Falls $W \in \mathrm{Def}(f_{K,A})$, so wird definiert

$$f_{K,A}(W) := \mathrm{Res}(K, W)$$

$f_{K,A}$ heißt die durch K über A kanonisch definierte Wortfunktion. Gilt $\mathrm{Def}(f_{K,A}) \neq A^*$, so heißt $f_{K,A}$ eine partielle Funktion.

Wir werden in Satz 21.1 zeigen, daß es notwendig ist, A und B zu unterscheiden.

Definition 21.3: Eine Wortfunktion f heißt eine rekursive (partielle) Wortfunktion über A, falls es einen determinierten Kalkül K gibt, der f kanonisch über A definiert.

Für eine rekursive Wortfunktion stellt der sie kanonisch definierende Kalkül ein effektives Verfahren dar, die Funktionswerte auszurechnen. Die der Churchen These entsprechende These von *Markov* besagt, daß der Begriff der rekursiven Wortfunktion eine adäquate Präzisierung des Begriffs der berechenbaren Wortfunktion ist.

Es sind – wie bei den natürlichen Zahlen – viele andere äquivalente Präzisierungen des Berechenbarkeitsbegriffs angegeben worden, was die These von *Markov* erhärtet. Wir wollen hier nur noch kurz auf zwei Präzisierungen eingehen: eine auf *Markov* zurückgehende Form von durch Nebenbedingungen determinierten Semi-Thue Systemen und auf ein nach *Turing* benanntes Maschinenkonzept.

Bei einem Semi-THUE-System sind auf ein Wort oftmals mehrere Regeln anwendbar. Es kann auch sein, daß eine Regel an mehreren Stellen eines Wortes anwendbar ist, je nachdem wie man eine Zerlegung des Wortes in Teilworte wählt. Z. B. läßt sich das Wort W ≡ ||| auf zwei verschiedene Weisen in Teilworte zerlegen, so daß das Teilwort A ≡ || auftritt. ||| ≡ □ A| oder ||| ≡ |A □. Es gibt aber immer genau eine Zerlegung der Form W ≡ X A Y mit kürzestem Teilwort X. Diese soll die ausgezeichnete Zerlegung von W in bezug auf A heißen.

Definition 21.4: Ein Semi-THUE-System heißt ein MARKOV-Algorithmus, wenn folgendes gilt:

Die Regeln bilden eine angeordnete Menge; diese zerfällt in zwei disjunkte Teilmengen: diese werden Menge der abbrechenden bzw. Menge der nicht abbrechenden Regeln genannt.

Die Ableitbarkeit ist für MARKOV-Algorithmen folgendermaßen definiert:

W_2 ist aus W_1 durch die Regel R unmittelbar ableitbar, wenn gilt: W_1 ist nicht durch Anwendung einer abbrechenden Regel entstanden, R ist die erste auf W_1 anwendbare Regel, und W_2 entsteht durch Anwendung von R auf die ausgezeichnete Zerlegung von W_1 bezüglich des in R auftretenden Teilworts.

Eine Ableitung bricht also bei W′ ab, wenn auf W′ keine Regel mehr anwendbar ist oder wenn W′ aus einem Wort W durch Anwendung einer abbrechenden Regel entstanden ist.

Durch die Anordnung der Kalkülregeln und die linksmöglichste Anwendung der erstmöglichen Regel ist ein MARKOV-Algorithmus ein determinierter Kalkül.

Als ein Beispiel für einen MARKOV-Algorithmus wollen wir einen solchen Algorithmus angeben, der die Wortverdoppelungsfunktion f(W) ≡ WW kanonisch definiert.

Sei A = {a, b}; die folgenden Regeln des MARKOV-Algorithmus sind definiert über dem Alphabet {a, b, x, y, z}:

$$1.\ \frac{a\,a\,y}{a\,y\,a} \qquad 2.\ \frac{a\,b\,y}{b\,y\,a} \qquad 3.\ \frac{b\,a\,y}{a\,y\,b}$$

$$4.\ \frac{b\,b\,y}{b\,y\,b} \qquad 5.\ \frac{x\,a}{a\,y\,a\,x} \qquad 6.\ \frac{x\,b}{b\,y\,b\,x}$$

7. $\frac{y}{z}$ 8. $\frac{z}{\square}$ 9. $\frac{x}{\square}$ 10. $\frac{\square}{x}$

Nur die Regel 9 sei eine abbrechende Regel.

Übung 21.1: Zeigen Sie, daß obiger MARKOV-Algorithmus die Wortverdoppelungsfunktion über dem Alphabet A kanonisch definiert.

Übung 21.2: Ein MARKOV-Algorithmus ist anzugeben, mit dem ein Wort über dem Alphabet $\{a_1, \ldots, a_n\}$ invertiert (d. h. Reihenfolge der Buchstaben umgekehrt) werden kann.

Übung 21.3: Geben Sie einen MARKOV-Algorithmus an, der die Identität über A^* kanonisch definiert.

In Definition 21.2 ist von zwei Alphabeten A und B ausgegangen worden, um eine Wortfunktion kanonisch durch einen Kalkül zu definieren. Es soll noch kurz darauf eingegangen werden, warum das notwendig ist. Durch den folgenden Satz wird gezeigt, daß i. a. das Alphabet B echt größer sein muß als das Alphabet A.

Satz 21.1: Es gibt keinen MARKOV-Algorithmus über dem Alphabet A, der die Wortverdoppelungsfunktion über dem Alphabet A kanonisch definiert.

Beweis: Angenommen, es gäbe einen solchen Algorithmus M. Dann gäbe es zu einem Wort W über A eine Folge von Worten $W_1, \ldots, W_n$, die mit $W_1 \equiv W$ beginnt und mit $W_n \equiv WW$ endet und bei der W_{i+1} unmittelbar aus W_i herleitbar ist und $n \geqslant 2$.

Da M nur über A arbeitet, ist auch W_{n-1} ein Wort über A, außerdem gilt $\mathrm{Res}(M, W_{n-1}) \equiv WW$.

Also ist $W_{n-1} \in \mathrm{Def}(f_{M,A})$ und deshalb $f_{M,A}(W_{n-1}) \equiv W_{n-1} W_{n-1}$. Da M die Funktion $f_{M,A}$ kanonisch definiert, gilt auch $f_{M,A}(W_{n-1}) \equiv \mathrm{Res}(M, W_{n-1})$, insgesamt also $WW \equiv W_{n-1} W_{n-1}$ und damit $W \equiv W_{n-1}$. Das Wort WW ist also aus dem Wort W unmittelbar hergeleitet worden. Daraus erhält man leicht einen Widerspruch:

Sei p bzw. q die größte Wortlänge, die in einer Prämisse bzw. Conklusio einer Regel von M vorkommt. Dann muß für die Länge $l(B)$ eines beliebigen Wortes B, das durch Regelanwendung von M unmittelbar aus dem Wort A abgeleitet wurde, gelten: $|l(B) - l(A)| \leqslant \max\{p, q\}$.

Wählen wir nun ein Wort W mit $l(W) = 2 \cdot \max\{p, q\}$, so erhalten wir den Widerspruch $|l(WW) - l(W)| = 2 \cdot \max\{p, q\} \leqslant \max\{p, q\}$.
Es kann also keinen MARKOV-Algorithmus geben, der die Wortverdoppelungsfunktion definiert und der ohne Hilfsbuchstaben auskommt.

TURING-Maschinen:

Eine RM besteht aus *endlich* vielen Registern, von denen jedes eine *beliebige* natürliche Zahl speichern kann. Im Kapitel 17 wurde bewiesen, daß man mit 2 bzw. 3 Registern auskommen kann. Das erste Konzept einer idealisierten Rechenmaschine stammt von *Turing* (1936). Es stellt eine Abstraktion des Rechnens auf einem in Felder aufgeteilten Stück Papier dar. Eine TURING-Maschine (TM) hat *beliebig* viele Speicherzellen, von denen jede eine *beschränkte* Information aufnehmen kann. Man stellt sich eine TM als einen Automaten vor, der auf einem in Feldern aufgeteilten, potentiell unendlich langen Rechenband arbeitet, wobei jedes Feld ein Symbol aus einem endlichen Alphabet tragen kann. Fast alle Felder enthalten einen ausgezeichneten Buchstaben, z. B. *, der das leere Feld symbolisiert, d. h. nur endlich viele Felder sind mit „eigentlichen" (d. h. $\neq *$) Buchstaben besetzt.

Es ist genau ein Feld ausgezeichnet, das sogenannte Arbeitsfeld.

Als Elementaroperationen wählt man:

1. Verschieben des Arbeitsfeldes um ein Feld nach rechts bzw. links (Abkürzung r bzw. l).
2. Für jeden Buchstaben a_k des Alphabets: Ändern des Buchstabens auf dem Arbeitsfeld in den Buchstaben a_k. (Abkürzung a_k).
3. Stoppen (Abkürzung s).

Programme werden entweder durch Programmtafeln gegeben wie bei RM im Kapitel 17: Die i-te Programmzeile $(i; e_1, \ldots, e_n; m_1, \ldots, m_n)$ wird folgendermaßen interpretiert: Trägt das Arbeitsfeld den Buchstaben a_k, führe den Elementarbefehl e_k aus und gehe über zur m_k-ten Programmzeile.

Wir beschränken uns hier auf das Alphabet $\{*, |\}$:

Beispiel: (1; s, r; 1, 1) ist die einzige Programmzeile einer TM, die das Arbeitsfeld solange nach rechts verschiebt, bis es leer ist (den Buchstaben * trägt).

Bei einer Darstellung (eines endlichen Teilstücks) des Turingbandes wird das Arbeitsfeld durch Unterstreichen gekennzeichnet.

Übung 21.4: Geben Sie eine TM an, die das erste beschriftete Feld rechts vom Arbeitsfeld sucht.

Übung 21.5: Man gebe eine TM an, die die erste rechts vom Arbeitsfeld auftretende Buchstabenfolge ** sucht.

Übung 21.6: Es ist eine TM anzugeben, die das vom Arbeitsfeld nächstgelegene beschriftete Feld sucht. (Man merke sich durch Beschriften mit dem Buchstaben |, wie weit man schon nach rechts und links gesucht hat; zum Schluß müssen die beiden Markierungen gelöscht werden.)

Weitere Beispiele für TM findet man in [11] und [16].

Man kann aber auch TM durch Programmworte über dem Alphabet $\{r, l, s, a_i, ({}_{a_i},)\}$ wie bei RM einführen. Programmworte entstehen dann aus den Elementarbefehlen r, l, a_i durch Verkettung und Iteration. Dabei bedeutet $({}_{a_i}P)$: Iteriere das Programm P so lange, bis das Arbeitsfeld den Buchstaben a_i trägt.

Übung 21.7: Geben Sie die in Übung 21.4 und 21.5 gesuchten Programme für TM als Programmworte an.

Übung 21.8: Es ist ein Programmwort für TM anzugeben, das folgendes leistet:

$* \underbrace{|\ldots|}_{z_1} * \underbrace{|\ldots|}_{z_2} \underline{*} * \ldots$ geht über in $* \underbrace{|\ldots|}_{z_1} * \underbrace{|\ldots|}_{z_2} * \underbrace{|\ldots|}_{z_1} \underline{*}$.

Übung 21.9: Eine natürliche Zahl x werde auf dem Band durch x + 1 Striche dargestellt. Geben Sie Programmworte für TM an zur normierten Berechnung von Addition und Subtraktion.

Man kann zeigen, daß sich mit beiden Programmkonzepten von TM genau die rekursiven Wortfunktionen berechnen lassen. Insbesondere führen die über dem Alphabet $\{|, *\}$ arbeitenden TM ebenso auf die rekursiven Funktionen wie die über natürlichen Zahlen arbeitenden RM (vgl. [16]). Diese Gleichwertigkeit der Maschinenkonzepte ist eine weitere Stütze für die These von *Church.*

22. Unentscheidbare Wortprobleme

In den letzten beiden Abschnitten haben wir Kalküle untersucht, die Worte umformen (POST-Kalküle, THUE-Systeme, TAG-Systeme, MARKOV-Algorithmen). Sind zwei Worte W_1 und W_2 gegeben, kann man fragen, ob sie durch einen dieser Kalküle ineinander umgeformt werden können. Bei speziellen Worten ist das möglicherweise sehr einfach zu entscheiden. Das sogenannte (spezielle) *Wortproblem* für einen Kalkül K ist die Frage, ob es ein allgemeines Verfahren (also einen Kalkül, eine Maschine) gibt, um für zwei *beliebige* Worte über seinem Alphabet zu entscheiden, ob sie durch den Kalkül K ineinander überführt werden können.

Beispiel: Betrachten wir die Halbgruppe $(\mathbb{N}, +)$. Die Rechenregeln für die natürlichen Zahlen denken wir uns als Kalkülregeln für das äquivalente Umformen von Termen aufgeschriebenen. Frage: Gibt es ein allgemeines Verfahren, um zu entscheiden, ob zwei Terme dieselbe natürliche Zahl darstellen oder nicht?

Sind die Regeln als POST-Kalkül formuliert, so ist dies das *spezielle* Wortproblem für *diesen* POST-Kalkül, da äquivalente Terme in diesem Kalkül ineinander überführbar sind.

Das *allgemeine* Wortproblem für z. B. POST-Kalküle fragt nach einem Verfahren, für beliebig vorgegebenen POST-Kalkül und zwei beliebige Worte über dessen Alphabet zu entscheiden, ob diese zwei Worte in diesem Kalkül ineinander umformbar sind.

Satz 22.1: Das allgemeine Wortproblem für POST-Kalküle, THUE-Systeme und MARKOV-Algorithmen ist unentscheidbar.

Beweis: Die Unentscheidbarkeit des allgemeinen Wortproblems wird dadurch bewiesen, daß ein spezieller POST-Kalkül, MARKOV-Algorithmus bzw. ein THUE-System angegeben wird, dessen spezielles Wortproblem unentscheidbar ist.

Im Kapitel 12 hatten wir bewiesen, daß das allgemeine Stop-Problem für RM unentscheidbar ist. Die Rechnung einer RM ist ein Verfahren zur Umformung spezieller Worte: Die Registerinhalte, notiert als Strichfolgen und getrennt durch Trennbuchstaben $R_1, \ldots, R_n$, werden gemäß dem Programm umgeformt bis die RM stoppt. Um die Unentscheidbarkeit des Wortproblems zu beweisen, genügt es also, das Rechnen von RM durch entsprechende POST-Kalküle, THUE-Systeme,

MARKOV-Algorithmen zu beschreiben. Dem Beginn der Rechnung entspricht ein Wort W_1, dem eventuellen Ende der Rechnung ein Wort W_2. Es liegt nahe, die Simulation durch den Kalkül so vorzunehmen, daß jedem Rechenschritt der RM genau eine Anwendung einer Kalkülregel entspricht. Es ergibt sich dann ein determinierter Kalkül, für den gilt: durch den Kalkül ist W_1 in W_2 umformbar genau dann, wenn die entsprechende RM, bei W_1 startend, mit W_2 stoppt. Da das Stop-Problem unentscheidbar ist, ist das spezielle Wortproblem für die Kalküle, die RM mit unentscheidbarem Stop-Problem (z. B. universelle RM) beschreiben, ebenfalls unentscheidbar.

Für einen möglichst einfachen Beweis für die Unentscheidbarkeit des Wortproblems genügt es, auf die in Kapitel 17 behandelten 2-RM zurückzugreifen (vgl. [4]).

Eine Programmzeile für RM hat die Gestalt $j\, b_j n_j m_j$.

Dabei ist j die fortlaufende Nummer der Programmzeile, b_j ein Elementarbefehl, n_j bzw. m_j die Nummer der Programmzeile, an die gesprungen wird, falls der Inhalt des Registers vor Ausführung des Befehls b_j gleich Null ist bzw. ungleich Null ist (vgl. Kapitel 17).

Der Beweis von Satz 17.2 zeigt, daß nur im Falle der Subtraktion ein Test benötigt wird, die „Additionszeilen" also an der zweiten und dritten Stelle dieselbe Nummer enthalten können.

Einer 2-RM im j-ten Programmschritt ordnen wir das *Registerwort*

F|...|j|...|F

über dem Alphabet {F, |, 0, 1, ..., n} zu. Dabei steht links von der Programmeilennummer j der Inhalt des Registers 1 und rechts der Inhalt des Registers 2, dargestellt durch entsprechende Strichfolgen.

Die Rechnung einer 2-RM wird dann durch folgendes Semi-THUE-System simuliert:

$\dfrac{j}{|m_j}$, $\dfrac{j}{m_j|}$ für jeden Additionsbefehl, der in der Programmtafel vorkommt.

$\left.\begin{array}{ll} \dfrac{|j}{m_j}, & \dfrac{j|}{m_j} \\ \dfrac{Fj}{n_j}, & \dfrac{jF}{n_j} \end{array}\right\}$ für jeden Subtraktionsbefehl, der in der Programmtafel vorkommt.

Dann gilt: Auf ein Registerwort ist immer genau eine Regel dieses Semi-THUE-Systems anwendbar.

Eine 2-Registermaschine stoppt genau dann, wenn durch dieses Semi-THUE-System ein Registerwort ableitbar ist, das den Buchstaben 0 enthält. Dann stehen links bzw. rechts von 0 die Ergebnisse der Rechnung.

Übung 22.1: Schreiben Sie für folgende Programmtafel ein Semi-THUE-System gemäß den oben angestellten Überlegungen.

0	E	0	0
1	S_1	3	2
2	S_2	4	1
3	S_2	0	5
4	S_1	6	4
5	S_2	7	5
6	A_1	0	0
7	A_2	0	0

Geben Sie die Umformungen an, die dieses System an den Registerworten F|||1|F, F|1||F und F||1||F macht.

Da dieses Semi-THUE-System determiniert ist und bei jeder möglichen Regelanwendung diese auch nur an genau einer Stelle im Registerwort möglich ist, kann man dieses Regelsystem auch als MARKOV-Algorithmus auffassen, der keine abbrechenden Regeln enthält. Damit ist zugleich die Unentscheidbarkeit des Wortproblems für Semi-THUE-Systeme und MARKOV-Algorithmen bewiesen.

Ergänzt man obiges Regelsystem noch um die beiden Regeln

$$\frac{F}{F} \quad \text{und} \quad \frac{|}{|}$$

und faßt man dieses System als normalen POST-Kalkül auf, so beschreibt dieser ebenfalls die Rechnung von 2-Registermaschinen. Damit ist auch die Unentscheidbarkeit des Wortproblems für normale POST-Kalküle bewiesen.

Ergänzt man das Semi-THUE-System um die inversen Regeln, so gilt:

Eine 2-RM stoppt genau dann, wenn durch dieses THUE-System ein Registerwort ableitbar ist, das den Buchstaben 0 enthält.

Diese Regelsysteme zeigen besonders anschaulich die enge Verwandtschaft der verschiedenen kombinatorischen Zeichenumformungssysteme, wie RM und TM, THUE-Systeme, MARKOV-Algorithmen und POST-Kalküle.

Es soll noch die Darstellung von n-Registermaschinen ($n \geqslant 3$), die durch Programmworte gegeben sind, als POST-Kalkül bzw. THUE-System erarbeitet werden.

Jedes Vorkommen der Buchstaben A_i, S_i, $(_i$,), E im Programmwort müssen wir als eigenen Buchstaben auffassen. Wir wollen ${}^jB_i$ als Variable für diese Buchstaben benutzen. Dabei bedeutet der untere Index i das durch den entsprechenden Elementarbefehl bearbeitete Register – bei) und E fehlt dieser Index – und der obere Index die Position des Buchstabens im Programmwort, von links gezählt (vgl. Kapitel 12).

Die Registerinhalte einer n-RM, die gerade den Programmbuchstaben ${}^jB_i$ bearbeitet, wollen wir in folgendem Registerwort zusammenfassen:

$$R_1|\ldots|R_2|\ldots|\ldots{}^jB_i\,R_i|\ldots|\ldots R_n|\ldots|F.$$

Die Buchstaben $R_1, \ldots, R_n$ sollen die Register, der Buchstabe F das Ende des Registerwortes markieren.

Für jeden Buchstaben des Programmwortes benötigen wir dann eine Kalkülregel, die am Registerwort die gewünschte Umformung vornimmt.

Übung 22.2: Geben Sie die Regeltypen von POST-Kalkülen zur Darstellung von Programmworten für n-RM an. Schreiben Sie alle Regeln auf für das Programmwort $({}_1S_2S_1A_3)\,A_3E$.

Will man die Rechnung einer n-RM durch ein (Semi)-THUE-System beschreiben, so kann man nicht erwarten, daß sich jeder Rechenschritt der RM durch eine Regelanwendung in einem Schritt beschreiben läßt. Ein (Semi)-THUE-System gestattet eine Wortumformung nur an einer Stelle im Wort, der Sprung des Programmbuchstabens vor das passende Register muß deshalb durch passende Vertauschungsregeln in mehreren Schritten erfolgen.

Übung 22.3: Geben Sie die Regeltypen von Semi-THUE-Systemen zur Darstellung von Programmworten für n-RM an.

Übung 22.4: Die Regeltypen von POST-Kalkülen zur Darstellung von Programmworten für n-Registermaschinen des Typs aus Übung 12.3 sind anzugeben.

Mit dem folgenden Satz soll noch eine Beziehung zwischen TAG-Systemen und RM hergestellt werden (vgl. [21]).

Satz 22.2: Zu jeder 2-Registermaschine gibt es ein TAG-System vom Typ (2,1,3), so daß gilt:

Die Registermaschine stoppt, angesetzt auf x, y, genau dann, wenn das TAG-System für $(v_1v_1)^{2^x}(w_1w_1)^{2^y}$ ein Ergebnis liefert.

Die Registermaschine stoppt, angesetzt auf x, y, genau dann auf a, b, wenn das TAG-System für $(v_1v_1)^{2^x}(w_1w_1)^{2^y}$ das Ergebnis $(v_nv_n)^{2^a}(w_nw_n)^{2^b}$ liefert.

Beweis: Für jede Programmzeile der 2-RM wird ein Teilsystem aufgestellt, das die entsprechende Umformung beschreibt. Hat die RM n Programmzeilen, so enthält das Alphabet des gesamten TAG-Systems zur Darstellung der Registerinhalte die Buchstaben $v_1, w_1, \ldots, v_n, w_n$ sowie passend gewählte Hilfsbuchstaben.

In Übung 20.5 war ein TAG-System vom Typ (2,2,2) konstruiert worden, das die Vertauschung von zwei Worten beschreibt. Wir können uns hier deshalb darauf beschränken, TAG-Systeme zur Beschreibung der Registeroperationen im ersten Register anzugeben. Es bleiben dann Teilsysteme für folgende beiden Fälle zu entwickeln:

$(v_iv_i)^{2^x}(w_iw_i)^{2^y}$ wird umgeformt in $(v_kv_k)^{2^{x+1}}(w_kw_k)^{2^y}$

und

$$(v_iv_i)^{2^x}(w_iw_i)^{2^y} \quad \text{wird umgeformt in} \begin{cases} (v_kv_k)^{2^{x \dot{-} 1}}(w_kw_k)^{2^y}, & \text{falls } x > 0 \\ (v_lv_l)^{2^0}(w_lw_l)^{2^y}, & \text{falls } x = 0 \end{cases}$$

Das Teilsystem zur Beschreibung der Nachfolgeroperation ist schon in Übung 20.6 im Prinzip konstruiert worden ($2^{x+1} = 2 \cdot 2^x$). Es müssen nur die Buchstaben passend zum Kontext gewählt werden. Das Teilsystem zur Beschreibung der Vorgängerbildung einschließlich Nulltest besteht aus einem Test für „z ist gerade" und der Berechnung von $\frac{z}{2}$, da 2^x für $x > 0$ gerade und $2^{x \dot{-} 1} = \frac{1}{2} \cdot 2^x$.

Ein TAG-System für diese Operation arbeitet folgendermaßen (rechts sind die Kalkülregeln notiert):

$(v_i v_i)^{2^x} (w_i w_i)^{2^y}$	$\frac{v_i XY}{Y v_i'}$	wiederholt
$(w_i w_i)^{2^y} (v_i')^{2^x}$	$\frac{w_i XY}{Y w_i' w_i''}$	
$(v_i')^{2^x} (w_i' w_i'')^{2^y}$		

1. Fall: $x = 0$

$v_i' (w_i' w_i'')^{2^y}$	$\frac{v_i' XY}{Y v_i'' v_i'''}$	
$(w_i'' w_i)^{2^y - 1} w_i'' v_i'' v_i'''$	$\frac{w_i' XY}{Y w_i''' w_i'''}$	wiederholt
$v_i''' (w_i''' w_i''')^{2^y}$	$\frac{v_i''' XY}{Y v_k v_k v_k}$	
$(w_i''' w_i''')^{2^y - 1} w_i''' v_k v_k v_k$	$\frac{w_i''' XY}{Y w_k w_k}$	wiederholt
$v_k v_k (w_k w_k)^{2^y}$		

2. Fall: $x > 0$

$(v_i' v_i')^{2^{x-1}} (w_i' w_i'')^{2^y}$	Regel wie beim Fall $x = 0$	
$(w_i' w_i'')^{2^y} (v_i'' v_i''')^{2^{x-1}}$	$\frac{w_i' XY}{Y w_i^* w_i^*}$	
$(v_i'' v_i''')^{2^{x-1}} (w_i^* w_i^*)^{2^y}$	$\frac{v_i'' XY}{Y v_l v_l}$	
$(w_i^* w_i^*)^{2^y} (v_l v_l)^{2^{x-1}}$	$\frac{w_i^* XY}{Y w_l w_l}$	
$(v_l v_l)^{2^{x-1}} (w_l w_l)^{2^y}$		

Das Alphabet für dieses Teilsystem:

$\{v_i, w_i, v_k, w_k, v_l, w_l, v_i', v_i'', v_i''', w_i', w_i'', w_i''', w_i^*\}$.

Mit diesem Satz ist die Unentscheidbarkeit des Wortproblems für TAG-Systeme – sogar vom Typ (2,1,3) – bewiesen und damit die Unentscheidbarkeit des Wortproblems für beliebige TAG-Systeme. Die Beweisideen von Satz 21.2 lassen sich auch auf TAG-Systeme vom Typ (p, p – 1, p + 1) mit $p > 2$ übertragen, die ebenfalls ein unentscheidbares Wortproblem besitzen (vgl. [25]).

Wang hat gezeigt [34], daß TAG-Systeme vom Typ (p, q, r) mit $p = 1$ oder $q \geqslant p$ oder $p \geqslant r$ ein entscheidbares Wortproblem besitzen.

Mit der in Satz 22.1 bewiesenen Unentscheidbarkeit des allgemeinen Wortproblems für THUE-Systeme ist die Unentscheidbarkeit des Wortproblems für *Halbgruppen* bewiesen, d. h., es ist nicht entscheidbar, ob zwei beliebige Darstellungen von Halbgruppenelementen einer beliebigen Halbgruppe dasselbe Element darstellen oder nicht. Ein erster Beweis dieses Resultats wurde 1947 von *Post* und *Markov* unabhängig voneinander gefunden.

Schwieriger ist der Beweis der Unentscheidbarkeit des allgemeinen Wortproblems für *Gruppen*, den *Novikov* 1955 erbracht hat. Eine Darstellung dieses Resultats findet man in [32].

Dagegen folgt aus dem Basissatz für endlich erzeugte kommutative Gruppen, daß das Wortproblem für *kommutative Gruppen* entscheidbar ist.

23. Legespiele

Beim Beweis der Unentscheidbarkeit des Wortproblems für THUE-Systeme ergab sich bei der Simulation von 2-RM ein besonders einfaches System: Der jeweilige Elementarbefehl stand im Registerwort zwischen den beiden Registern, so daß die notwendigen Umformungen an den Registerinhalten unmittelbar links bzw. rechts vom Zentrum ausgeführt werden konnten. Ein THUE-System zur Simulation von 3-RM, die durch Programmworte gegeben sind, benötigt dagegen noch zusätzliche Vertauschungsregeln (Übung 22.2), solange man an einem linearen Registerwort zur Darstellung einer 3-RM festhält. Es bietet sich hier aber eine Verallgemeinerung des Konzepts an: man schreibe das „Registerwort" in T-Form:

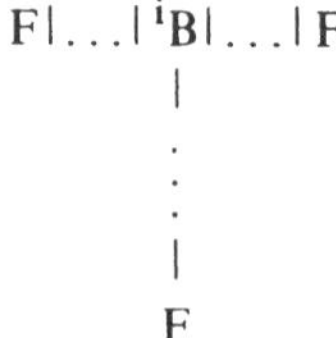

Das Konzept der THUE-Systeme müßte man dann folgendermaßen erweitern: Jede Regel hat die Gestalt

$$\frac{\begin{matrix} X\,T_1\,Y \\ Z \end{matrix}}{\begin{matrix} X\,T_2\,Y \\ Z \end{matrix}}$$

Wobei T_1 bzw. T_2 „Worte" in T-Form sind. Wie bisher bei linearen Worten soll sich das T-Wort durch eine solche Regelanwendung durch Verschieben der linearen Teilworte, die für X, Y, Z eingesetzt werden, vergrößern oder verkleinern können.

Übung 23.1: Beschreiben Sie die Umformung von „Registerworten" einer 3-RM durch ein Semi-THUE-System; das auf „Worten" in T-Form arbeitet.

Auch bei diesen Umformungen bleibt – wie bei linearen Worten – der Kontext für die Buchstaben außerhalb der Stelle, an der das Teilwort ersetzt wird, beim Wachsen oder Schrumpfen des Wortes erhalten. Im folgenden wollen wir allgemein derartige Regelsysteme untersuchen, die Muster aus „Buchstaben" umformen. Wir denken uns die „Buchstaben" auf kariertes Papier geschrieben. In jedem Feld steht höchstens ein „Buchstabe". Viele Brettspiele (z. B. Schach, Dame) lassen sich unter diesem Aspekt behandeln.

Für die folgenden Überlegungen nehmen wir an, daß das „Blatt" Papier nach allen Seiten unbegrenzt ist. Hat man ein kariertes Papier teilweise mit einem Buchstabenmuster bedeckt, so läßt sich nicht so einfach durch eine Regelanwendung ein Buchstabe durch zwei ersetzen wie bei den bisher betrachteten linearen oder T-förmigen Worten: Bei einem zeilenweisen Wachsen ginge der Kontext in den Spalten verloren; würde man den notwendigen Platz durch „Auseinanderschneiden" des Blattes oder Verschieben einer Hälfte erzeugen, so entstünden Lücken, die ohne Veränderung des Kontextes nicht geschlossen werden könnten. Man verlangt also hier am geeignetsten, daß bei einer Regelanwendung Buchstabenmuster gleicher Größe durch einander ersetzt werden. Dabei sind unbeschriebene Stellen entsprechend zu berücksichtigen wie beim eindimensionalen Fall der Turingbänder (vgl. Kapitel 21). Aus diesem Grunde werden wir einen speziellen Buchstaben zur Kennzeichnung der unbeschriebenen Stellen einführen und diesen mit □ bezeichnen. Entsprechend wollen wir das leere Wort – das jetzt nicht mit unbeschriebenen Stellen übereinstimmt! – bei Regelanwendungen nicht mehr als Teilwort zulassen.

Die Umformung von solchen Buchstabenmustern nach Regelsystemen können wir als Legespiele auffassen. Zunächst wollen wir die notwendigen Begriffe für Legespiele präzisieren. Dabei soll das Schachspiel zu Heuristik herangezogen werden. (Es ist nicht daran gedacht, das Schachspiel vollständig zu formalisieren!) Beim Schachspiel wird nach gewissen *Regeln* mit *Spielsteinen* auf dem *Schachbrett* gespielt. Die Schachregeln sind Regeln für die Veränderung der Besetzung einzelner *Felder* mit einem Spielstein und betreffen jeweils eine gewisse *Umgebung* der betrachteten Felder. Die Form der Umgebung hängt vom Spielstein[1]) ab: Beim Bauern ist es eine gewisse un-

---

1) Für einen Spielstein kann es mehrere Regeln mit unterschiedlichen Formen der Umgebungen geben, z. B. vorrücken des Bauern um ein bzw. zwei Felder.

mittelbare Nachbarschaft, bei Turm, Läufer oder Dame sind es die Achsen oder Diagonalen. Um solche ausgedehnten Umgebungen und deren Belegungen auf dem Schachbrett präzise beschreiben zu können, ist es vorteilhaft, die Begriffe Muster, Umgebung, Spielzug usw. als spezielle Abbildungen einzuführen. Das Spielfeld, die mit kongruenten Quadraten parkettierte Ebene, wollen wir im allgemeinen Fall durch $\mathbb{Z} \times \mathbb{Z}$ repräsentieren, wobei wir uns die Mittelpunkte der Quadrate mit passenden Elementen aus $\mathbb{Z} \times \mathbb{Z}$ identifiziert denken. In diesem Zusammenhang nennen wir die Elemente aus $\mathbb{Z} \times \mathbb{Z}$ auch *Feld*[1]) oder *Zelle*. Wir setzen im folgenden immer voraus, daß die Menge A der Spielsteintypen endlich ist und das Element $\square$ enthält, das ein unbesetztes Feld symbolisieren soll.

Definition 23.1: Eine Abbildung $f: \mathbb{Z} \times \mathbb{Z} \to A$ heißt *Figur*. Ist $f(z) = \square$ für fast alle $z \in \mathbb{Z} \times \mathbb{Z}$, so heißt f *endlich*.

Eine Abbildung $g: S \to A$, mit $\emptyset \neq S \subseteq \mathbb{Z} \times \mathbb{Z}$, heißt ein *Muster*; ist S endlich, so heißt das Muster endlich.

Sind f und g Muster und gilt $D_f \subseteq D_g$ und $f = g/D_f$, so heißt f Teilmuster von g. Ist f Teilmuster von g und $D_g = \mathbb{Z} \times \mathbb{Z}$, so heißt g *Komplettierung* von f.

Definition 23.2: Eine Umgebungsfunktion U ist eine Abbildung[2]) $U: \mathbb{Z} \times \mathbb{Z} \to P(\mathbb{Z} \times \mathbb{Z})$, so daß gilt:

1. $U(z)$ ist endlich und $z \in U(z)$.
2. Für alle $z \in \mathbb{Z} \times \mathbb{Z}$ hat $U(z)$ dieselbe Gestalt, d.h.

$$\bigwedge_{z \in \mathbb{Z} \times \mathbb{Z}} \bigwedge_{i,j \in \mathbb{Z}} (x \in U(z) \leftrightarrow ((x)_1 + i, (x)_2 + j) \in U((z)_1 + i, (z)_2 + j)))$$

$U(z)$ heißt *Umgebung* von z. Die Elemente von $U(z) - \{z\}$ heißen *Nachbarn* von z bezüglich U.

Beispiele:

1. Die kreuzförmige Umgebung einer Zelle (i, j) ist $K(i,j) = \{(i-1,j), (i,j), (i+1,j), (i,j+1), (i,j-1)\}$,

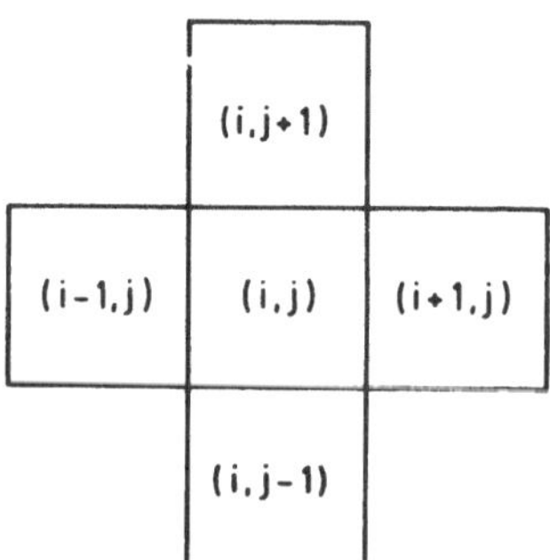

1) Feld im Sinne von Einzelfeld ist nicht mit dem gesamten Spielfeld $\mathbb{Z} \times \mathbb{Z}$ zu verwechseln.

2) Zur Benutzung von Klammern: Wir schreiben zwar $(i,j) \in \mathbb{Z} \times \mathbb{Z}$ aber $U(i,j)$ statt $U((i,j))$.

2. Das kleinste Quadrat, in dessen Mitte die Zelle (i, j) liegt

$$Q(i,j) = \{(k,l) \mid |k-i| \leqslant 1 \wedge |l-j| \leqslant 1\}$$

(i-1, j+1)	(i, j+1)	(i+1, j+1)
(i-1, j)	(i, j)	(i+1, j)
(i-1, j-1)	(i-1, j)	(i-1, j+1)

3. Um die zulässigen Spielzüge eines Springers beim Schachspiel zu beschreiben, definiert man folgende Umgebungsfunktion S:

$$S(i,j) = \{(i-2, j+1), (i-2, j-1), (i-1, j+2), (i+1, j+2),$$
$$(i-1, j-2), (i+1, j-2), (i+2, j+1), (i+2, j-1), (i,j)\}$$

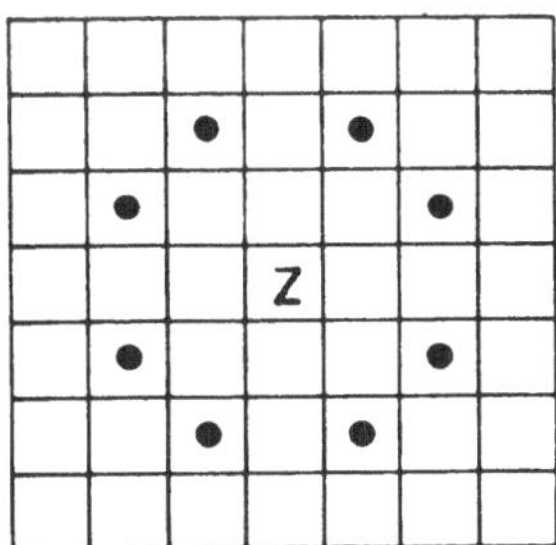

Die Zelle z kann von einem Spieler dann mit einem Springer besetzt werden, wenn eine Zelle von S(z) mit einem Springer der eigenen Farbe besetzt ist und die Zelle z nicht von einem Spielstein der eigenen Farbe besetzt ist. Sind A bzw. B die Alphabete zur Beschreibung des Schachspiels und $A \cap B = \{\square\}$, so wird die Besetzung einer Zelle mit einem Springer $Sp \in A$ durch eine Kalkülregel aus folgender (endlicher) Regelmenge R beschrieben[1]):

1) Das Regelsystem wird durch folgende Vereinbarung vereinfacht: Ein Spielstein darf auch dann verschoben werden, wenn durch das Wegziehen für den eigenen König „Schach" entsteht. Andererseits darf auch der König weggenommen werden.

R besteht aus den Regeln der Gestalt

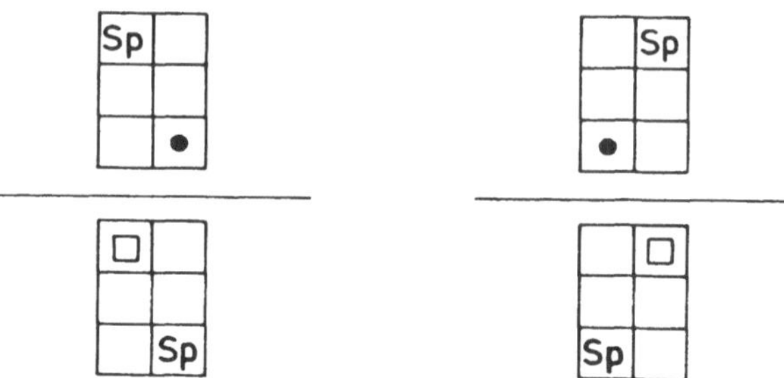

für jeden Buchstaben $\bullet \in B$. Dabei dürfen in nicht ausgefüllten Kästchen beliebige Buchstaben aus $A \cup B$ stehen (der Übersichtlichkeit wegen wurde auf die Verwendung von Variablen verzichtet). Die Regeln eines solchen Semi-THUE-Systems in der Ebene dürfen auch drehsymmetrisch um 90°, 180°, 270° angewandt werden. Eine Präzisierung dieser Redeweise soll hier nicht vorgenommen werden.

Zur Vorbereitung der Begriffsbildungen, die wir allgemein für Legespiele einführen wollen, ist es zweckmäßig anzunehmen, daß in einer Spielsituation von einer Spielsteinsorte höchstens ein Stein zur Besetzung einer betrachteten Zelle in Frage kommt. Das erreichen wir dadurch, daß wir jeden der 32 Spielsteine des Schachspiels als einen Buchstaben auffassen. Dann läßt sich das obige Regelsystem für Sp_1 als ein Funktional $\nu_{Sp_1}(f, z)$ auffassen, das jeder Figur f und jeder Zelle z eine neue Figur zuordnet. Entsprechendes gilt für Regelsysteme der übrigen Spielsteine.

$$\nu_{Sp_1}(f, z)(z^*) := \begin{cases} \square & \text{falls } z^* \in U(z) \wedge f(z^*) = Sp_1 \wedge f(z) \in B \\ Sp_1 & \text{falls } \bigvee_{z'} (z' \in U(z) \wedge f(z') = Sp_1 \wedge f(z) \in B) \\ f(z^*) & \text{sonst} \end{cases}$$

Bei dieser Definition ist die Begrenzung des Schachbretts nicht berücksichtigt worden. Durch die dritte Zeile läßt sich ν_{Sp_1} auch dann formal auf f, z anwenden, wenn $Sp_1 \notin \{f(z^*) | z^* \in U(z)\}$ oder $f(z) \notin B$ ist.

Übung 23.2: Stellen Sie ein Regelsystem für das Besetzen einer Zelle durch einen Bauern beim Schachspiel auf.

Beim Schachspielen sind in einer Spielsituation i. a. mehrere Regeln anwendbar: Man hat die Auswahl, welche Zellen man anders besetzen will und mit welchem Spielstein. Die Auswahl wird unter dem Gesichtspunkt einer Strategie vorgenommen.

Wie hier am Beispiel des Schachspiels gezeigt, lassen sich auch andere Brettspiele als Kalküle in der Ebene interpretieren. Wir wollen hier nicht weiter auf solche Wettkampfspiele eingehen. Für Semi-THUE-Systeme in der Ebene lassen sich wie bei linearen Worten Wortprobleme formulieren. Durch das Beschreiben von Registermaschinen durch Semi-THUE-Systeme in der Ebene läßt sich leicht die Unentscheidbarkeit des allgemeinen Wortproblems beweisen. Man kann sich darüber hinaus fragen, ob es schon sehr einfache Systeme gibt mit einem unentscheidbaren Wortproblem. Die Einfachheit kann in der Gestalt der

Regeln oder in der Anzahl der Buchstaben des Alphabets liegen. Auf solche Untersuchungen können wir hier nicht weiter eingehen (vgl. [26]).

Wir interessieren uns im folgenden für „Brettspiele“, bei denen alle zu einem Zeitpunkt unabhängig voneinander möglichen Spielzüge simultan ausgeführt werden. Damit dabei keine Kollisionen auftreten – eine Zelle könnte mit verschiedenen Steinen besetzt werden müssen – kann man eine Rangordnung für die Steine aufstellen oder nur solche Regelsysteme betrachten, bei denen für jede Zelle in jeder Spielsituation höchstens eine Kalkülregel anwendbar ist und durch eine Regelanwendung nur diese Zelle anders besetzt wird. Wir werden den zweiten Weg wählen und zur Vereinfachung annehmen, daß es überhaupt nur eine Kalkülregel gibt. Solche Regelsysteme sind bei der angegebenen Spielweise als determinierte Systeme anzusehen. Interesse gefunden haben sie zur Analyse der Entwicklungsprozesse in komplexen Systemen, bei denen die einzelnen Teile gleichzeitig, jedoch in gegenseitiger Abhängigkeit arbeiten. Man stelle sich z. B. einen Zellverband lebender Organismen als ein endliches Muster vor. Auf *J. v. Neumann* gehen die Versuche zurück, durch solche Regelsysteme – von ihm *zelluläre Automaten* genannt – das Leben von Organismen zu beschreiben. Die Fähigkeit von Organismen, sich zu vermehren, hat eine Analogie in der Existenz selbstreproduzierender Muster bei zellulären Automaten. *v. Neumann* hat als erster einen solchen Automaten mit 29 „Spielsteinen“ angegeben ([5]). *Banks* hat dieses Resultat wie folgt verbessert ([2]):

1. Jede TURING-Maschine ist simulierbar durch einen zellulären Automaten mit 3 „Spielsteinen“ und der Umgebungsfunktion K oder mit 2 „Spielsteinen“ und der Umgebungsfunktion Q.
2. Um eine selbstreproduzierende universelle TURING-Maschine zu erhalten, genügt ein zellulärer Automat mit 4 „Spielsteinen“ und der Umgebungsfunktion K.

Die in diesem Abschnitt untersuchten Legespiele lassen sich in folgender Weise als Netzwerke von einfachen Automaten[1]) auffassen:

Die einzelnen Zellen des Spielfeldes werden als kleine, einfache Automaten angesehen. Die Belegung der Zellen mit Spielsteinen entspricht dann den unterschiedlichen Zuständen der Automaten. Da nur endliche Alphabete betrachtet wurden, sind diese einzelnen Automaten endliche Automaten.

Die Umgebungsfunktion gibt an, mit welchen anderen Automaten die einzelne Zelle verschaltet ist. Der neue Zustand einer Zelle hängt nur von den Zuständen in der Umgebung ab. Die Forderung, daß alle möglichen Spielzüge in einem Schritt ausgeführt werden, bedeutet, daß dieses Automatennetz synchron und taktweise arbeitet.

Definition 23.3: Das Tripel (A, ν, U) heißt ein *Legespiel* oder zellulärer Automat, wenn A endlich und $\square \in A$, U eine Umgebungsfunktion und die *Spielregel* ν

---

1) Eine präzise Definition des Automatenbegriffs erfolgt in Definition 24.1. Für die folgenden Überlegungen genügt es, sich einen Automaten als eine Maschine vorzustellen, die über Eingangskanäle Informationen (d. h. Impulse) aufnimmt und diese gemäß ihres „Programms“, d. h. des augenblicklichen Zustandes, insofern verarbeitet, als sie in einen (neuen) Zustand übergeht und gleichzeitig über (höchstens) einen ihrer Ausgabekanäle einen Impuls nach außen abgibt.

ein Funktional ist, das jeder Zelle z und jedem Muster g mit $D_g = U(z)$ ein Element $\nu(g, z) \in A$ zuordnet. Für ν sollen folgende beiden Bedingungen gelten:

Für jede Zelle z und je zwei Zahlen $k, l \in \mathbb{Z}$ und je zwei Muster g_1, g_2, für die für alle $x \in U(z)$ gilt $g_1(x) = g_2((x)_1 + k, (x)_2 + l)$, soll $\nu(g_1, x) = \nu(g_2, ((x)_1 + k, (x)_2 + l))$ sein; d.h. ν ist translationsinvariant.

Falls $g(x) = \square$ für alle $x \in U(z)$, so soll $\nu(g, z) = \square$ sein.

Die Abbildung ν', die einer Figur f eine neue Figur f' zuordnet gemäß der Gleichung

$$f'(z) = \nu(f | U(z), z)$$

heißt ein *Spielzug*.

Die aus f durch einen Spielzug[2]) entstandene Figur $\nu'(f)$ heißt Nachfolger von f, f heißt ein Vorgänger von $\nu'(f)$. Die aus einer Figur f durch wiederholte Spielzüge entstehenden Figuren heißen *Generationen* von f. Gilt $\nu'(f) = f$, so heißt f stabil. Gilt $\nu'(f)(z) = \square$ für alle $z \in \mathbb{Z} \times \mathbb{Z}$, so sagen wir, daß f in der nächsten Generation stirbt.

Beispiele: Bezeichne N(f, z) die Anzahl der eigentlich besetzten Nachbarn von z in der Figur f, also

$$N(f, z) := |\{x | x \in U(z) - \{z\} \wedge f(x) \neq \square\}|.$$

Wir beschränken uns im folgenden zunächst auf das Alphabet $\{\square, \bullet\}$ und die Umgebungsfunktion Q (S. 95).

Für die Durchführung der Spielzüge hilft folgendes Verfahren: Zuerst markiere man jede einzelne Stelle, die bei Anwendung der Spielregel neu besetzt werden muß, mit ○, dann markiere man jede Zelle, die neu mit dem leeren Feld besetzt werden muß, mit ✖. Anschließend führe man simultan auf allen Feldern die vorbereiteten Ersetzungen durch. Am besten zeichnet man dann die entstehende Figur neu.

Spielt man ein Legespiel mit Spielsteinen (z. B. schwarz oder weiß für ●), so kann man das Neu-Besetzen durch Besetzen der Zelle mit einem Stein der jeweils *anderen* Farbe und das Wegnehmen durch ein Besetzen der Zelle mit einem zweiten Stein der *gleichen* Farbe vorbereiten. So hat man bei der Vorbereitung eines Spielzuges eine gute Übersicht über die *ursprüngliche* Figur, die *allein* für die korrekte Anwendung der Spielregel entscheidet.

1. Beispiel:

Spielregel ν:

$$\nu(g, z) = \begin{cases} \bullet & \text{falls } N(g, z) = 1 \vee N(g, z) = 2 \\ \square & \text{falls } N(g, z) = 0 \vee N(g, z) \geqslant 3 \\ g(z) & \text{sonst} \end{cases}$$

---

1) verkürzte Schreibweise für: „durch Anwendung eines Spielzuges".

Wir untersuchen einige Generationen der Figur, die nur an einer Stelle mit ● besetzt ist:

1. Generation

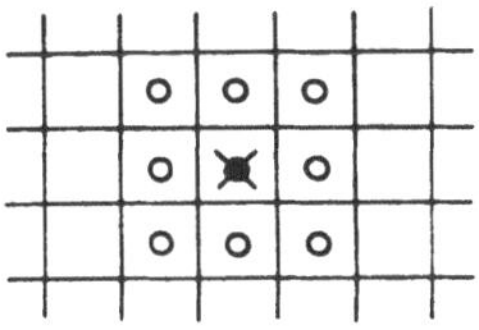

2. Generation

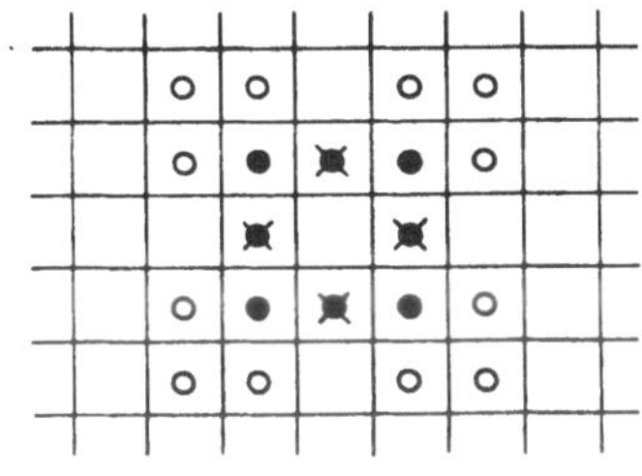

3. Generation

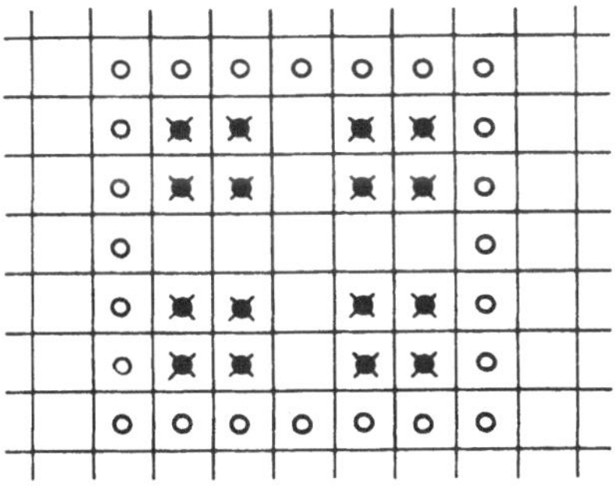

4. Generation

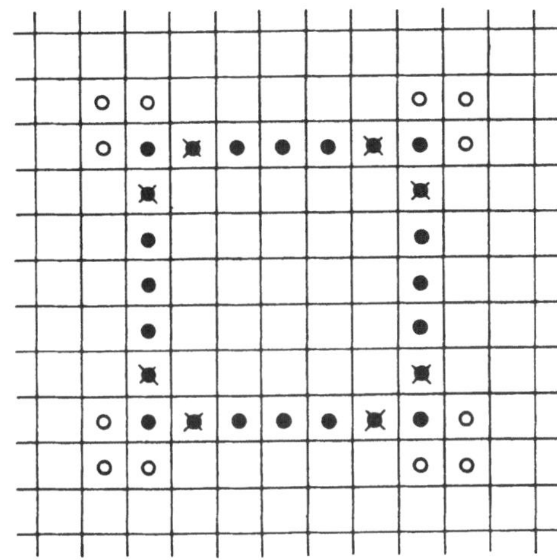

Die Ausdehnung der Generationen wird immer größer. Dies folgt aus Satz 23.1, den wir nach diesen Beispielen beweisen.

Übung 23.3: Untersuchen Sie die ersten Generationen der folgenden Figur, wobei die Spielregel leicht abgewandelt ist.

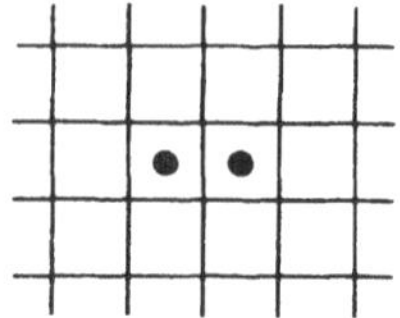

$$\nu(g, z) = \begin{cases} \bullet & \text{falls } N(g, z) = 2 \\ \square & \text{falls } N(g, z) = 0 \vee N(g, z) \geqslant 3 \\ g(z) & \text{sonst} \end{cases}$$

2. Beispiel:

Life-Spiel von *Conway* (vgl. [14])

Spielregel ν:

$$\nu(g, z) = \begin{cases} \bullet & \text{falls } N(g, z) = 3 \\ \square & \text{falls } N(g, z) \leqslant 1 \vee N(g, z) \geqslant 4 \\ g(z) & \text{sonst} \end{cases}$$

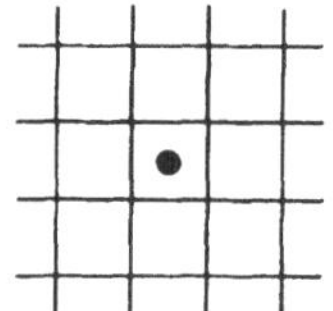

und

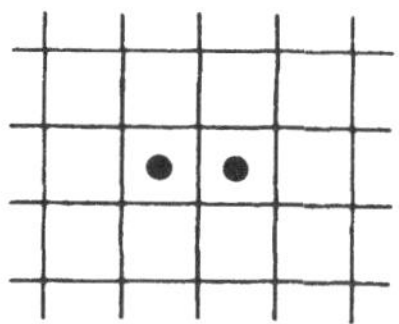

haben als Nachfolger die leere Figur.

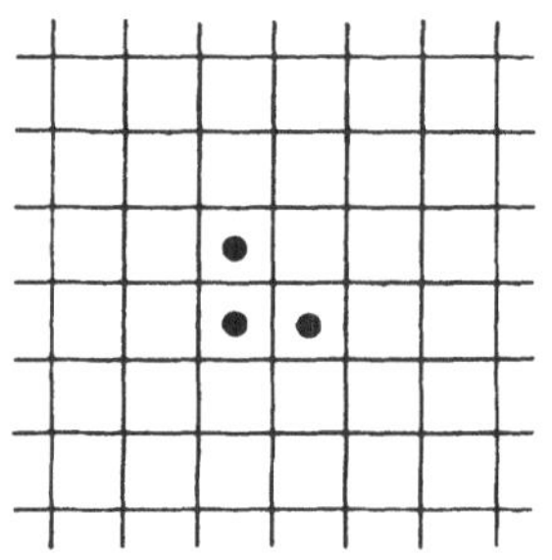

hat als Nachfolger

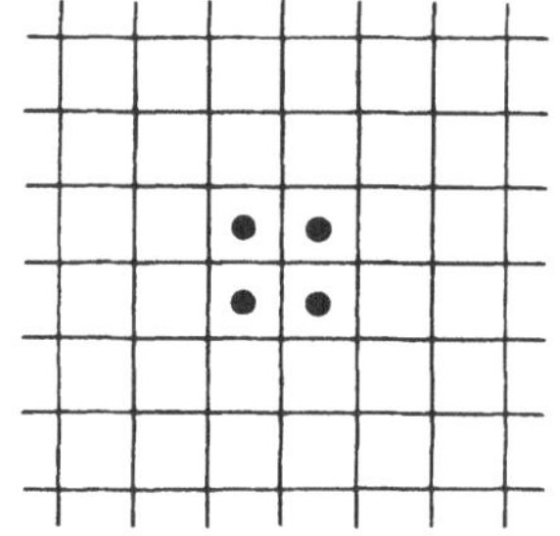

Diese Figur ist stabil.

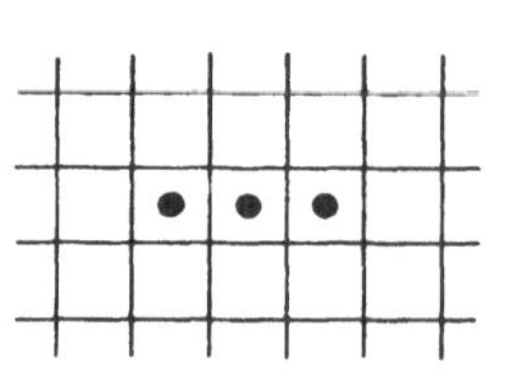

und

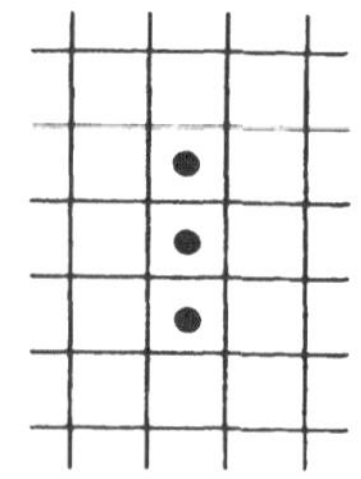

haben sich gegenseitig zum Nachfolger.

Sie sind zyklisch mit der Periode 2.

Übung 23.4: Untersuchen Sie folgende drei Figuren:

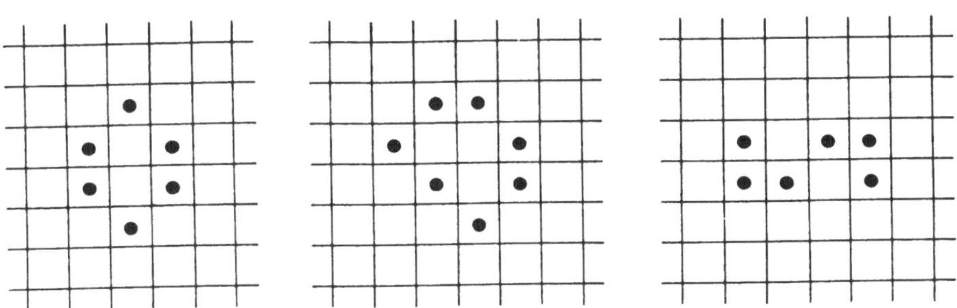

Übung 23.5: Untersuchen Sie die ersten 16 Generationen der folgenden drei Figuren:

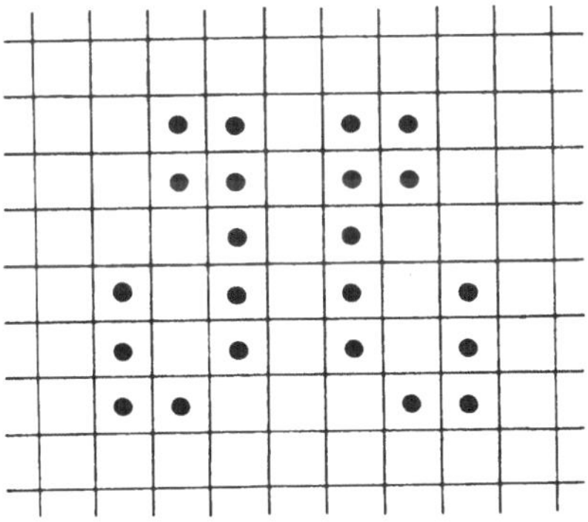

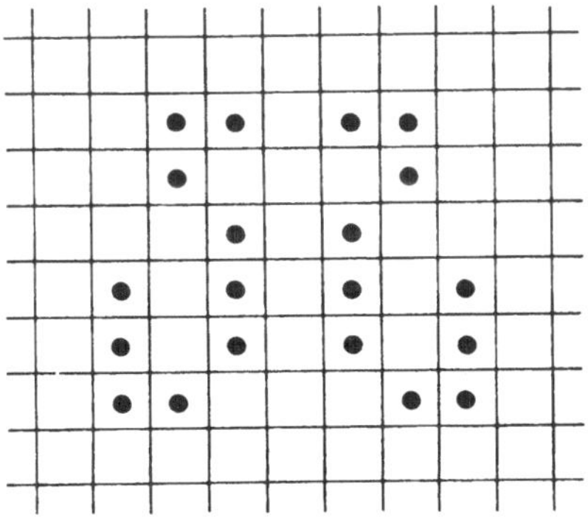

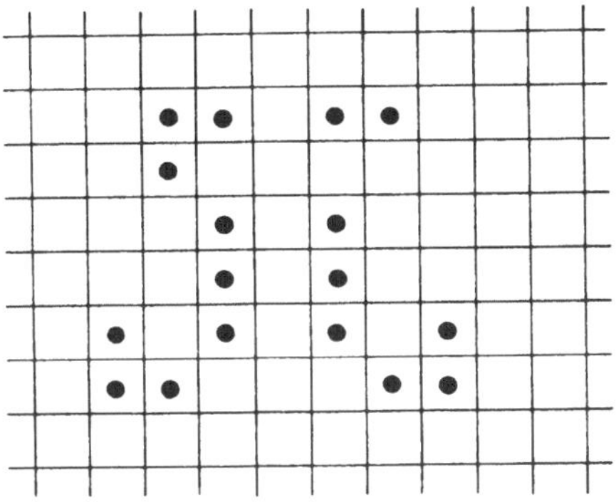

3. Beispiel:

Für dieses Beispiel wählen wir die kreuzförmige Umgebung

$$K(i,j) = \{(m,n) \mid |m-i| \cdot |n-j| = 1\} \cup \{(i,j)\}$$

Spielregel ν:

$$\nu(g,z) = \begin{cases} \bullet & \text{falls } N(g,z) = 1 \\ g(z) & \text{sonst} \end{cases}$$

Die ersten acht Generationen der Einerzelle sehen dann folgendermaßen aus, wobei die jeweils neu hinzukommenden Zellen mit der Nummer ihrer Generation bezeichnet sind:

```
       8
      878
     8 6 8
    8765678
   8 8 4 8 8
  878 434 878
 8 6 4 2 4 6 8
876543212345678
 8 6 4 2 4 6 8
  878 434 878
   8 8 4 8 8
    8765678
     8 6 8
      878
       8
```

Übung 23.6: Für das folgende Legespiel wird eine Y-förmige Umgebung

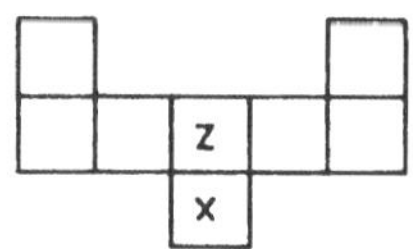

von z benötigt und die Eigenschaft Ygz, die besagt, daß in der Y-förmigen Umgebung von z nur das Feld x besetzt ist.

Spielregel ν:

$$\nu(g,z) = \begin{cases} \bullet & \text{falls Ygz} \\ g(z) & \text{sonst.} \end{cases}$$

Geben Sie die ersten elf Generationen an, die aus der Einerzelle entstehen.

Weitere Beispiele für Legespiele findet man in [5]. In [12] sind Würfelspiele angegeben, die im Zusammenhang mit zellulären Automaten stehen.

In einigen Fällen kann man aus der Spielregel leicht ablesen, daß die Generationen einer Figur sich immer weiter ausdehnen und insbesondere niemals sterben.

Zum Beweis einer derartigen Behauptung (Satz 23.1) definieren wir den folgenden Hilfsbegriff:

U(z) sei eine Umgebung und R das kleinste Rechteck, in dem U(z) „enthalten" ist. Dann nennen wir diejenigen Zellen von U(z), die auf den 4 Randstreifen von R möglichst weit an den Enden liegen, Randzellen von U(z).

Beispiel:

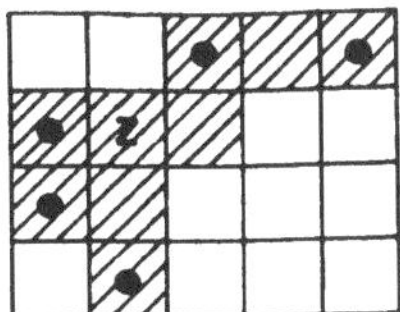

Die Umgebung der Zelle z ist schraffiert, die Randzellen sind mit ● gekennzeichnet. Eine Umgebung kann bis zu 8 Randzellen haben.

Übung 23.7: Gib eine Umgebungsfunktion an, bei der die Umgebung jeder Zelle 8 Randzellen hat.

Satz 23.1: Für die Spielregel ν eines Legespiels (A, ν, U) gelte folgende Voraussetzung:
Für jede Zelle z und jede endliche Figur f mit $N(f, z) = 1$, die mindestens eine Randzelle z_0 von $U(z)$ eigentlich belegt (d.h. $f(z_0) \neq \square$), gilt $\nu(f, z) \neq \square$.
Dann gilt für jede nicht völlig unbesetzte Figur, daß die Ausdehnung ihrer Generationen bei diesem Legespiel wächst.

Beweis: f sei eine nicht völlig unbesetzte Figur und (i, j) die linksunterste, durch f eigentlich besetzte Zelle. Seien $k, l \in \mathbb{Z}$ so bestimmt, daß (i, j) die am weitesten links unten liegende Randzelle von $U(k, l)$ ist.
Die am weitesten rechts oben[1]) liegende Randzelle von $U(k, l)$ sei $(k + m, l + n)$. Dann gilt für die Zelle $(i - m, j - n)$: (i, j) ist Randzelle von $U(i - m, j - m)$, $N(f, (i - m, j - n)) = 1$, $f(i - m, j - n) = \square$. Nach Voraussetzung ist dann $\nu(f, (i - m, j - n)) \neq \square$. Die vorher unbesetzte Zelle ist also in der nächsten Generation besetzt worden. Damit hat sich die Figur nach links unten ausgedehnt. Entsprechendes gilt für die übrigen Randzellen.

Neben dem Wachstum von Figuren bei bestimmten Legespielen interessiert auch die Frage, wann es Figuren gibt, die niemals als eine spätere Generation einer Figur auftreten können. Solche unerreichbaren Figuren heißen nach *Moore* Garten-Eden-Figuren.

Definition 23.4: Eine Figur f heißt Garten-Eden-Figur (GEF) für ein Legespiel, wenn für jede Figur g gilt: $\nu'(g) \neq f$. Ein Muster f heißt Garten-Eden-Muster (GEM) für ein Legespiel, wenn f endlich ist und es kein Muster g gibt mit $\nu'(g) = f$.

Definition 23.5: Zwei endliche, verschiedene Muster f und g heißen in einem Legespiel austauschbar, wenn $D_f = D_g$ und für jede Komplettierung f', g' von f bzw. g mit $f' | \mathbb{Z} \times \mathbb{Z} - D_f = g' | \mathbb{Z} \times \mathbb{Z} - D_g$ gilt $\nu'(f') = \nu'(g')$.

In einer Figur kann man austauschbare Muster gegenseitig ersetzen, ohne daß sich der Nachfolger ändert.

---

1) Die Reihenfolge ist wichtig: „links unten“ ist nicht dasselbe wie „unten links“; siehe Beispiel!

Satz 23.2: *Moore* Hat ein Legespiel austauschbare Muster, so hat es auch Garten-Eden-Muster.

Beweis: Sei (A, ν, U) ein Legespiel mit den austauschbaren Mustern f und g. A enthalte neben $\square$ einen weiteren Buchstaben b. Wir benötigen eine Zahl $r(U)$, die angibt, wie ausgedehnt die Umgebung einer Zelle z ist, d.h. bis zu welcher Entfernung noch Zellen in die Berechnung der neuen Belegung der Zelle z bei einer Anwendung der Spielregel ν eingehen. Wir wählen als $r(U)$ die Seitenlänge des kleinsten Quadrats, das U enthält. Haben wir zwei Figuren h_1, h_2, die in einem Quadrat Q der Seitenlänge q übereinstimmen, so stimmen die Nachfolger von h_1 und h_2 mindestens in Q' mit der Seitenlänge $q - 2r(U)$ überein, das in der Mitte von Q liegt. Das kleinste Quadrat Q, das das Muster f enthält, habe die Seitenlänge n. Wir erweitern nun – falls notwendig – f und g zu Mustern f' bzw. g' auf diesem Quadrat durch

$$f'(z) = \begin{cases} f(z) & \text{falls } z \in D_f \\ b & \text{falls } z \in Q - D_f \end{cases}$$

bzw.

$$g'(z) = \begin{cases} g(z) & \text{falls } z \in D_g \\ b & \text{falls } z \in Q - D_g. \end{cases}$$

Dann sind auch f' und g' austauschbar. Also gibt es auf Q höchstens $|A|^{n^2} - 1$ verschiedene Muster, deren Nachfolger verschieden sind.

Wir bilden dann ein für spätere Überlegungen genügend großes Quadrat Q_1 der Seitenlänge $k \cdot n$. (Die Mindestgröße von Q_1 wird später bestimmt). In dieses passen k^2 Kopien des Quadrats Q. Sei Q_2 das Quadrat in der Mitte von Q_1 mit der Seitenlänge $k \cdot n - 2r(U)$. Es gibt dann auf Q_1 höchstens $(|A|^{n^2} - 1)^{k^2}$ verschiedene Muster, deren Nachfolger auf Q_2 verschieden sind. Auf Q_2 gibt es aber $|A|^{(k \cdot n - 2r(U))^2}$ verschiedene Muster überhaupt. Für den Beweis genügt es zu zeigen, daß es – für passend gewähltes k – auf Q_1 weniger Muster gibt, deren Nachfolger auf Q_2 verschieden sind, als es auf Q_2 Muster gibt. Dann muß es auf Q_2 Muster geben, die keine Vorgänger auf Q_1 haben. Diese Muster sind aber GEM.

Es genügt also, eine Zahl k anzugeben, für die $(|A|^{n^2} - 1)^{k^2} < |A|^{(k \cdot n - 2 \cdot r(U))^2}$.

Das ist äquivalent mit $\log_{|A|}(|A|^{n^2} - 1) < \left(n - \frac{2 \cdot r(U)}{k}\right)^2$. Da $\log_{|A|}(|A|^{n^2} - 1) < \log_{|A|}(|A|^{n^2}) = n^2$ und andererseits $\left(n - \frac{2 \cdot r(U)}{k}\right)^2$ für wachsendes k gegen n^2 konvergiert, gibt es eine Zahl k_0 mit der gewünschten Eigenschaft.

Aus diesem Satz folgt, daß das Life-Spiel aus Beispiel 2 GEM hat, da [•] und [•|•] austauschbar sind.

Satz 23.3: *Myhill*

Hat ein Legespiel Garten-Eden-Muster, so hat es auch austauschbare Muster.

Beweis: Wir beweisen indirekt und nehmen an, f sei ein GEM und es gebe keine austauschbaren Muster. Wir können o. B. d. A. annehmen, daß D_f ein Quadrat Q ist. Ist n die Seitenlänge von Q, so bilden wir wie im Beweis von Satz 23.2 Quadrate Q_1 und Q_2 mit der Seitenlänge $k \cdot n$ bzw. $k \cdot n - 2 \cdot r(U)$, wobei k wie im vorigen Beweis errechnet wird. Auf Q_2 gibt es dann $|A|^{(k \cdot n - 2 \cdot r(U))^2}$ verschiedene Muster. Komplettieren wir diese zu Figuren, so unterscheiden sich deren Nachfolger auf Q_1, wie im folgenden Hilfssatz bewiesen wird. Es gibt also *mindestens* $|A|^{(k \cdot n - 2 \cdot r(U))^2}$ Muster auf Q_1, die *keine* GEM sind.

Andererseits sind alle Muster auf Q_1, die eine Kopie des GEM f enthalten, GEM. Da k^2 Kopien des Quadrats Q in das Quadrat Q_1 passen und es auf Q höchstens $|A|^{n^2} - 1$ erreichbare Muster gibt, gibt es auf Q_1 *höchstens* $(|A|^{n^2} - 1)^{k^2}$ erreichbare Muster. Daraus folgt die Abschätzung $|A|^{(k \cdot n - 2 \cdot r(U))^2} \leqslant (|A|^{n^2} - 1)^{k^2}$, im Widerspruch zur Wahl von k.

Hilfssatz: Hat ein Legespiel keine austauschbaren Muster und ist Q_1 ein Quadrat der Seitenlänge n und Q_2 das Quadrat der Seitenlänge $n - 2r(U)$, das in der Mitte von Q_1 liegt, so haben Figuren, die sich nur auf Q_2 unterscheiden, Nachfolger, die sich auf Q_1 unterscheiden.

Beweis der Kontraposition:

Seien f und g Figuren mit $f|Q_2 \neq g|Q_2$, $f|\mathbb{Z}^2 - Q_2 = g|\mathbb{Z}^2 - Q_2$ und $\nu'(f)|Q_1 = \nu'(g)|Q_1$. Q_0 sei das Quadrat der Seitenlänge $n + 2r(U)$. Es wird gezeigt, daß $f|Q_0$ und $g|Q_0$ austauschbare Muster sind.

Seien f' und g' beliebige Komplettierungen von $f|Q_0$ bzw. $g|Q_0$, die außerhalb von Q_0 übereinstimmen.

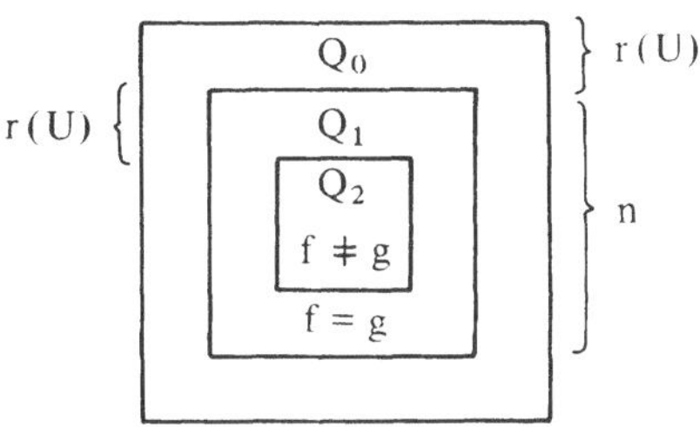

Nach den Voraussetzungen über f und g stimmen deshalb f' und g' auch auf $Q_0 - Q_2$ überein. Insgesamt stimmen also f' und g' auf $\mathbb{Z}^2 - Q_2$ überein. Da die Berechnung von $\nu'(f')|\mathbb{Z}^2 - Q_1$ bzw. $\nu'(g')|\mathbb{Z}^2 - Q_1$ nur von den Umgebungen der Zellen von $\mathbb{Z}^2 - Q_1$ abhängen und diese alle in $\mathbb{Z}^2 - Q_2$ enthalten sind, stimmen $\nu'(f')$ und $\nu'(g')$ auf $\mathbb{Z}^2 - Q_1$ überein.

Da f' und g' Komplettierungen sind, gilt $f'|Q_0 = f|Q_0$ und $g'|Q_0 = g|Q_0$. Also gilt auch $\nu'(f)|Q_1 = \nu'(f')|Q_1$ und $\nu'(g')|Q_1 = \nu'(g)|Q_1$. Nach Voraussetzung gilt $\nu'(f)|Q_1 = \nu'(g)|Q_1$, somit auch $\nu'(f')|Q_1 = \nu'(g')|Q_1$.

Insgesamt also $\nu'(f') = \nu'(g')$ auf $\mathbb{Z}^2$. Damit ist bewiesen, daß $f|Q_0$ und $g|Q_0$ austauschbare Muster sind.

Satz 23.4: Ein Legespiel hat genau dann keine austauschbaren Muster, wenn der Spielzug eine injektive Abbildung für endliche Figuren ist.

Beweis: Hat ein Legespiel austauschbare Muster, so lassen sich daraus Figuren definieren, die bis auf endlich viele Stellen übereinstimmen und gleiche Nachfolger haben.

Andererseits folgt aus dem eben bewiesenen Hilfssatz, daß zwei verschiedene endliche Figuren auch verschiedene Nachfolger haben.

Satz 23.5: Für ein Legespiel sind folgende Aussagen äquivalent:

a) Es gibt austauschbare Muster.
b) Es gibt Garten-Eden-Muster.
c) Es gibt endliche Garten-Eden-Figuren[1]).
d) Es gibt Garten-Eden-Figuren.

Beweis: Aus a) folgt nach Satz 23.2 die Aussage b). Da Muster endliche Figuren induzieren, folgt nach b) die Aussage c). Die Aussage d) folgt trivial aus c).

Es bleibt d) → a). Nach Satz 23.3 genügt es, d) → b) zu beweisen. Wir beweisen die Kontraposition: Wenn jedes endliche Muster erreichbar ist, so ist jede Figur erreichbar.

Sei Q_0 ein Quadrat der Seitenlänge n_0. Wir definieren eine aufsteigende Folge von Quadraten Q_i wie folgt: Q_{i+1} sei das Quadrat mit der Seitenlänge $n_{i+1} := n_i + 2 \cdot r(U)$, in dessen Mitte Q_i liegt.

Sei nun f eine beliebige Figur. Dann sind $f|Q_i$ endliche Muster und deshalb nach Voraussetzung erreichbar. Seien also g_i Figuren mit $\nu'(g_i)|Q_i = f|Q_i$ für $i \geqslant 1$.

Da

$$Q_i \subseteq Q_{i+1},$$

gilt

$$\nu'(g_{i+1})|Q_i = \nu'(g_{i+1})|Q_{i+1}|Q_i = f|Q_{i+1}|Q_i = f|Q_i = \nu'(g_i)|Q_i.$$

Nach dem Hilfssatz zum Beweis 23.3 folgt dann

$$g_{i+1}|Q_{i-1} = g_i|Q_{i-1}.$$

---

1) Von den endlichen Garten-Eden-Figuren sind diejenigen endlichen Figuren zu unterscheiden, die keine endlichen Vorgänger haben; vgl. Satz 23.6!

Also ist $g_i | Q_{i-1}$ ein Teilmuster von $g_{i+1} | Q_i$ für $i \geqslant 1$.
Dann ist die Figur

$$\bigcup_{i \geqslant 1} g_i | Q_{i-1}$$

ein Vorgänger der Figur f.

Satz 23.6: *Amoroso-Cooper*
Ein Legespiel kann endliche Figuren besitzen, die keine *endlichen* Vorgänger haben, ohne daß es austauschbare Muster besitzt.

Beweis:
Wir geben folgendes Beispiel an:
$A = \{\square, \bullet\}, U(i, j) = \{(i, j), (i + 1, j)\}$
Sei

$$N'(f, z) = |\{x | x \in U(z) \wedge f(x) = \bullet\}|$$

$$\nu(f, z) = \begin{cases} \bullet & \text{falls } N'(f, z) = 1 \\ \square & \text{sonst.} \end{cases}$$

Behauptung 1: Seien f', f'' endliche Vorgänger einer Figur f, dann gilt $f' = f''$.

Beweis:
Wegen der speziellen Gestalt der Umgebungsfunktion genügt es zu beweisen, daß für beliebiges $j \in \mathbb{Z}$ gilt:

$$\bigwedge_{i \in \mathbb{Z}} f'(i, j) = f''(i, j).$$

Sei j beliebig aus $\mathbb{Z}$ und

$$k := \mu i (f'(i, j) = \bullet \vee f''(i, j) = \bullet)$$

Dann gilt:

$$\bigwedge_{n \geqslant 1} f'(k - n, j) = f''(k - n, j) = \square$$

Wir beweisen jetzt durch Induktion:

$$\bigwedge_{n \geqslant 0} f'(k + n, j) = f''(k + n, j)$$

Induktionsanfang:
Sei o. B. d. A. $f'(k, j) = \bullet$.

n = 0: Sei o. B. d. A. $f'(k, j) = \bullet$.
Dann gilt $f(k - 1, j) = \bullet$.
Da $f''(k - 1, j) = \square$, folgt $f''(k, j) = \bullet$.

Induktionsschritt:
1. Sei $f(k + n) = \bullet$.

Dann gilt:

$f'(k+n+1,j) = \bullet$ genau dann, wenn
$f'(k+n,j) = \square$
$f''(k+n+1,j) = \bullet$ genau dann, wenn
$f''(k+n,j) = \square$.

Da nach Induktionsvoraussetzung

$f'(k+n,j) = f''(k+n,j)$, folgt
$f'(k+n+1,j) = f''(k+n+1,j)$.

2. Sei $f(k+n) = \square$

Dann gilt:

$f'(k+n+1,j) = \bullet$ genau dann, wenn
$f'(k+n,j) = \bullet$
$f''(k+n+1,j) = \bullet$ genau dann, wenn
$f''(k+n,j) = \bullet$.

Aus der Induktionsvoraussetzung folgt

$f'(k+n+1,j) = f''(k+n+1,j)$.

Aus Behauptung 1 folgt mit Satz 23.4, daß dieses Legespiel keine austauschbaren Muster hat.

Behauptung 2: f sei eine endliche Figur mit der Eigenschaft: Zu jedem $j \in \mathbf{Z}$ gibt es höchstens ein $i \in \mathbf{Z}$ mit $f(i,j) = \bullet$. Dann ist keine endliche Figur Vorgänger von f.

Beweis: Sei f' eine endliche Figur mit $\nu'(f') = f$. Sei j beliebig aus $\mathbf{Z}$ mit $\bigvee_i f'(i,j) = \bullet$ und $k := \mu i\, f'(i,j) = \bullet$.

Dann ist $f(k-1,j) = \bullet$. Daraus folgt, daß $f(i,j) = \square$ für alle $i \in \mathbf{Z} - \{k-1\}$. Wir beweisen durch Induktion, daß für $n \geqslant 1$ gilt $f'(k+n,j) = \bullet$.

Induktionsanfang:
Aus $f(k,j) = \square$ folgt $f'(k+1,j) = \bullet$,
da $f'(k,j) = \bullet$.

Induktionsschritt:
Aus $f(k+n,j) = \square$ folgt $f'(k+n+1,j) = \bullet$,
da nach Induktionsvoraussetzung $f'(k+n,j) = \bullet$.

Daraus folgt, daß f' keine endliche Figur ist, im Gegensatz zur Annahme.

Die Tatsache, daß sich gewisse Zellverbände exponentiell vermehren, ist für Muster zellulärer Automaten nicht richtig, wie der folgende Satz zeigt.

Satz 23.7: Für jedes Legespiel (A, ν, U) gilt:

Falls die n-te Generation eines endlichen Musters f $F(n)$ Kopien von f enthält, dann gibt es eine natürliche Zahl $N: \bigwedge_n F(n) \leqslant N \cdot n^2$.

Beweis: Q sei des kleinste Quadrat, das f enthält. Q habe die Seitenlänge q. Dann paßt die n-te Generation von f in ein Quadrat der Seitenlänge $q + n \cdot 2r(U)$. Dann gilt

$$F(n) \leqslant (q + n \cdot 2r(U))^2 .$$

Daraus folgt die Behauptung.

Eine Sammlung von Aufsätzen über zelluläre Automaten sowie eine umfangreiche Bibliographie zu diesem Komplex findet man in [5].

24. Netzwerke von Automaten

In diesem Abschnitt wollen wir den Algorithmenbegriff noch einmal unter dem Gesichtspunkt von Automatennetzen aufgreifen, die eine gewisse Ähnlichkeit zu den v. Neumannschen zellulären Automaten haben. In diesen Automatennetzen soll nicht eine an jeder Stelle gleiche Verschaltung mit „benachbarten" Automaten vorgenommen werden. Wir gehen deshalb von der Vorstellung der zellulären Automaten mit *einer* Umgebungsfunktion ab. In unseren Netzwerken werden sich auch nicht die Zustände aller Automaten simultan ändern, sondern in jedem Arbeitsschritt ändert sich der Zustand genau eines Automaten. Man stelle sich vor, daß in dem Netz ein Impuls von einem Automaten zum anderen auf einem gerichteten Signalweg läuft. Bei der Verschaltung der Automaten – dargestellt durch Pfeile zwischen den Automaten – soll auch die Rückkopplung, d. h. die Verbindung eines Ausgangs mit einem Eingang desselben Automaten zugelassen sein.

In diesem Abschnitt wird unter anderem bewiesen, daß sich mit Automatennetzen, die aus sehr einfachen Bausteinen bestehen, jede RM simulieren läßt. Zunächst soll die bisherige anschauliche Redeweise von Automaten und Automatennetzen präzisiert werden.

Definition 24.1: Ein endlicher deterministischer (*Mealy-*)Automat ist ein 5-Tupel $(Z, X, Y, \delta, \lambda)$ mit: Z ist eine endliche, nichtleere Menge (Menge der Zustände)

X ist eine endliche Menge (von Eingängen)

Y ist eine endliche Menge (von Ausgängen)

δ ist eine Abbildung einer Teilmenge von $Z \times X$ in Z

λ ist eine Abbildung einer Teilmenge von $Z \times X$ in Y und $D_\delta = D_\lambda$.

Einen solchen endlichen Automaten – in der hier vorgenommenen Präzisierung – kann man sich als Maschine mit endlich vielen Eingängen, Ausgängen und einem endlichen Speicher vorstellen, die Information aufnimmt, verarbeitet und weitergibt. Die Information erhält der Automat als einen Impuls über *einen* Eingangskanal. Er verarbeitet diese Information, indem er seinen Zustand ändert. Erhält er im Zustand z_i über den Eingang x_j einen Impuls, so geht er in den Zustand $\delta(z_i, x_j)$ über und gibt über den Ausgang $\lambda(z_i, x_j)$ einen Impuls nach außen ab.

Erst wenn er auf diese Weise durch Zustandsänderung und Ausgabe reagiert hat, darf dem Automaten ein neuer Impuls eingegeben werden. Liegt ein Paar (z_i, x_j) nicht im gemeinsamen Definitionsbereich von δ und λ, so wird bei Eingabe eines Impulses über x_j im Zustand z_i der Automat gebrauchsunfähig (stirbt).

Im folgenden werden wir für einen Automaten A mit Eingängen $x_1, \ldots, x_n$ und Ausgängen $y_1, \ldots, y_m$ Graphen folgender Art benutzen:

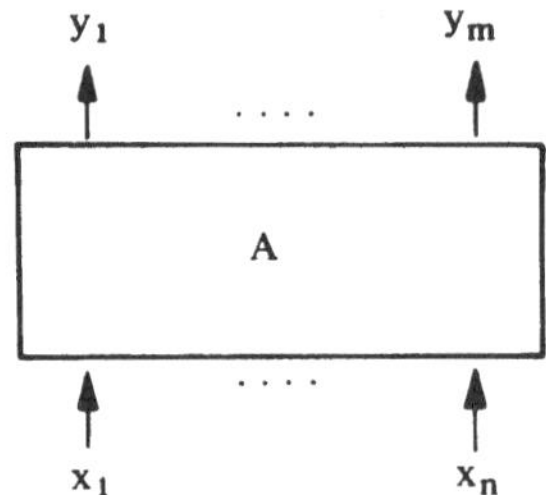

Beispiel: Wir analysieren einen Warenverkaufsautomaten, der bei Einwurf von 3 DM in 1 DM und 2 DM Münzen eine Ware ausgibt und einen Geldrückgabeknopf besitzt, der die seit der letzten Warenausgabe eingeworfenen Münzen zurückgibt. Bei Überzahlung soll das zuviel bezahlte Geld nicht erstattet werden.

Ein solcher realer Automat besteht aus drei Teilen: Ein Teil übernimmt die Münzprüfung, Speicherung und Rückgabe, ein Teil die Warenausgabe und ein dritter Teil steuert den Ablauf. Für unsere Überlegungen interessiert nur der Steuerungsteil. Dieser erhält bei Einwurf korrekter Münzen oder Betätigung des Geldrückgabeknopfes elektrische (mechanische) Impulse und gibt Impulse an die Waren- und Geldausgabe weiter. Der Steuerungsteil läßt sich als Realisierung eines endlichen Automaten mit 3 Eingängen auffassen (e_1 : 1 DM eingeworfen, e_2 : 2 DM eingeworfen, r: Geldrückgabeknopf gedrückt); 3 Ausgängen (a: Aufforderung für weiteren Münzeinwurf, w: Warenausgabe veranlassen, g: Geldrückgabe veranlassen) sowie 3 Zuständen (z_0 : Ausgangszustand; z_1 : 1 DM erhalten, z_2 : 2 DM erhalten). Bei dieser Festlegung auf 3 Ausgänge nehmen wir an, daß das eingeworfene Geld zunächst bis zur Warenausgabe separat vom früher eingenommenen Geld in einem Zwischenspeicher festgehalten wird, so daß wir durch den Geldrückgabeknopf diesen Zwischenspeicher zur Rückgabe des Geldes veranlassen. Der gesuchte endliche Automat ist dann $(\{z_0, z_1, z_2\}, \{e_1, e_2, r\}, \{a, g, w\}, \delta, \lambda)$, wobei δ und λ durch folgende sogenannte *Automatentabelle* definiert sind:

Eingang	Zustand	Ausgang	Zustand
e_1	z_0	a	z_1
e_1	z_1	a	z_2
e_1	z_2	w	z_0
e_2	z_0	a	z_2
e_2	z_1	w	z_0
e_2	z_2	w	z_0
r	z_0	g	z_0
r	z_1	g	z_0
r	z_2	g	z_0

Übung 24.1: Geben Sie für die Steuerung des folgenden Warenverkaufsautomaten einen endlichen Automaten an:

Der Warenautomat soll dem Kunden zwei Waren zum Kauf anbieten, und zwar eine für 50 Pf und eine für 65 Pf. Die Wahl soll möglich sein, wenn genügend Geld eingeworfen wurde. Er soll 5 Pf, 10 Pf und 50 Pf Münzen akzeptieren und einen Geldrückgabeknopf besitzen, aber kein überzahltes Geld erstatten.

Isomorphie und Simulation von Automaten

Für die mathematische Struktur des eben untersuchten Warenverkaufsautomaten ist die Bezeichnung seiner Zustände offensichtlich unerheblich: Zwei Automaten, deren Zustände sich nur durch Umbenennen unterscheiden, sehen wir als „gleich" an. Die Steuerung des untersuchten Automaten bleibt aber auch die gleiche, wenn er nicht 1 DM und 2 DM Münzen zählen soll sondern 0,50 DM und 1 DM Münzen, d. h. wenn seine Eingänge umbenannt werden. Entsprechendes gilt für die Ausgänge. Wir werden also zwei Automaten auch dann noch als „gleich" ansehen, wenn sich die jeweiligen Mengen der Eingänge, Ausgänge und Zustände bijektiv – d. h. durch Umbenennen – aufeinander abbilden lassen und ihre Automatentabellen analog definiert sind. Dies führt auf den Begriff der Isomorphie.

Definition 24.2: Zwei endliche Automaten $A_i = (Z_i, X, Y, \delta_i, \lambda_i)$, $i = 1, 2$, heißen *isomorph*, wenn es eine bijektive Abbildung ϕ: $Z_1 \to Z_2$ gibt, so daß gilt:

$$\bigwedge_{z \in Z_1} \bigwedge_{z \in X} ((z, x) \in D_{\delta_1} \leftrightarrow (\phi(z), x) \in D_{\delta_2}) \wedge$$

$$\bigwedge_{(z, x) \in D_{\delta_1}} (\phi(\delta_1(z, x)) = \delta_2(\phi(z), x) \wedge \lambda_1(z, x) = \lambda_2(\phi(z), x))$$

Ist die Abbildung ϕ injektiv, so *simuliert* A_2 den Automaten A_1 im strengen Sinn. Man sagt auch A_1 läßt sich isomorph in A_2 einbetten.

Übung 24.2: Erweitere die Definition 24.2 auf den Fall, daß die Mengen der Eingänge bzw. Ausgänge der Automaten A_1 und A_2 nicht gleich sind, sondern nur bijektiv aufeinander abbildbar sind.

Bemerkung: Offensichtlich ist die Isomorphie von Automaten eine Äquivalenzrelation und die strenge Simulation eine reflexive und transitive Relation. A_1 ist isomorph zu A_2 genau dann, wenn A_1 simuliert A_2 und A_2 simuliert A_1.

Der Begriff der Simulation läßt sich noch wie folgt abschwächen: Es soll nicht mehr das „Innenleben" (d. h. die Zustände) der Automaten betrachtet werden, sondern nur noch gefordert werden, daß sich beide Automaten durch ihr Eingabe-Ausgabe-Verhalten nicht unterscheiden lassen, wenn der simulierende Automat in einem Zustand gestartet wird, der jeweils dem Startzustand des zu simulierenden Automaten entspricht.

Definition 24.3: Ein endlicher Automat $A_2 = (Z_2, X, Y, \delta_2, \lambda_2)$ simuliert den endlichen Automaten $A_1 = (Z_1, X, Y, \delta_1, \lambda_1)$ *schwach* genau dann, wenn es eine Abbildung ϕ: $Z_1 \to Z_2$ gibt, so daß gilt:

$$\bigwedge_{z \in Z_1} \bigwedge_{x \in X_1} ((z, x) \in D_{\lambda_1} \leftrightarrow (\phi(z), x) \in D_{\lambda_2}) \wedge$$

$$\bigwedge_{(z, x) \in D_{\lambda_1^*}} \lambda_1^*(z, x) = \lambda_2^*(\phi(z), x).$$

Dabei bezeichne X^* die Menge aller Worte über X und δ^* bzw. λ^* die natürliche Erweiterung von δ bzw. λ auf $Z \times X^*$ definiert durch:

$\lambda^*(z, \square) = \square$ $\qquad \delta^*(z, \square) = z$

$\lambda^*(z, wx) = \lambda(\delta^*(z, w), x)$ $\qquad \delta^*(z, wx) = \delta(\delta^*(z, w), x)$

für $w \in X^*$ und $x \in X$.

Bemerkung: Zwar existiert ein kanonisches algebraisches Verfahren, das jedem Automaten A_2, der einen Automaten A_1 schwach simuliert, einen Automaten A_3 in effektiver Weise zuordnet, welcher A_1 im strengen Sinn simuliert; jedoch ist diese Tatsache für die hier beabsichtigte spätere Verwendung des Simulationsbegriffs bei Automatennetzen nicht von Nutzen. Es entspricht nämlich der zum Übergang von A_2 nach A_3 erforderlichen Klasseneinteilung der Zustände von A_2 nicht offensichtlich ein Konstruktionsprozeß an Automatennetzen.

Übung 24.3: Erweitern Sie die Definition 24.3 auf den Fall, daß die Ein- und Ausgänge der Automaten A_1, A_2 bijektiv aufeinander abbildbar sind.

Beispiel: Eine Firma baut zwei Warenverkaufsautomaten. Der eine ist in Übung 24.1 beschrieben. Der zweite, größere soll für 50 Pf und 65 Pf jeweils zwei Waren zur Auswahl stellen. Er hat die Eingänge $e_5, e_{10}, w_{50}, \overline{w}_{50}, w_{65}, \overline{w}_{65}$, r und die Ausgänge w'_{50}, w'_{65} für das Aufleuchten der Wahltasten, $w''_{50}, \overline{w}''_{50}, w''_{65}, \overline{w}''_{65}$ für die Ausgabe der entsprechenden Waren und g für Geldrückgabe. Die Zustandsmenge soll für beide Automaten gleich sein. Dann simuliert der zweite, „größere" Automat den ersten im strengen Sinne. Wenn dies z. B. aus Rationalisierungsgründen gewünscht wird, braucht man für beide Warenverkaufsautomaten nur eine Schaltung (nämlich die größere) zu bauen und kann diese auch in den kleineren einbauen.

Aus der intuitiven Vorstellung von Automaten verbindet man auch einen Sinn mit der Redeweise „zwei Automaten werden parallelgeschaltet": Aus den Automaten $A_1 = (Z_1, X_1, Y_1, \delta_1, \lambda_1)$ und $A_2 = (Z_2, X_2, Y_2, \delta_2, \lambda_2)$ entsteht durch Parallelschaltung ein neuer Automat $(A_1 \parallel A_2)$

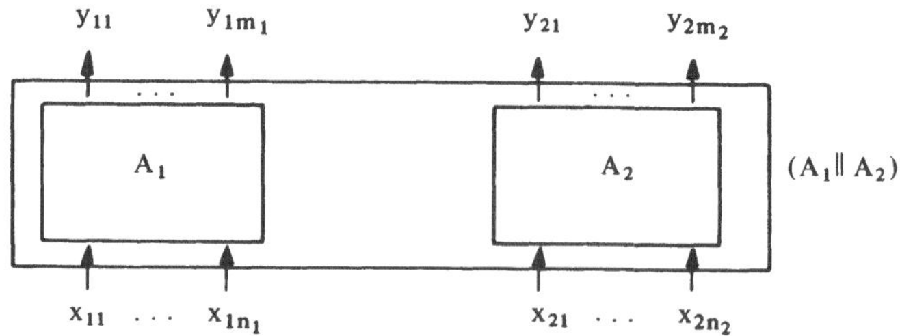

indem man die beiden Automaten A_1 und A_2 zusammen als einen neuen Automaten auffaßt – angedeutet durch den neuen „Kasten" –, mit den $n_1 + n_2$ Eingängen $x_{11}, \ldots, x_{1n_1}, x_{21}, \ldots, x_{2n_2}$ und den $m_1 + m_2$ Ausgängen $y_{11}, \ldots, y_{1m_1}, y_{21}, \ldots, y_{2m_2}$, sowie der Zustandsmenge $Z_1 \times Z_2$. Jeder Eingang des Automaten $(A_1 \parallel A_2)$ gehört entweder zum Teil A_1 oder zum Teil A_2. Die Informationsverarbeitung im Automaten $(A_1 \parallel A_2)$ vollzieht sich also gemäß der für seine Teile A_1 bzw. A_2 definierten Weise. Diese intuitive Vorstellung wird in der folgenden Definition 24.4 präzisiert.

Definition 24.4: Die Parallelschaltung $(A_1 \| A_2)$ zweier Automaten[1)] $A_i = (Z_i, X_i, Y_i, \delta_i, \lambda_i)$, i = 1, 2, ist der Automat

$$(A_1 \| A_2) = (Z_1 \times Z_2, X_1 \cup X_2, Y_1 \cup Y_2, \delta, \lambda) \text{ mit}$$

$$\delta((z_1, z_2), x) = \begin{cases} (\delta_1(z_1, x), z_2) & \text{falls } (z_1, x) \in D_{\delta_1} \\ (z_1, \delta_2(z_2, x)) & \text{falls } (z_2, x) \in D_{\delta_2} \\ \text{nicht definiert} & \text{sonst} \end{cases}$$

$$\lambda((z_1, z_2), x) = \begin{cases} \lambda_1(z_1, x) & \text{falls } (z_1, x) \in D_{\lambda_1} \\ \lambda_2(z_2, x) & \text{falls } (z_2, x) \in D_{\lambda_2} \\ \text{nicht definiert} & \text{sonst} \end{cases}$$

Wir wollen jetzt für einen Automaten $A = (Z, X, Y, \delta, \lambda)$ die Rückkopplung eines Ausgangs y_j an einen Eingang x_i einführen:

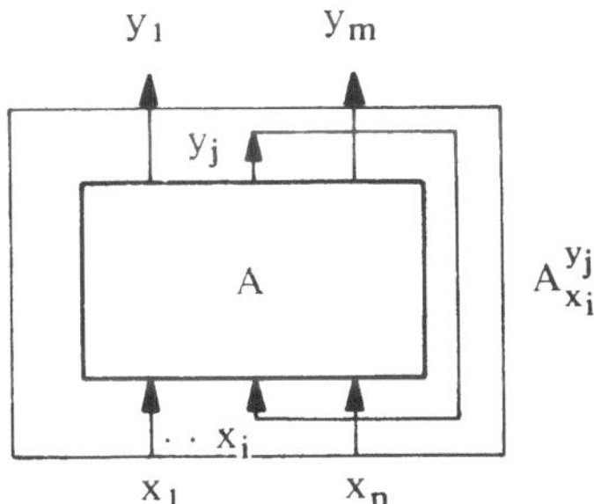

Dieser Automat $A_{x_i}^{y_j}$ hat einen Eingang und einen Ausgang weniger als der Automat A. Er verarbeitet Impulse, die ihn über die verbliebenen Eingänge erreichen, so, wie durch die Zeichnung angedeutet ist: Verläßt ein Impuls, der den Automaten A über einen Eingang in einem bestimmten Zustand erreicht hat, den Automaten A durch den Ausgang y_j, so wird dieser Impuls wieder in den Eingang x_i eingegeben. Dieser Vorgang kann sich wiederholen. Es können schließlich zwei Fälle auftreten: Entweder wird jedesmal der Ausgang y_j erreicht – dann verläßt der Impuls niemals den Automaten $A_{x_i}^{y_j}$, er läuft „unendlich" oft durch die durch x_i und y_j gegebene „Schleife", in diesem Fall sind beim Automaten $A_{x_i}^{y_j}$ die Funktionen δ und λ für das entsprechende Paar aus Eingang und Zustand nicht definiert – oder es wird einmal ein anderer Ausgang des Automaten erreicht – dann ist dieser auch der beim Automaten $A_{x_i}^{y_j}$ erreichte Ausgang und der dabei schließlich angenommene Zustand ist der beim Automaten $A_{x_i}^{y_j}$ erreichte Zustand.

Die bisherige intuitive Vorstellung von der Rückkopplung eines Automaten wird in der folgenden Definition 24.5 präzisiert.

---

1) Es wird vorausgesetzt, daß $X_1 \cap X_2 = \emptyset$ und $Y_1 \cap Y_2 = \emptyset$. Dies läßt sich ggf. durch Umbenennen erreichen.

Definition 24.5: Sei $A = (Z, X, Y, \delta, \lambda)$ ein Automat mit $X = \{x_1, \ldots, x_n\}$, $Y = \{y_1, \ldots, y_m\}$ und $m, n \geqslant 1$. Dann heißt $A_{x_i}^{y_j} := (Z, X - \{x_i\}, Y - \{y_j\}, \delta_i^j, \lambda_i^j)$ der durch *Rückkopplung* des Ausgangs y_j an den Eingang x_i aus A entstandene Automat ($1 \leqslant i \leqslant n$, $1 \leqslant j \leqslant n$). Dabei sind δ_i^j und λ_i^j folgendermaßen definiert

1. Ist für $z \in Z, x \in X - \{x_i\}$ $\delta(z, x)$ und $\lambda(z, x)$ nicht definiert, so ist auch $\delta_i^j(z, x)$ und $\lambda_i^j(z, x)$ nicht definiert.
2. Ist für $z \in Z, x \in X - \{x_i\}$ $\lambda(z, x) \neq y_j$, so gilt

   $$\delta_i^j(z, x) = \delta(z, x), \lambda_i^j(z, x) = \lambda(z, x).$$

3. Ist für $z \in Z, x \in X - \{x_i\}$ $\lambda(z, x) = y_j$ und gibt es eine endliche Folge $z_1, \ldots, z_r$ von Zuständen von A mit $z_1 := \delta(z, x)$ und $z_{\rho+1} := \delta(z_\rho, x_i)$, $1 \leqslant \rho \leqslant r$ und gilt

   $$\lambda(z_\rho, x_i) = y_j \quad \text{für} \quad 1 \leqslant \rho < r \quad \text{und} \quad \lambda(z_r, x_i) \neq y_j,$$

   dann ist $\delta_i^j(z, x) := z_r$ und $\lambda_i^j(z, x) := \lambda(z_r, x)$.
4. In allen anderen Fällen sind δ_i^j, λ_i^j nicht definiert.

Durch den Prozeß der Rückkopplung können also auch dann Automaten entstehen, bei denen Impulse versickern können, wenn der Ausgangsautomat nicht diese Eigenschaft hat. Wir sind deshalb in Definition 24.1 sofort von möglicherweise nicht vollständig definierten *Mealy*-Automaten ausgegangen, indem wir nur gefordert hatten, daß die Abbildungen δ und λ auf einer Teilmenge von $Z \times X$ definiert sein müssen.

Bemerkung: Die Parallelschaltung von drei Automaten A_1, A_2, A_3 in der Form $((A_1 \| A_2) \| A_3)$ bzw. $(A_1 \| (A_2 \| A_3))$ führt offensichtlich auf isomorphe Automaten. Da wir diese nicht unterscheiden wollen, können wir die Klammern weglassen und $A_1 \| A_2 \| A_3$ schreiben und entsprechend auch die bei der graphischen Darstellung der Parallelschaltung entstehenden Kästen weglassen.

Außerdem führt auch die Rückkopplung von zwei Ausgängen je nach der gewählten Reihenfolge auf isomorphe Automaten. Wir können auch hier die zusätzlichen Kästchen weglassen und z. B. für $A_{x_3 x_2}^{y_2 y_4}$ und $A_{x_2 x_3}^{y_4 y_2}$ dieselbe graphische Darstellung wählen:

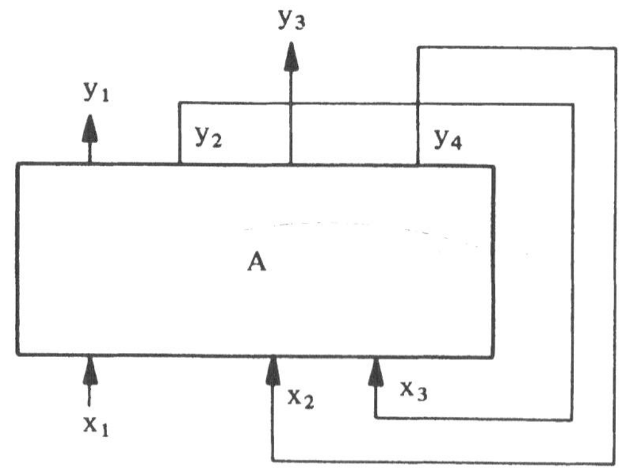

Übung 24.4: Man zeige, daß sich eine *Hintereinanderschaltung* von zwei Automaten

$A_1 = (Z_1, \{x_1, \ldots, x_n\}, \{y_1, \ldots, y_m\}, \delta_1, \lambda_1)$

und

$A_2 = (Z_2, \{x_{n+1}, \ldots, x_{n+r}\}, \{y_{m+1}, \ldots, y_{m+s}\}, \delta_2, \lambda_2)$,

auf Parallelschaltung und Rückkopplung zurückführen läßt, am Beispiel, das durch folgendes Netz symbolisiert ist:

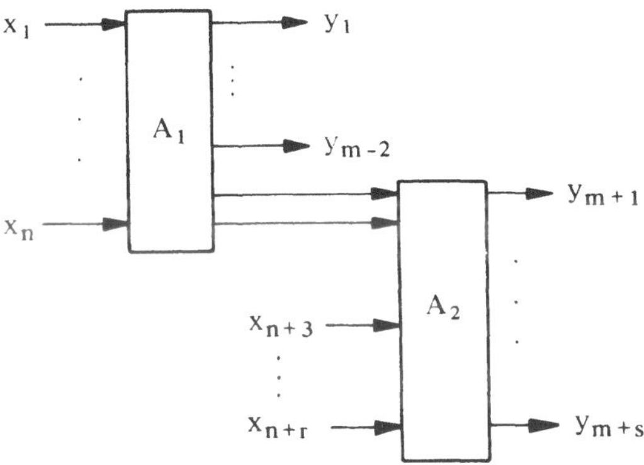

Definition 24.6: Ist M eine Menge von Automaten, so sei $\mathcal{N}$(M) die kleinste Klasse von Automaten, die M enthält und abgeschlossen ist gegen die Prozesse der Parallelschaltung und Rückkopplung. Die Elemente von $\mathcal{N}$(M) heißen *Netze* von Automaten aus M.

Bemerkung: Nach Übung 24.4 ist $\mathcal{N}$(M) auch abgeschlossen gegen Hintereinanderschaltung von Automaten.

Simulation von Automaten durch Automatennetze[1])

Wir wollen jetzt einige Mengen einfacher Automaten daraufhin untersuchen, ob sich durch Netze aus ihnen jeder endliche Automat simulieren läßt. Als erstes untersuchen wir eine Art von Automatennetzen, die sich durch Abstraktion von den Eisenbahnnetzen einer Spielzeugeisenbahn in folgender Weise gewinnen läßt (vgl. [7]).

Dazu betrachten wir das Netz einer Spielzeugeisenbahn, in dem jedes Schienenstück eine Richtung hat und nur ein Zug fährt. Wenn wir zusätzlich annehmen, daß alle Weichen durch den fahrenden Zug mittels Kontaktschienen gesteuert werden, haben wir ein einfaches Automatennetz vor uns. Der einzig vorkommende Automatentyp ist die Weiche. Im Eisenbahnnetz kommt derselbe Baustein in zwei verschiedenen Funktionen vor: Als Verzweigung und als Einmündung von Schienensträngen. Als Verzweigung ist die Weiche ein verstellbarer Automat mit zwei Zuständen „links" und „rechts". Die Kontaktschienen

1) Die Überlegungen dieses Kapitels gehen zurück auf Untersuchungen einer Arbeitsgruppe am Institut für mathematische Logik und Grundlagenforschung der Universität Münster unter Leitung von *D. Rödding.*

zum Umstellen denken wir uns als Teil der Weiche. Dann hat die Weiche drei Eingänge und vier Ausgänge. Wir verwenden folgendes Symbol:

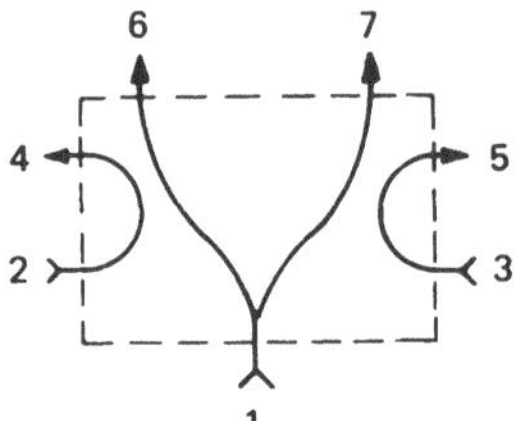

Die Funktionen δ und λ der Weiche $W = (\{l, r\}, \{1, 2, 3\}, \{4, 5, 6\}, \delta, \lambda)$ sind durch folgende Tabelle gegeben

Eingang	Zustand	Ausgang	Zustand
1	l	6	l
1	r	7	r
2	l	4	l
2	r	4	l
3	l	5	r
3	r	5	r

Der Automat Einmündung $E = (\{z\}, \{1, 2\}, \{3\}, \delta, \lambda)$ mit dem Symbol

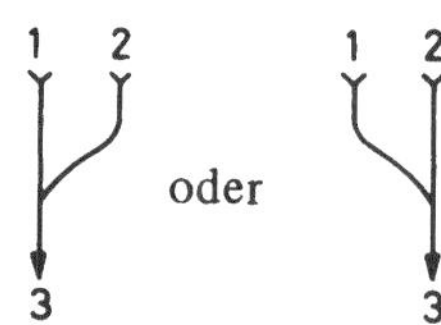

ist durch folgende Tabelle definiert:

Eingang	Ausgang
1	3
2	3

Wir werden beweisen, daß sich zu jedem Automaten mit diesem Eisenbahnbaukasten ein Netz konstruieren läßt, das diesen Automaten im strengen Sinn simuliert. Zunächst werden wir einige Beispiele für die Simulation untersuchen.

In vielen Schaltungen ist ein sogenannter Flip-Flop enthalten. Wir betrachten zunächst einen Flip-Flop $F = (\{l, r\}, \{e\}, \{0, 1\}, \delta, \lambda)$ mit einem Eingang und zwei Ausgängen, die abwechselnd erreicht werden:

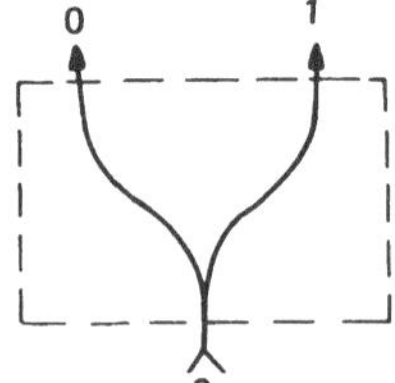

Seine Tabelle lautet:

Eingang	Zustand	Ausgang	Zustand
e	*l*	0	r
e	r	1	*l*

Es läßt sich leicht beweisen, daß ein Flip-Flop durch ein Netz aus Weichen im strengen Sinn simulierbar ist:

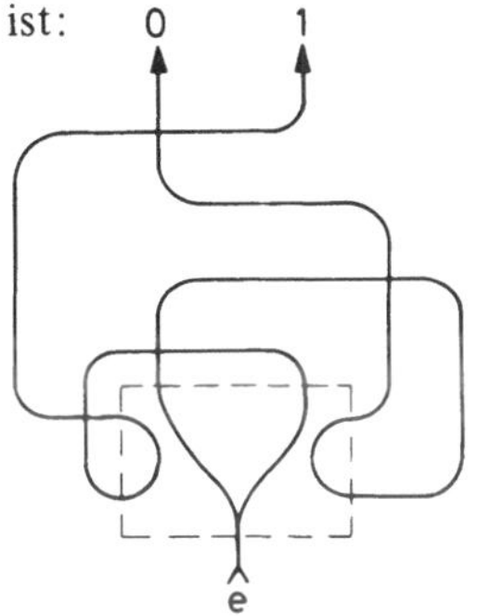

Ein Flip-Flop ist ein Zähler mod 2.

Übung 24.5: Konstruieren Sie ein Netz aus $N(\{F\})$, das einen Zähler mod 2^n darstellt.

Übung 24.6: Es ist ein Netz zu konstruieren, das einen Zähler mod m darstellt, sowohl aus $N(\{W\})$ als auch aus $N(\{F\})$.

Übung 24.7: Konstruieren Sie ein Netz aus $N(\{E, W\})$ mit je einem Ein- und Ausgang, bei dem der Ausgang nie erreicht wird.

Verallgemeinern Sie anschließend diese Lösung möglichst einfach auf beliebig viele Eingänge und dann auch auf mehrere Ausgänge. Ein solches „dynamisches Labyrinth" kann man sich als offenes und dennoch sicheres Gefängnis vorstellen: Die Ausgänge sind zwar offen, aber nie erreichbar.

Übung 24.8: Man konstruiere ein „dynamisches Labyrinth" aus $N(\{E, W, F\})$ mit drei Eingängen E_1, E_2, E_3 und zwei Ausgängen A_1, A_2 mit folgender Eigenschaft: Bei Eingang E_1 soll Ausgang A_1 immer erreicht werden, bei Eingang E_2 soll Ausgang A_2 je nach Zustand der Automaten erreicht werden oder nicht, bei Eingang E_3 soll nie ein Ausgang erreicht werden.

Übung 24.9: Konstruieren Sie ein Netz aus $N(\{W\})$, das eine Doppelweiche im strengen Sinn simuliert, die durch folgende Tabelle definiert ist:

Eingang	Zustand	Ausgang	Zustand
1	*l*	6	*l*
2	*l*	8	*l*
1	r	7	r
2	r	9	r
3	*l*	5	*l*
3	r	5	*l*
4	*l*	10	r
4	r	10	r

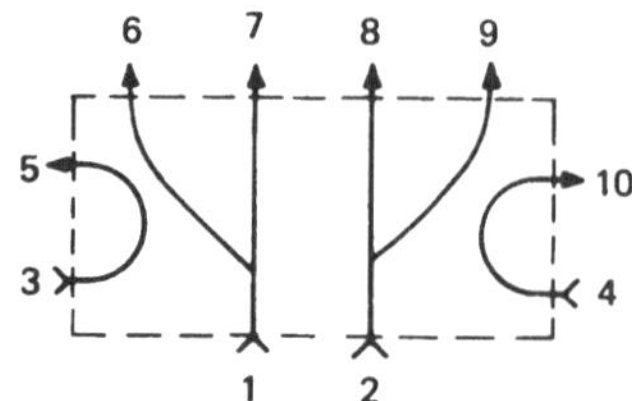

Wie hier für n = 2 sind analog n-fach Weichen definiert.

Übung 24.10: Konstruieren Sie ein Netz, das den auf Seite 112 beschriebenen Warenverkaufsautomaten im schwachen Sinn simuliert.

Übung 24.11: Es ist das Netz aus Übung 24.10 zu einem Netz zu ergänzen, das den Automaten im strengen Sinn simuliert.

Satz 24.1: *Ottmann* Jeder endliche Automat läßt sich durch ein Netz aus $\mathcal{N}(\{E, W\})$ im strengen Sinn simulieren.

Beweis: Sei $A = (Z, X, Y, \delta, \lambda)$ ein endlicher Automat mit $|Z| = r$, $|X| = n$. Wir konstruieren das gesuchte Netz aus zwei Teilnetzen: einem Zustandsspeicher und einem Hilfsspeicher.

Im *Zustandsspeicher,* der aus r − 1 n-fach Weichen besteht, werden die Zustände $\tilde{z}_1, \dots, \tilde{z}_r$ gespeichert, die den Zuständen z_i des zu simulierenden Automaten entsprechen. Diese Zustände können über r Eingänge $z'_1, \dots, z'_r$ eingestellt werden. Entsprechend den n Eingängen des zu simulierenden Automaten hat der Zustandsspeicher weitere Eingänge $\overline{x}_1, \dots, \overline{x}_n$, zu denen $r \cdot n$ Ausgänge $(1, 1), \dots, (r, n)$ entsprechend den $n \cdot r$ Paaren (z_i, x_j) gehören. In einem *Hilfsspeicher,* der aus je einer Weiche und Flip-Flop aufgebaut ist für jedes Paar $(z_i, x_j) \in Z \times X$, für das der Automat A definiert ist, können über Eingänge $(1, 1), \dots, (r, n)$ Zustände z''_{ij} eingestellt werden. Wenn der Hilfsspeicher im Zustand z''_{ij} ist, wird bei Benutzen des Testeingangs • der Ausgang $y_{i,j}$ erreicht. (Für diejenigen Indizes (i, j), für die $(z_i, x_j) \notin D_\delta$, fehlen also im Hilfsspeicher die Zustände, Eingänge und Ausgänge mit diesen Indizes!)
Der Zustandsspeicher ist im Zustand $\tilde{z}_i$, wenn bis auf die i-te alle n-fach Weichen auf rechts stehen $(1 \leqslant i < r)$ und im Zustand $\tilde{z}_r$, wenn alle n-fach Weichen auf rechts stehen. Der Hilfsspeicher ist im Zustand $z''_{i,j}$, wenn bis auf die (i, j)-te alle Weichen auf rechts stehen und alle Flip-Flop auf links stehen.

Für die angestrebte strenge Simulation ist es vorteilhaft, wenn der Hilfsspeicher vor und nach der Simulation in einem festen Zustand z''_0 steht. Dieser soll vorliegen, wenn alle Weichen auf rechts stehen und alle Flip-Flop auf links.

Diese beiden Speicher werden nun folgendermaßen zu einem Netz verschaltet: Man verbindet den Ausgang • des Zustandsspeichers mit dem Eingang • des Hilfsspeichers und jeden Ausgang (i, j) des Zustandsspeichers mit dem Eingang (i, j) des Hilfsspeichers sowie den Ausgang Δ des Hilfsspeichers mit dem Eingang z_r' des Zustandsspeichers.

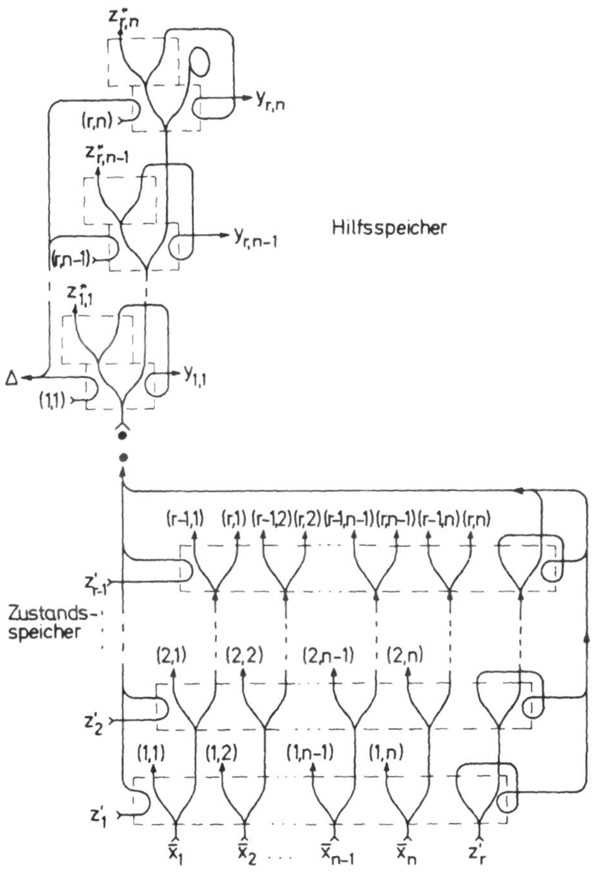

Entsprechend der Automatentabelle des zu simulierenden Automaten wird dann noch folgende Verschaltung vorgenommen: Jeweils diejenigen Ausgänge $z_{i,j}^*$ des Hilfsspeichers werden mit demjenigen Eingang z_k' des Zustandsspeichers verbunden, für die die entsprechende Gleichung $\delta(z_i, x_j) = z_k$ erfüllt ist. Entsprechend werden diejenigen Ausgänge $y_{i,j}$ des Hilfsspeichers zusammengeführt, für die $\lambda(z_i, x_j)$ denselben Wert hat. Der so entstehende Ausgang wird $\overline{y}_k$ genannt, falls $y_k := \lambda(z_i, x_j)$.

Für diejenigen Paare (z_i, x_j), für die der Automat A nicht definiert ist, werden die Ausgänge (i, j) des Zustandsspeichers mit dem Eingang ● des Hilfsspeichers verbunden.

Das Gesamtnetz hat den Zustand $\overline{z}_i$, wenn der Zustandsspeicher im Zustand $\tilde{z}_i$ und der Hilfsspeicher im Zustand z_0'' ist.

Dem Übergang $\delta(z_i, x_j)$ und $\lambda(z_i, x_j)$ im Automaten A entspricht dann folgender Ablauf im simulierenden Netz: Bei Benutzen des Eingangs $\bar{x}_j$ im Zustand $\bar{z}_i$ wird im Zustandsspeicher zunächst Ausgang (i, j) erreicht, dann wird im Hilfsspeicher die Information (i, j) durch Benutzen des Eingangs (i, j) gespeichert und anschließend der Zustandsspeicher über den Eingang z_r' „gelöscht". Danach wird im Hilfsspeicher über den Eingang ● die Information (i, j) abgefragt und dieser über den Ausgang $z_{i,j}^*$ wieder verlassen. Dabei springt der vorgeschaltete Flip-Flop um. Jetzt wird im Zustandsspeicher der neue Zustand $\bar{z}_k$ mit $z_k := \delta(z_i, x_j)$ eingestellt, d.h. es wird genau die k-te n-fach Weiche verstellt (falls $k < r$, für $k = r$ läuft der Impuls durch). Anschließend wird im Hilfsspeicher über den Eingang ● die Information (i, j) nochmals abgefragt – der entsprechende Flip-Flop springt wieder zurück – und der entsprechende Ausgang $y_{i,j}$ des Hilfsspeichers erreicht, der schließlich zum Ausgang $\bar{y}_k$ führt mit $y_k := \lambda(z_i, x_j)$.

Übung 24.12: Konstruieren Sie ein Netz zur Simulation des auf Seite 112 beschriebenen Warenverkaufsautomaten nach dem Muster des Beweises Satz 24.1.

Bemerkung: Ein Vergleich der beiden Netze von Übung 24.11 und 24.12 zeigt, daß sich in Spezialfällen einfachere Netze zur Simulation von Automaten angeben lassen als das im Beweis des Satzes 24.1 für den allgemeinen Fall konstruierte.

In [23] beweist *Ottmann,* daß sich eine Weiche nicht durch ein Netz aus $\mathcal{N}(\{E, F\})$ simulieren läßt. Wir werden im folgenden aber noch zwei etwas leistungsfähigere Flip-Flop-Bausteine D und U untersuchen.

Der Baustein D ist durch folgende Tabelle gegeben:

Eingang	Zustand	Ausgang	Zustand
1	*l*	3	*l*
1	r	4	r
2	*l*	4	r
2	r	4	*l*

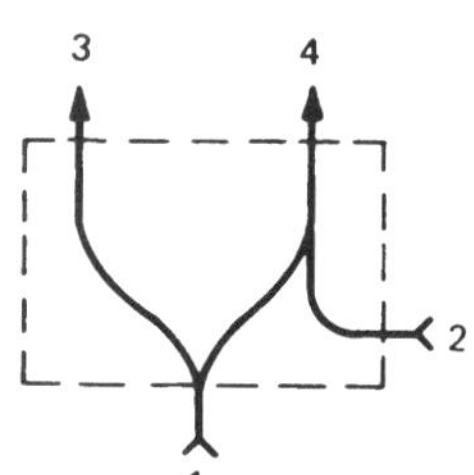

Außerdem untersuchen wir noch folgenden Umschalter U:

Eingang	Zustand	Ausgang	Zustand
1	*l*	3	*l*
1	r	4	r
2	*l*	5	r
2	r	5	*l*

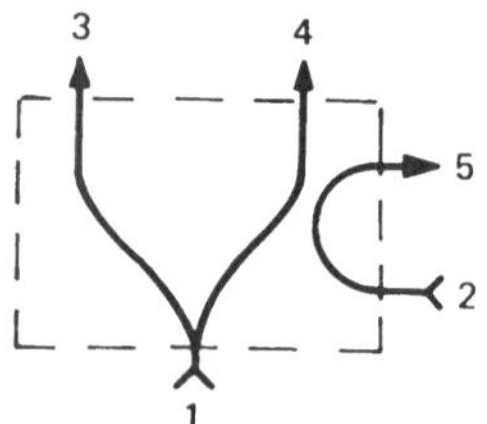

Satz 24.2: Die „Baukästen" {E, U}, {E, F, D} und {E, W} sind zur Konstruktion von Netzwerken äquivalent.

Beweis: 1. Der Automat U läßt sich durch folgendes Netz aus $N(\{E, F, D\})$ im strengen Sinn simulieren.

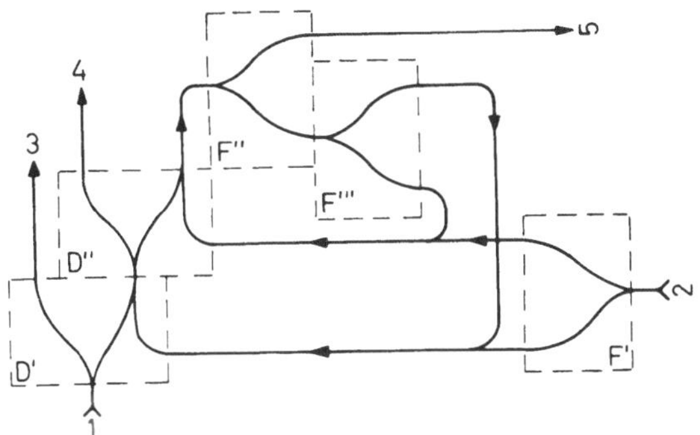

Dieses Netz ist im Zustand l, wenn die Automaten F′ und D′ im Zustand l und die Automaten F″, F‴ und D″ im Zustand r sind.

Es ist im Zustand r, wenn die Automaten F′, D′, F″ im Zustand r und die Automaten D″ und F‴ im Zustand l sind.

Der Umschaltvorgang bei Benutzung des Eingangs 2 ist aus der folgenden Tabelle ersichtlich.

Netz		F′		F″			F‴		D′		D″	
alt	neu	alt	neu	alt	zw	neu	alt	neu	alt	neu	alt	neu
l	r	*l*	r	r	*l*	r	r	*l*	*l*	r	r	*l*
r	*l*	r	*l*	r	*l*	r	*l*	r	r	*l*	*l*	r

2. Die Simulation von F durch ein Netz aus einer Weiche ist schon gezeigt worden. D wird durch folgendes Netz aus $N(\{E, W\})$ im strengen Sinn simuliert:

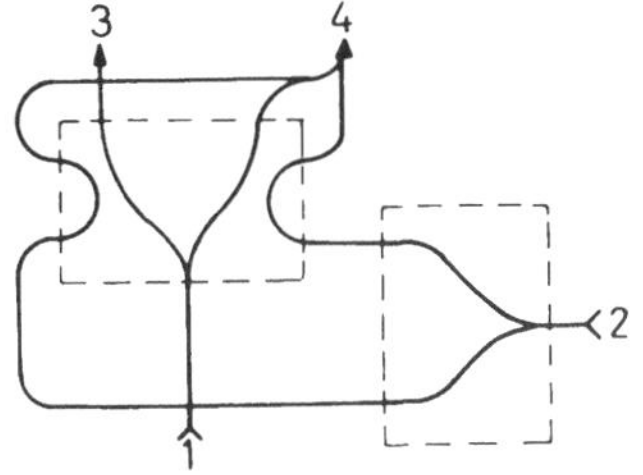

Zustände:

Netz	W	F
l	*l*	r
r	r	*l*

3. Die Weiche wird durch folgendes Netz aus $N(\{E, U\})$ im strengen Sinn simuliert:

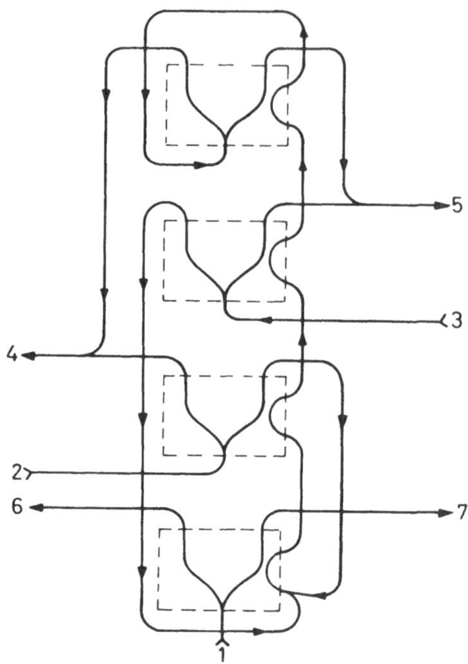

Das Netz ist im Zustand l bzw. r, wenn alle Bausteine U im Zustand l bzw. r sind.

Übung 24.13: Zeigen Sie, daß der Automat U durch ein Netz aus $N(\{E, W\})$ simulierbar ist. *Hinweis:* Benutzen Sie eine Doppelweiche.

Rechennetze

Es sollen jetzt Netze konstruiert werden, mit denen sich jede rekursive Funktion berechnen läßt. Dabei werden Zahlen (Argumente und Funktionswerte) als Zustände spezieller Automaten dargestellt. Zu diesem Zweck führen wir einen weiteren „Automaten" ein, der Zähler genannt wird. Mit diesem Zähler verlassen wir unser Konzept der Netze *endlicher* Automaten.

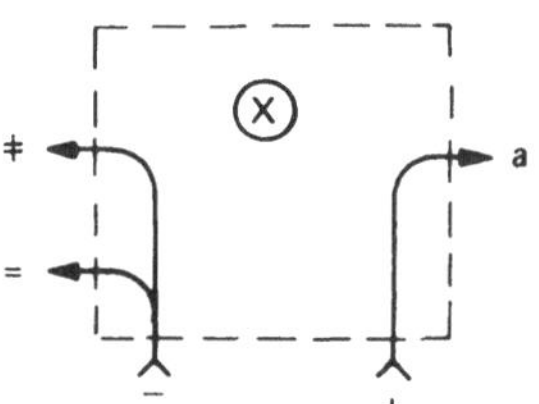

Eingang	Zustand	Ausgang	Zustand	
+	x	a	x + 1	für $x \geq 0$
−	x	≠	x − 1	für $x > 0$
−	0	=	0	

Die Menge der Zustände ist $\mathbb{N}$.

Übung 24.14: Konstruiere mit Hilfe von Doppelweichen einen *endlichen* Zähler am Beispiel $Z = \{0, 1, 2, 3\}$. Dabei soll $\delta(3, +)$ nicht definiert sein.

Wir werden im folgenden zeigen, daß sich jede programmierte Registermaschine durch ein Netz aus Einmündungen, Weichen und Zählern simulieren läßt. Die Zähler entsprechen dabei den Registern und das Programm wird durch ein geeignetes Netz *endlicher* Automaten dargestellt. Zunächst sollen aber Rechennetze für Addition, Substraktion, Multiplikation und Division konstruiert werden.

Addition:

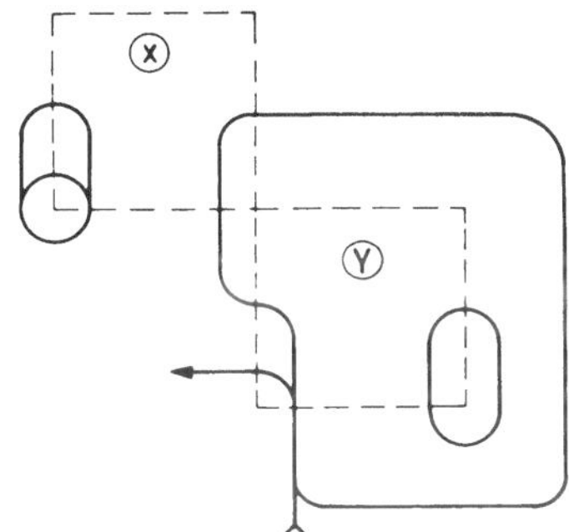

Nach dem Durchfahren des Netzes steht im Zähler X die Summe der Zahlen, die zu Beginn in den Zählern X und Y gestanden haben, in Zähler Y steht 0.

Übung 24.15: Konstruieren Sie ein Netz mit einem Eingang und zwei Ausgängen zur Berechnung der Subtraktion.

Übung 24.16: Man konstruiere ein Netz mit zwei Eingängen und zwei Ausgängen zur wahlweisen Berechnung von Addition und Subtraktion.

Wir wollen jetzt noch Netze für Multiplikation und Division konstruieren. Analog der Verwendung von Unterprogrammen bei RM denken wir uns zunächst einen neuen Baustein, der addieren und subtrahieren kann:

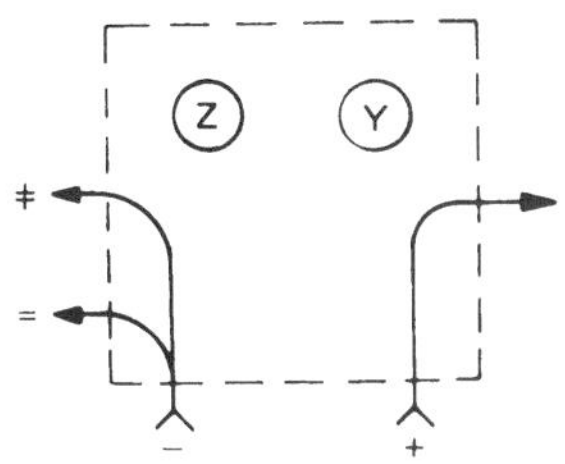

Eingang	Zustand	Ausgang	Zustand	
+	(z, y)	a	(z + y, y)	$z, y \geq 0$
−	(z, y)	≠	(z − y, y)	falls $z \geq y \wedge z \neq 0$
−	(z, y)	=	(0, y)	sonst

Übung 24.17: Konstruieren Sie mit diesem neuen Baustein und einem Zähler ein Netz zur wahlweisen Berechnung von Multiplikation und Division.

Übung 24.18: Konstruieren Sie ein Netz aus drei Zählern sowie Weichen und Einmündungen, mit dem sich obiger Baustein simulieren läßt.

Bemerkung: Eine reale Rechenmaschine für die vier Grundrechenarten hat eine begrenzte (endliche) Speicherkapazität. In Übung 24.14 ist gezeigt worden, daß sich Zähler endlicher Kapazität durch ein Netz aus $\mathcal{N}(\{E, W\})$ simulieren lassen. Zusammen mit den Übungen 24.16 bis 14.18 ist deshalb bewiesen, daß sich eine solche reale Rechenmaschine als ein Netz einer Spielzeugeisenbahn konstruieren läßt. Dabei hängt die Anzahl der benötigten Weichen linear von der gewünschten Speicherkapazität ab.

Satz 24.3: Jede programmierte 2 RM läßt sich durch ein Netz aus 2 Zählern sowie Weichen und Einmündungen simulieren.

Beweis: Gegeben sei ein Programm für eine 2 RM in der Form einer Programmtafel mit n + 1 Zeilen (vgl. Kap. 17, 22). Um ein möglichst übersichtliches Netz zu erhalten nehmen wir an, daß die nullte Zeile die Stoppzeile ist und sich alle die Programmzeilen mit Subtraktionsbefehlen, bei denen die Abhängigkeit vom Nulltest zwei verschiedene Programmzeilen aufgerufen werden, daran anschließen. Es gebe r solcher Zeilen.

Wir benötigen einen Programmschalter mit n + 1 Zuständen, die über einen Testeingang über n + 1 Ausgängen abgefragt werden können. Es ist zweckmäßig, zum Einstellen dieser Zustände zweimal n Stelleingänge vorzusehen, die eine Gruppe für die Fälle, in denen die neue Zustandsnummer größer ist als die alte, die andere Gruppe für die übrigen Fälle.

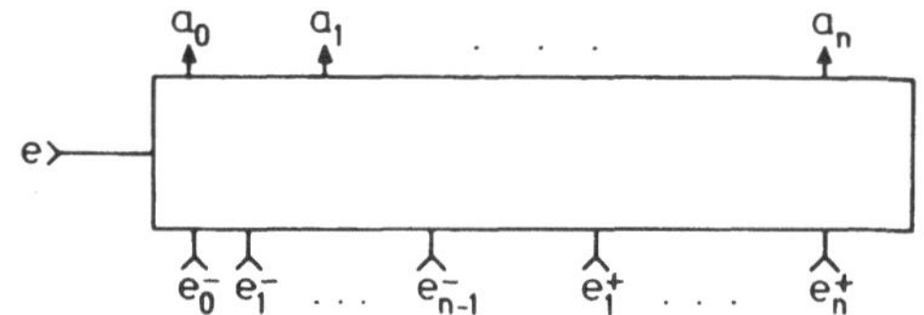

Eingang	Zustand	Ausgang	Zustand	
e	j	a_j	j	
e_i^+	j	a_i	i	falls $i \geq j$, $1 \leq i \leq r$
e_i^-	j	a_i	i	falls $i \leq j$, $0 \leq i < r$

Der Rest der Tafel kann beliebig festgelegt werden.

Diese Fallunterscheidung erleichtert die Konstruktion:

Beispiel für n = 4:

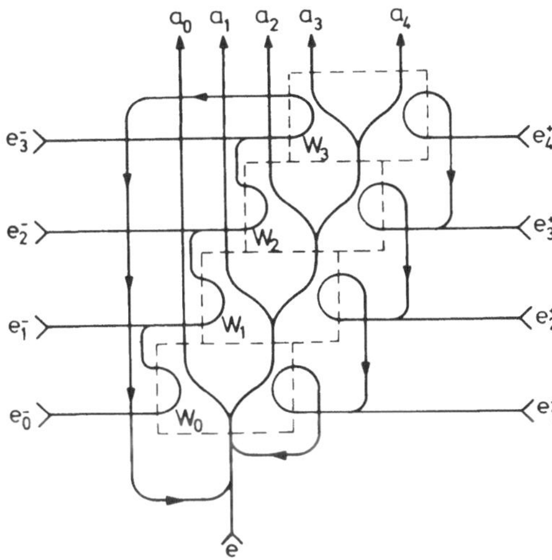

Dieser Programmschalter ist im Zustand i, wenn alle Weichen W_j mit $j < i$ im Zustand r und alle Weichen W_j mit $j \geqslant i$ im Zustand l sind.

Neben diesem Programmschalter, hinter dessen Ausgänge (bis auf a_0) jeweils ein Flip-Flop geschaltet wird, benötigen wir noch eine r-fach Weiche. Damit speichern wir das Ergebnis des Nulltests der beiden Zähler[1]). Aus diesen Bausteinen und genügend vielen Einmündungen wird dann folgendermaßen das Programmnetz konstruiert:

Die linken Ausgänge b_i $(1 \leqslant i \leqslant n)$ der Flip-Flop werden entsprechend der Programmtafel der RM zu vier Ausgängen $+_1, +_2; -_1, -_2$ zusammengefaßt. Diese werden mit den entsprechenden Eingängen der beiden Zähler verbunden.

Die beiden Nullausgänge der Zähler werden mit dem einen Stelleingang der r-fach Weiche verbunden und alle vier anderen Ausgänge der beiden Zähler mit dem anderen Stelleingang der r-fach Weiche. Die beiden Stellausgänge werden dann mit dem Testeingang des Programmschalters verbunden.

Die rechten Ausgänge der ersten r Flip-Flop werden mit jeweils einem Testeingang der r-fach Weiche verbunden. Es bleiben dann folgende Ausgänge:

a_0 als Ausgang des Gesamtnetzes, $2 \cdot r$ Ausgänge $a_1', a_1'', \ldots, a_r', a_r''$ an der r-fach Weiche und $n - r$ rechte Ausgänge $a_{r+1}', \ldots, a_n'$ an den übrigen Flip-Flop. Diese Ausgänge (außer a_0) werden nun gemäß der Programmtafel der RM mit den Stelleingängen $e_0^-, \ldots, e_{n-1}^-, e_1^+, \ldots, e_n^+$ verbunden, um im Programmschalter den neuen Zustand einzustellen, der der als nächstes aufgerufenen Programmzeile entspricht.

---

1) Der Additionsbefehl wird dabei behandelt wie ein Nulltest mit dem Ergebnis $\neq 0$.

Der Rechnung der 2 RM entspricht dann folgender Ablauf im Netz:
Zu Beginn der Rechnung befinden sich alle Flip-Flop und die r-fach Weiche im Zustand *l*, der Programmschalter im Zustand i_0, wenn die als erste aufgerufene Programmzeile die Nummer i_0 hat. Über den Eingang des Netzes wird über den Programmschalter der linke Ausgang b_{i_0} des i_0-ten Flip-Flop erreicht und von dort der passende Zähler im entsprechenden Eingang, anschließend wird in der r-fach Weiche das Ergebnis des Nulltests gespeichert. Dann wird im Programmschalter nochmals die Nummer der gerade bearbeiteten Programmzeile abgefragt und Ausgang a'_{i_0} bzw. a''_{i_0} erreicht und von dort im Programmschalter der neue Zustand j eingestellt. Man erreicht den linken Ausgang b_j des j-ten Flip-Flop und fährt wieder durch das Netz gemäß der Programmzeile j. Insgesamt fährt man in dieser Weise so lange durch das Netz, bis man den Ausgang a_0 des Netzes erreicht.

Dann gilt: Die RM stoppt, angesetzt auf x_1, x_2, genau dann, falls bei dem so konstruierten Netz mit den Zählerinhalten x_1, x_2 nach Benutzen des Eingangs der Ausgang erreicht wird. Die RM stoppt, angesetzt auf x_1, x_2, genau dann auf y_1, y_2, falls bei dem so konstruierten Netz bei Zählerinhalten x_1, x_2 nach Erreichen des Ausgangs in den beiden Zählern die Zahlen y_1 bzw. y_2 stehen.

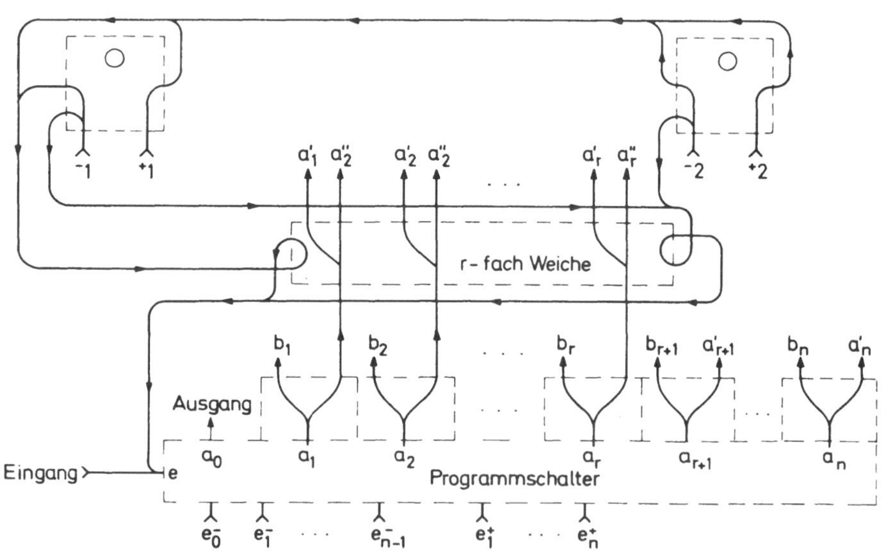

Übung 24.19: Schreiben Sie folgendes Programm $A_1({}_1S_1A_2A_2)S_2$ als Programmtafel und konstruieren Sie dazu ein Netz gemäß des obigen Beweisgedankens.

Bemerkung: Der Beweis dieses Satzes zeigt, daß sich eine programmierte Registermaschine durch ein Netz simulieren läßt, welches aus zwei Teilen besteht: dem Programm entspricht ein *endlicher* Automat (im obigen Fall als „Eisenbahnnetz" aus

$N(\{E, W\})$ konstruiert) und den n Registern ein Netz aus ebensovielen Zählern. Diese beiden Teile, Programmnetz und Zählernetz, sind über einen Leitungskanal aus $2n + 2$ Leitungen miteinander verbunden:

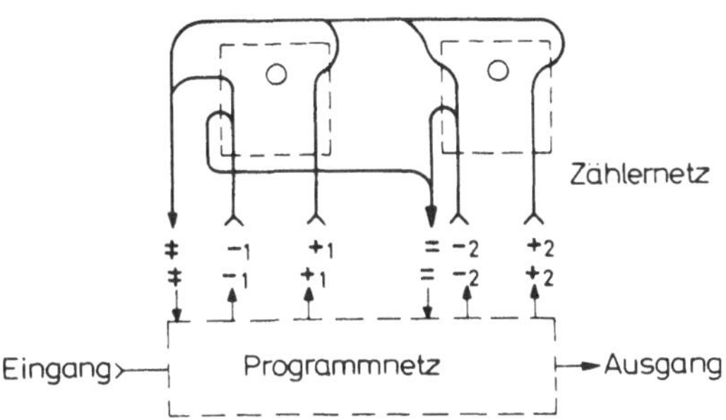

Nimmt man ein Programm für eine universelle Funktion (nach Satz 12.1) und konstruiert dazu ein Netz gemäß Satz 24.3, so hat man eine automatentheoretische Realisierung einer universellen Registermaschine. Nach Übung 24.14 kann man endliche Zähler als Netze aus $N(\{E, W\})$ konstruieren. Also läßt sich jeder Computer prinzipiell als ein Eisenbahnnetz konstruieren.

Übung 24.20: Zeigen Sie folgende Umkehrung des Satzes 24.3:

Gegeben sei ein Zählernetz mit n Zählern, den Eingängen $+_1, \dots, +_n, -_1, \dots, -_n$ und den Ausgängen $\neq$, = sowie ein endlicher Automat $A = (\{z_0, \dots, z_r\}, \{e, \neq, =\}, \{s, +_1, \dots, +_n, -_1, \dots, -_n\}, \delta, \lambda)$. Dann simuliert die Hintereinanderschaltung von Zählernetz und Automat A (bei der gleichbenannte Eingänge und Ausgänge verbunden werden) eine n-Registermaschine.

Übung 24.21: Unter dem Labyrinthproblem für eine Klasse von Automatennetzen soll folgende Frage verstanden werden: Gibt es einen Algorithmus, um zu einem beliebigen Netz dieser Klasse zu entscheiden, ob für einen beliebigen Zustand dieses Netzes ein eingegebener Impuls das Netz jemals verläßt oder nicht.

Zeigen Sie, daß das Labyrinthproblem für Netze, die neben Einmündungen und Weichen mindestens zwei („unendliche") Zähler enthalten, unentscheidbar ist.

Übung 24.22: Zeigen Sie unter Benutzung von Satz 20.3 und Übung 17.3, daß eine RM mit n-Registern, von denen nur *eines* eine unbegrenzte Kapazität hat, ein entscheidbares Stop-Problem besitzt.

Lösung der Übungsaufgaben

Übung 1.1:

Induktionsanfang:
In den Bausteinen kommt ● überhaupt nicht vor.

Induktionsschritt:
Es sind 26 Fälle zu untersuchen. Wir führen exemplarisch den folgenden aus:

Seien die Worte $W_1 a$ und aW_2 mit B III konstruiert, und stehen in ihnen niemals zwei Buchstaben ● nebeneinander. Nach der zuvor bewiesenen Aussage über mit B III konstruierbare Worte sind die letzten bzw. die ersten beiden Buchstaben von $W_1 a$ bzw. aW_2 nicht der Buchstabe ●. Also endet W_1 nicht auf ●, und W_2 beginnt nicht mit ●. Da wir vorausgesetzt haben, daß in $W_1 a$ und aW_2 nicht zwei Buchstaben ● nebeneinanderstehen, gilt dies auch für $W_1 \cdot W_2$.

Übung 1.2:

Induktionsanfang:
Es ist nichts zu beweisen.

Induktionsschritt:
Hier sind entsprechend den 26 Regeln 26 Fälle zu beweisen. Wir beschränken uns auf den Fall, daß aus $W_1 a$ und aW_2 das Wort W_1 ● W_2 konstruiert wird.

Das Wort W_1 beginne mit x, das Wort W_2 ende auf y. Dann hat nach Induktionsvoraussetzung das Wort $W_1 a$ die Gestalt $x\underline{W_1'}a$, das Wort aW_2 die Gestalt $a\underline{W_2'}y$. Durch Regelanwendung wird daraus $x\underline{W_1'}$ ● $\underline{W_2'}y$. Dieses Wort läßt sich auch schreiben als $x\underline{W_1' W_2'}y$, hat also die geforderte Gestalt.

Übung 1.3:

Induktionsanfang:
Hier gibt es 26^3 Fälle. Wir behandeln exemplarisch das Wort abc. abc ist Baustein in B III und hat die gesuchte Gestalt.

Induktionsschritt:
Hier gibt es 26 Fälle. Wir nehmen an, daß es zum Wort $a_1 Wa_n$ mit mindestens drei Buchstaben das Wort $a_1 \underline{W}a_n$ gibt. Wir zeigen exemplarisch, wie dann zum Wort $a_1 Wa_n z$ das gesuchte Wort mit B III konstruiert wird:

Aus $a_1 \underline{W}a_n$ und dem Baustein $a_n a_n z$ wird durch Regelanwendung das gesuchte Wort $a_1 \underline{W}$ ● $a_n z$, das sich auch als $a_1 \underline{Wa_n} z$ schreiben läßt.

Übung 1.4:

Da wir die Gleichwertigkeit von B I und B II nur für Worte mit mindestens zwei Buchstaben behauptet haben, beginnt diesmal der Induktionsanfang mit allen Worten, die aus zwei Buchstaben bestehen. Da diese in B I konstruierbaren Worte die Bausteine von B II sind, ist die Behauptung im Induktionsanfang schon erwiesen.

Induktionsschritt:
Wir nehmen an, daß das Wort W, das mit B I konstruierbar ist, auch mit B II konstruiert werden kann. Dann ist dies für die 26 Fälle Wa, . . . , Wz zu beweisen.

Wir beschränken uns hier auf den Fall Wa. x sei der letzte Buchstabe von W. Das Wort xa ist ein Baustein von B II. Auf das Wort W (das ja nach Annahme auf x enden soll) und das Wort xa wenden wir die Konstruktionsregel aus B II an und erhalten das Wort Wa.

Übung 1.5:

Induktionsanfang:

Hier sind 26^3 Fälle zu beweisen. Wir behandeln als Beispiel den Baustein abc. Dieser ist in B V aus den beiden Bausteinen ab und bc durch eine Regelanwendung konstruierbar.

Induktionsschritt:

Hier sind 26 Fälle zu beweisen. Wir behandeln nur einen als Beispiel:

Ist $W_1 \bullet W_2$ aus W_1a und aW_2 durch Regelanwendung in B III entstanden und sind W_1a und aW_2 auch in B V konstruierbar, so bilde man zunächst W_1aW_2 in B V und dann daraus $W_1 \bullet W_2$.

Übung 1.6:

Beweis durch Induktion:

Induktionsanfang:

Es sind 26^3 Fälle zu beweisen. Wir nehmen als Beispiel das Wort zyx. Dieses läßt sich in B VI aus den beiden Worten zy und yx konstruieren.

Induktionsschritt:

Von den 26 zu untersuchenden Fällen wollen wir exemplarisch nur den folgenden behandeln:

Wir nehmen an, daß die in B III konstruierbaren Worte W_1a und aW_2 auch in B VI konstruierbar sind. Dann läßt sich das Wort $W_1 \bullet W_2$ wie folgt in B VI konstruieren:

Aus W_1a und a$\bullet$ konstruiere man $W_1 \bullet$.

Aus $\bullet$a und aW_2 konstruiere man $\bullet W_2$.

Dann ergibt sich aus $W_1 \bullet$ und $\bullet W_2$ das Wort $W_1 \bullet W_2$.

Übung 6.1:

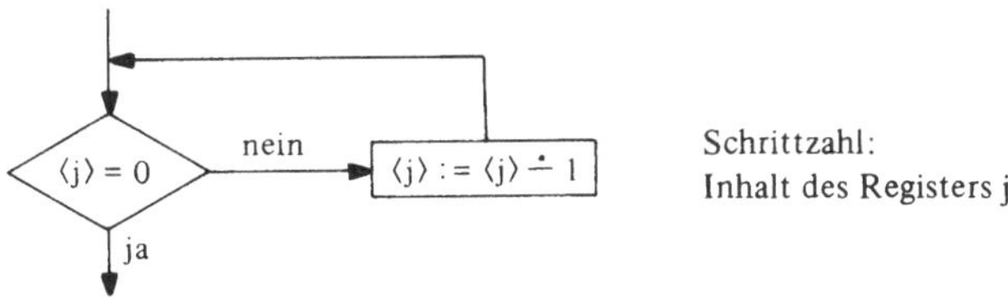

Übung 6.2:
Addition:

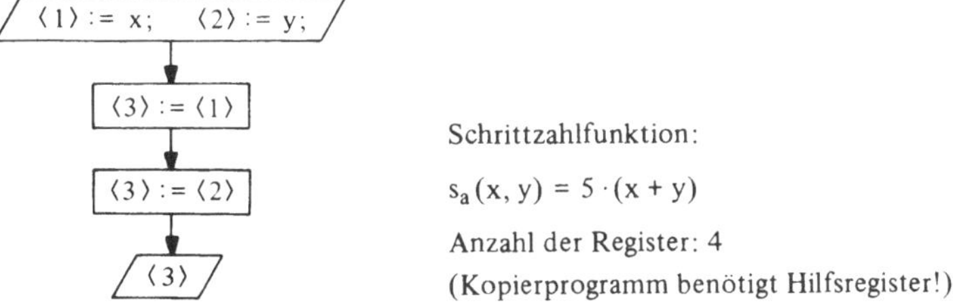

Subtraktion:

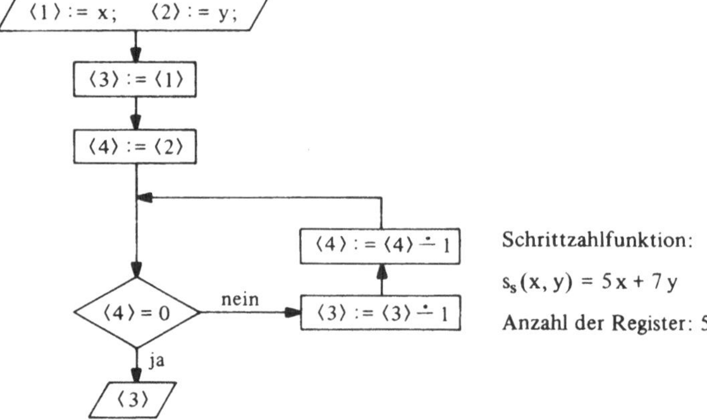

Schrittzahlfunktion:

$s_s(x, y) = 5x + 7y$

Anzahl der Register: 5

Multiplikation:

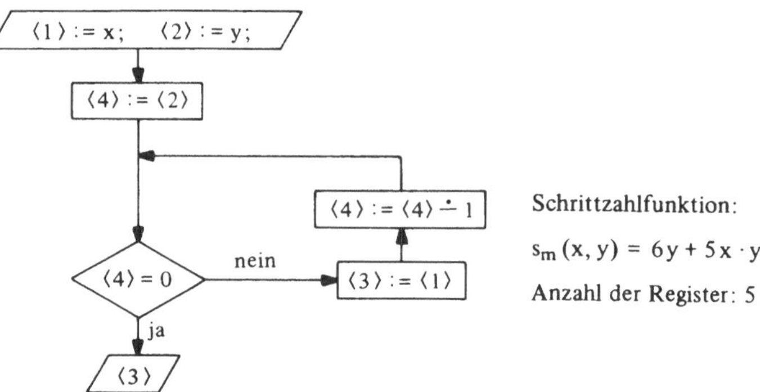

Schrittzahlfunktion:

$s_m(x, y) = 6y + 5x \cdot y$

Anzahl der Register: 5

Übung 6.3:

Addition: siehe Übung 5.2

Subtraktion:

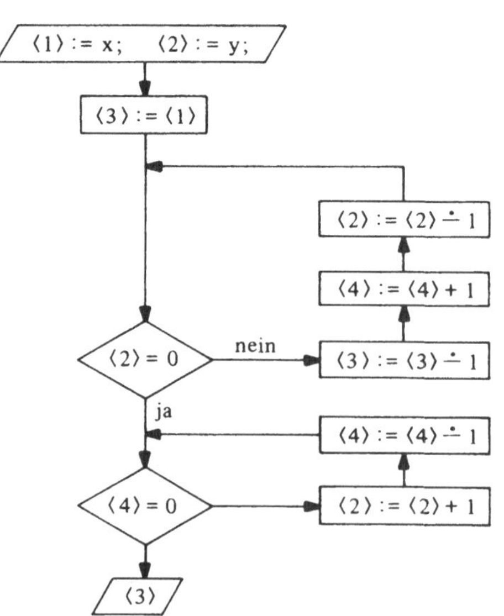

Schrittzahlfunktion:

$s_s(x, y) = 5x + 5y$

Anzahl der Register: 4

Multiplikation:

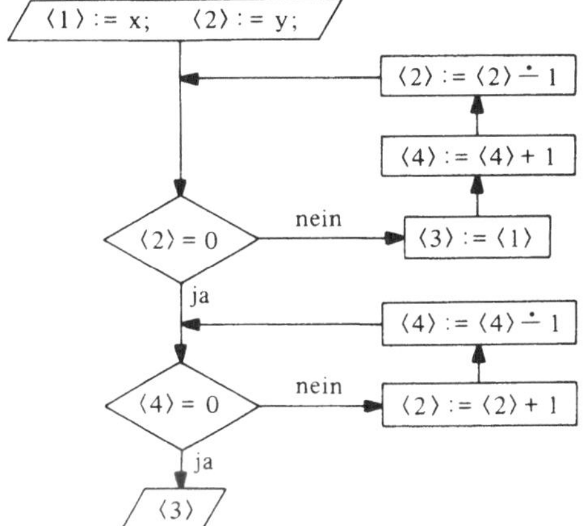

Schrittzahlfunktion

$s_m(x, y) = 4y + 5xy$

Anzahl der Register: 5

Übung 6.4:

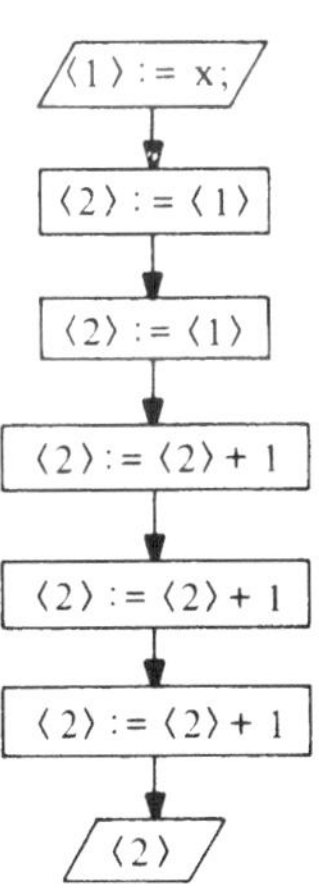

Übung 6.5:

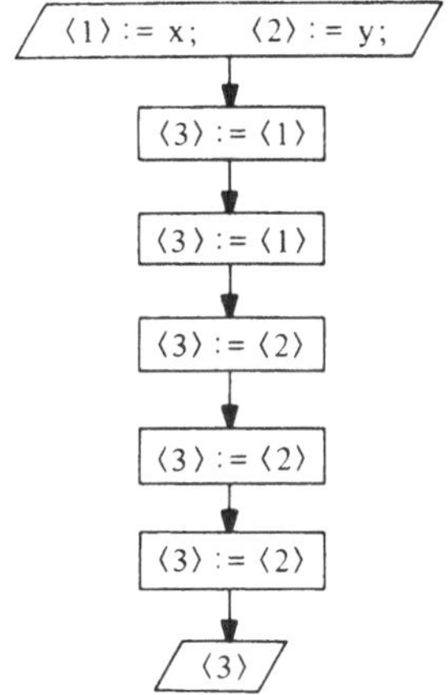

Schrittzahlfunktion:

$s_f(x, y) = 10x + 15y$

Übung 6.6:

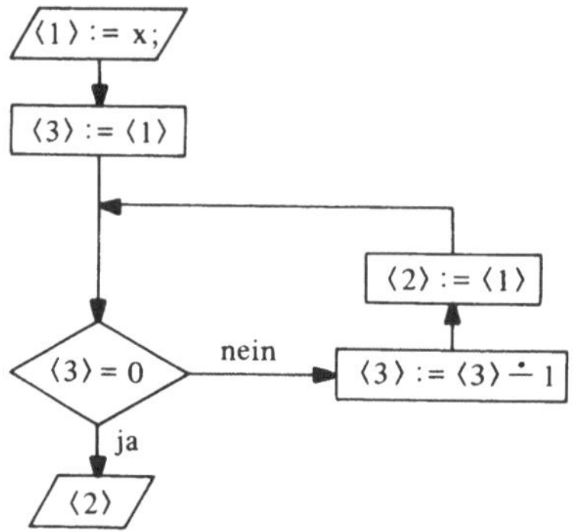

⟨2⟩	⟨3⟩	⟨4⟩
0	0	0
0	x	x
0	x	0
x	$x \dot{-} 1$	x
x	$x \dot{-} 1$	0
x + x	$x \dot{-} 2$	x
x + x	$x \dot{-} 2$	0
$x \cdot x$	$x \dot{-} x$	0

Schrittzahlfunktion $s_f(x) = 5x^2 + 6x = 5 \cdot f(x) + 6x$

Übung 6.7:

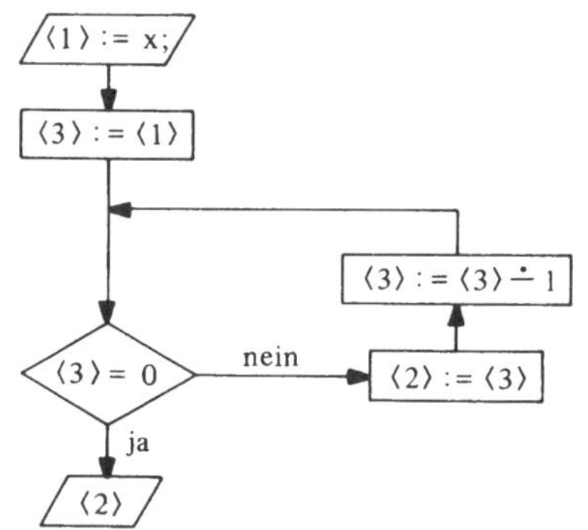

⟨2⟩	⟨3⟩	⟨4⟩
0	0	0
0	x	0
x	0	x
x	x	0
x	$x \dot{-} 1$	0
$x + (x \dot{-} 1)$	0	$x \dot{-} 1$
$x + (x \dot{-} 1)$	$x \dot{-} 2$	0
$\sum_{i \leq x} i$	0	0

Schrittzahlfunktion: $s_f(x) = 5x + \sum_{i \leq x} (5i + 1) = 6x + 5 \cdot f(x)$

Übung 6.8:

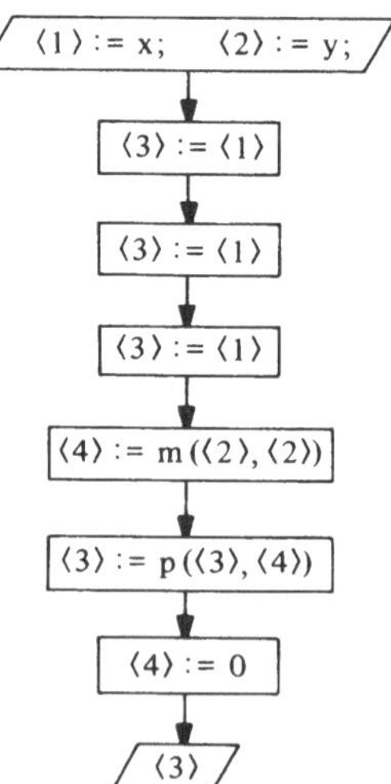

Übung 6.9:

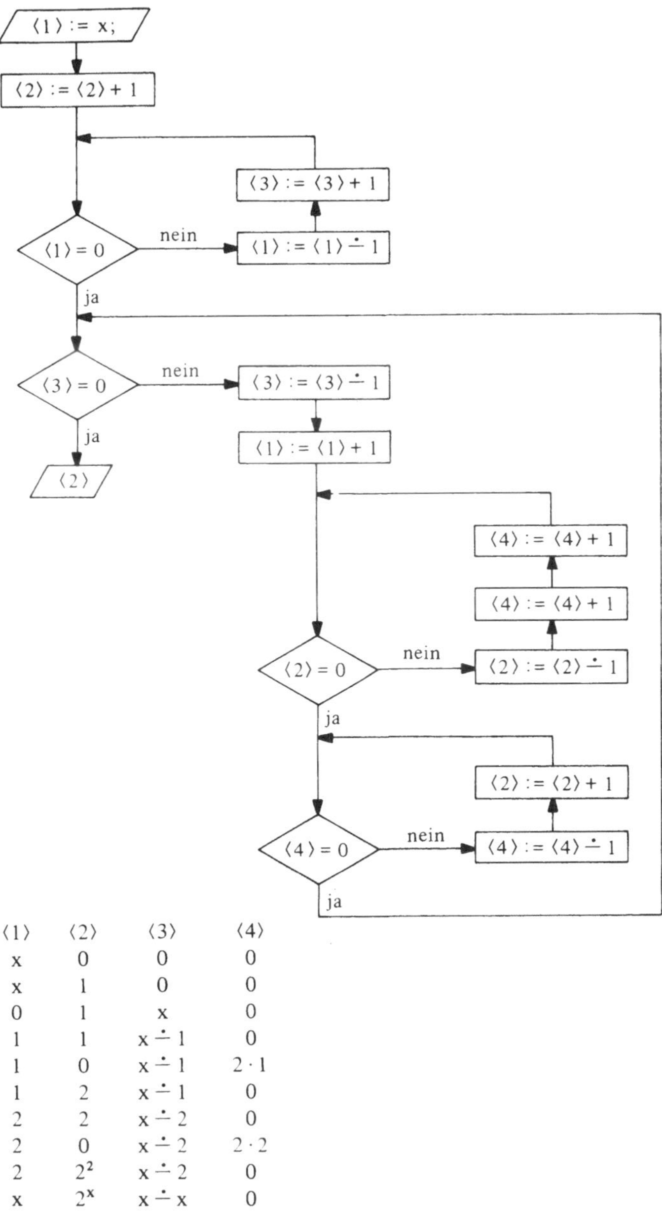

⟨1⟩	⟨2⟩	⟨3⟩	⟨4⟩
x	0	0	0
x	1	0	0
0	1	x	0
1	1	$x \dot{-} 1$	0
1	0	$x \dot{-} 1$	$2 \cdot 1$
1	2	$x \dot{-} 1$	0
2	2	$x \dot{-} 2$	0
2	0	$x \dot{-} 2$	$2 \cdot 2$
2	2^2	$x \dot{-} 2$	0
x	2^x	$x \dot{-} x$	0

Schrittzahlfung: $s_f(x) = 1 + 2x + \sum_{i=0}^{x-1} (2 + 2^i \cdot 3 + 2^{i+1} \cdot 2) = 1 + 2x + \sum_{i=0}^{x-1} (2 + 7 \cdot 2^i) = 4x + 1 + 7 \cdot (2^x - 1)$

$= 4x - 6 + 7 \cdot f(x)$

Übung 6.10:

Man wird zunächst versuchen, ein Programm[1]) gemäß folgender Idee zu schreiben: $\underbrace{(\ldots(x \dot{-} y) \dot{-} y) \ldots \dot{-} y)}_{\left[\frac{x}{y}\right]\text{-mal}}$

Falls y|x, ist das eine Lösung; falls ¬ y|x, wird das Ergebnis um 1 zu groß. Subtrahiert man am Ende der Rechnung eine 1, so ist das Ergebnis für den Fall x|y um 1 zu niedrig. Diesem Dilemma kann man dadurch entgehen, daß man zu Beginn der Rechnung x um 1 erhöht:

$$(\ldots((x + 1) \dot{-} \underbrace{y) \dot{-} \ldots \dot{-} y)}_{\left[\frac{x}{y}\right] + 1\text{-mal}}$$

Man erhält folgendes Programm:

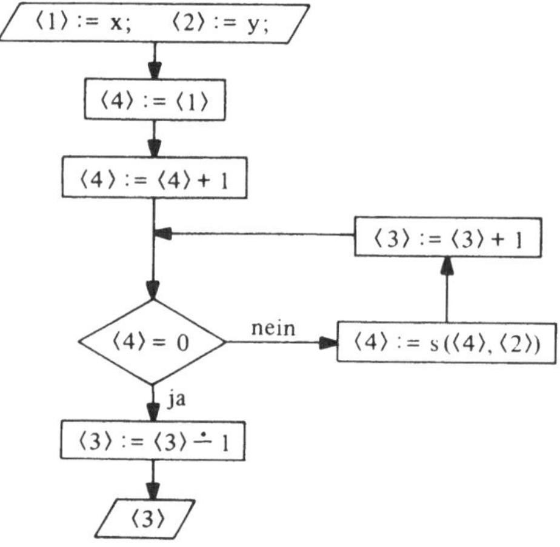

1) Da die Division für y = 0 nicht erklärt ist, handelt es sich um eine partielle Funktion, für die die Berechenbarkeit in naheliegender Weise definiert wird.

Übung 6.11:

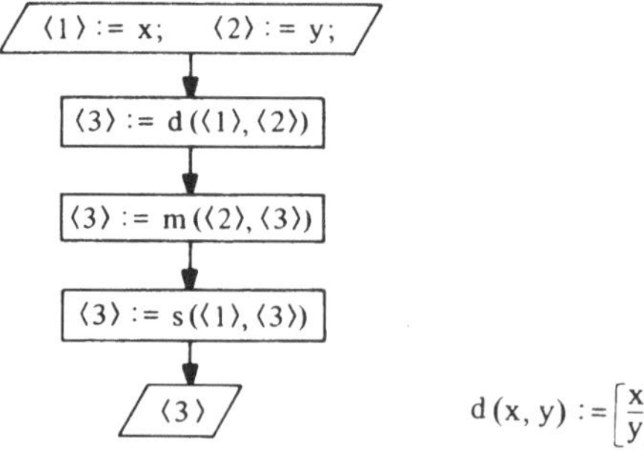

$$d(x, y) := \left[\frac{x}{y}\right]$$

Übung 6.12:

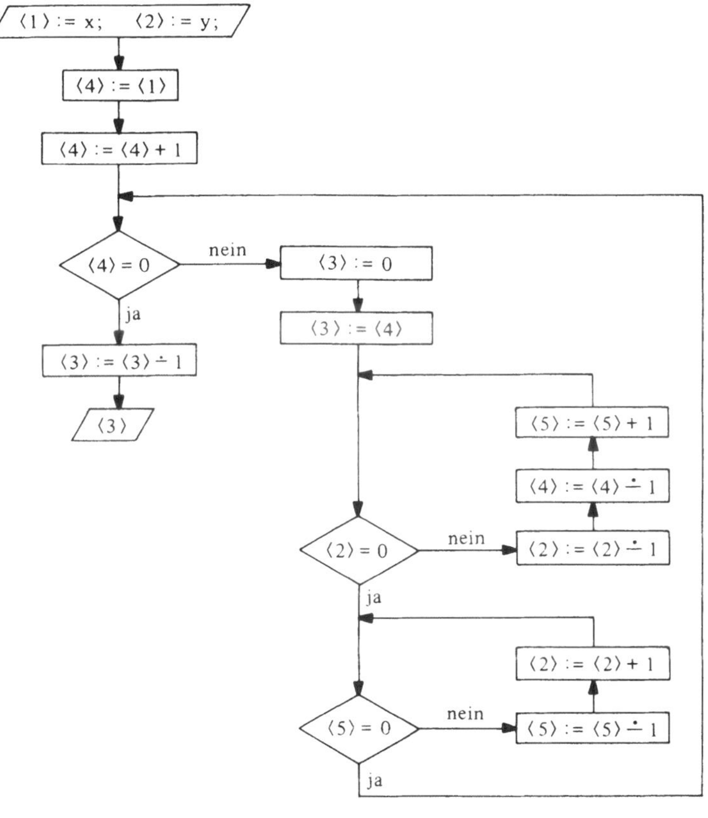

⟨2⟩	⟨3⟩	⟨4⟩	⟨5⟩
y	0	0	0
y	0	$x + 1$	0
0	$x + 1$	$(x + 1) - y$	y
y	$x + 1$	$(x + 1) - y$	0
y	$(x + 1) \dot{-} y$	$((x + 1) - y) - y$	0
⋮	⋮	⋮	
y	$\underbrace{(\ldots((x + 1) \dot{-} y) \ldots \dot{-} y)}_{f(x, y) + 1}$	$\underbrace{(\ldots(x + 1) \dot{-} y) \ldots \dot{-} y)}_{0}$	0
y	$f(x, y)$	0	0

Übung 6.13:

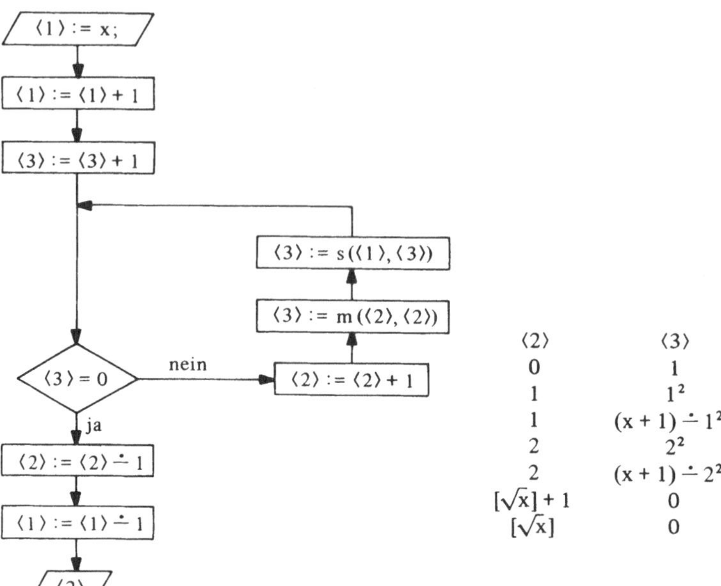

⟨2⟩	⟨3⟩
0	1
1	1^2
1	$(x + 1) \dot{-} 1^2$
2	2^2
2	$(x + 1) \dot{-} 2^2$
$[\sqrt{x}] + 1$	0
$[\sqrt{x}]$	0

Übung 6.14:

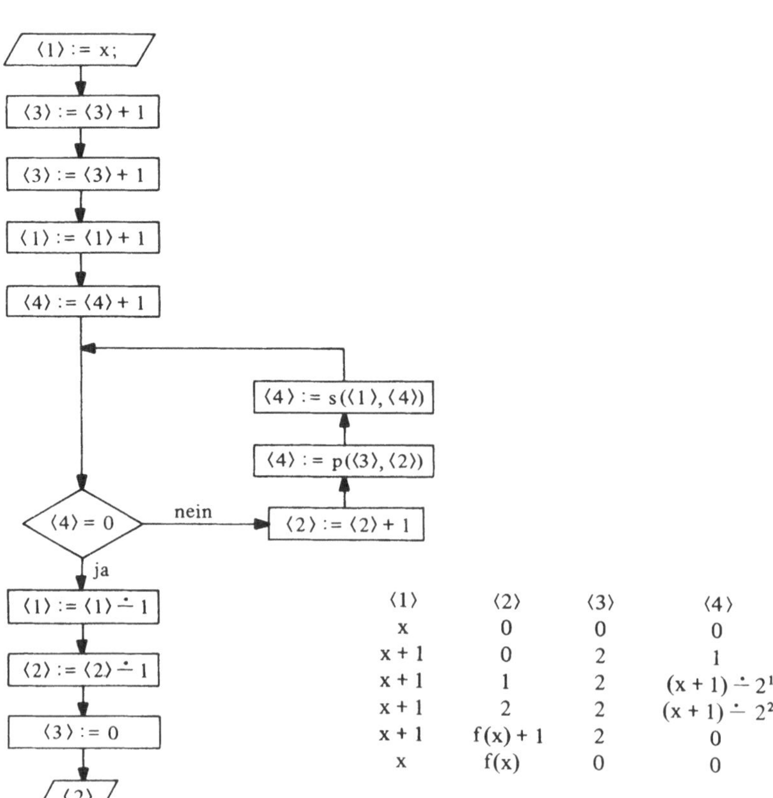

⟨1⟩	⟨2⟩	⟨3⟩	⟨4⟩
x	0	0	0
x + 1	0	2	1
x + 1	1	2	$(x + 1) \dot{-} 2^1$
x + 1	2	2	$(x + 1) \dot{-} 2^2$
x + 1	f(x) + 1	2	0
x	f(x)	0	0

Übung 7.1:

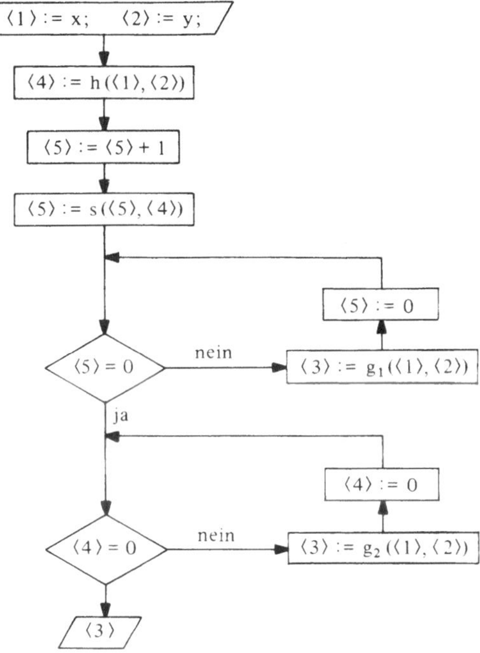

Übung 7.2:

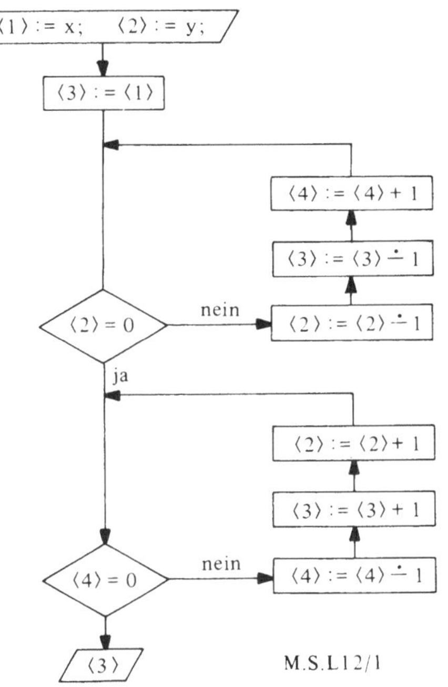

⟨2⟩	⟨3⟩	⟨4⟩
0	$(x \dot{-} y)$	y
y	$(x \dot{-} y) + y$	0

M.S.L12/1

Schrittzahlfunktion: $5x + 6y$

Übung 7.3:

Analog Übung 6.10 benutzt man einen Trick, um die beiden Fälle $x > y$ und $x = y$ zu trennen.

1. Fall: $(y+1) \dot{-} x = 0 \leftrightarrow x \geqslant y+1 \leftrightarrow x > y$
2. Fall: $(y+1) \dot{-} x = 1 \leftrightarrow x+1 = y+1 \leftrightarrow x = y$
3. Fall: $(y+1) \dot{-} x > 1 \leftrightarrow y+1 > x+1 \leftrightarrow y > x$

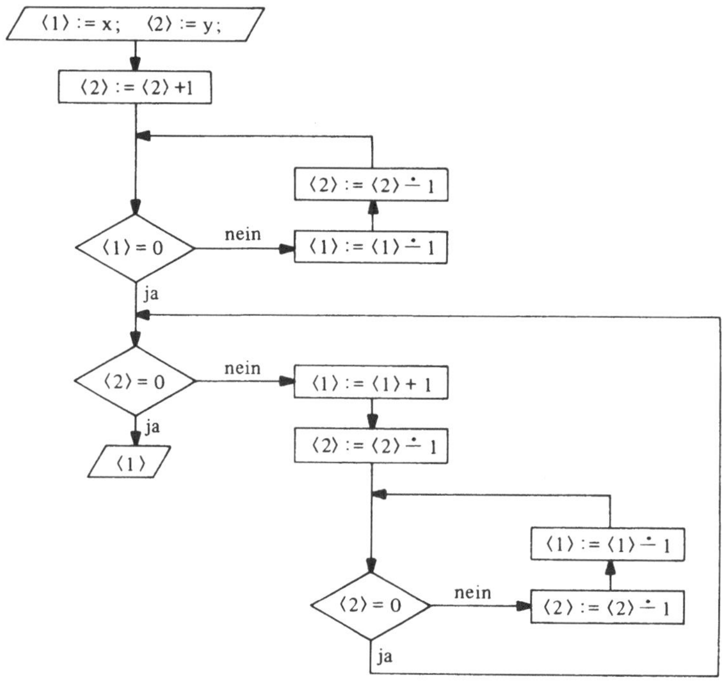

Übung 8.1:

II: $f(x, y+1) = h'(f(x, y), x)$
$\quad = U_2^1(h'(f(x, y), x), y)$

Die gesuchte dreistellige Funktion $h(u, v, w)$ ist:

$h(u, v, w) = U_2^1(h'(u, v), w))$

III: $f(x, y+1) = h'(f(x, y), y) = h'(f(x, y), U_2^2(x, y))$, also
$h(u, v, w) = h'(u, U_2^2(v, w))$

Übung 8.2:

$0! = 1$

$(x+1)! = x! \cdot (x+1)$

Übung 8.3:

$|x - y| = (x \dot{-} y) + (y \dot{-} x)$

Übung 8.4:

$sg(0) = 0$

$sg(x+1) = U_2^2(sg(x), 1)$

$\overline{sg}(x) = 1 \dot{-} sg(x)$

Übung 8.5:

Die gesuchten Abschätzungen:

$x + y \leqslant x + y + x \cdot y + 1 = (x+1)(y+1)$

$x \dot{-} y \leqslant x$

$sg(x) \leqslant 1$

Nach Übung 8.3 bzw. 8.4 entsteht $|x - y|$ bzw. $\overline{sg}(x)$ durch Einsetzung subelementarer Funktionen in subelementare Funktionen.

Übung 8.6:

Die gesuchten Abschätzungen:

$x + 1 \leqslant 2^x$

$x \cdot y \leqslant 2^{x+y}$

$x^y \leqslant 2^{x \cdot y}$ Beweis: $x^0 = 1 \leqslant 2^{x \cdot 0}$

$$x^{y+1} = x^y \cdot x \leqslant 2^{x \cdot y} \cdot x \leqslant 2^{x \cdot y} \cdot 2^x = 2^{x \cdot (y+1)}$$

$x! \leqslant x^x$

$x + 1$ läßt sich auch schreiben als $x + 2^{c_0}$.

Übung 8.7:

Wir machen eine Falluntersuchung:

$a \geqslant b$: dann ist $a \dot{-} (a \dot{-} b) = a - (a - b) = b$;
also $(a \dot{-} b) \dot{-} (a \dot{-} (a \dot{-} b)) = (a \dot{-} b) \dot{-} b$

$a < b$: dann ist $(a \dot{-} b) \dot{-} b = 0$ und
$(a \dot{-} b) \dot{-} (a \dot{-} (a \dot{-} b)) = 0 \dot{-} (a \dot{-} (a \dot{-} b)) = 0$

Diese Vorüberlegung benutzen wir für $y \dot{-} 2^x$:

$(y \dot{-} 2^x) \dot{-} (y \dot{-} (y \dot{-} 2^x)) = (y \dot{-} 2^x) \dot{-} 2^x = y \dot{-} 2^{x+1}$

Jetzt läßt sich die Funktion $f(y, x) = y \dot{-} 2^x$ leicht rekursiv definieren:

$x \dot{-} 2^0 = y \dot{-} 1$	$f(y, x) = y \dot{-} 1$
$y \dot{-} 2^{x+1} = (y \dot{-} 2^x) \dot{-} (y \dot{-} (y \dot{-} 2^x))$	$f(y, x+1) = f(y, x) \dot{-} (y \dot{-} f(y, x))$
$y \dot{-} 2^x \leqslant y$	$f(y, x) \leqslant y$

Übung 8.8:

1. Für die Ausgangsfunktionen wählen wir k = 2: $\qquad x + 1 \leqslant x^2$ für $x > 2$
2. Es gelte

$$f(x_1, \dots, x_{n+1}) \leqslant (\max(2, x_1, \dots, x_{n+1}))^k$$
$$h(y_1, \dots, y_r) \leqslant (\max(2, y_1, \dots, y_r))^l.$$

Dann ist:

$$\begin{aligned} f(x_1, \dots, x_n, h(y_1, \dots, y_r)) &\leqslant (\max(2, x_1, \dots, x_n, (\max(2, y_1, \dots, y_r))^l)^k \\ &\leqslant (\max(2, x_1, \dots, x_n, y_1, \dots, y_r))^{l \cdot k} \end{aligned}$$

3. Bei der beschränkten primitiven Rekursion bleibt die Abschätzung erhalten.

Übung 8.9:

Im folgenden werden bei den ineinandergeschachtelten Zweierpotenzen keine Klammern gesetzt. Es wird z. B. 2^{2^x} für $2^{(2^x)}$, das ist $g(x, 2)$, geschrieben.

1. Für die Ausgangsfunktionen wähle man k = 1: $\qquad x + y \leqslant 2 \cdot \max(x, y) \leqslant 2^{\max(x,y)}$
2. Gelte die Abschätzung für f_1 und f_2 mit passenden Konstanten k und l. Dann gilt:

$$f_1(x_1, \dots, x_n, f_2(y_1, \dots, y_r)) \leqslant 2^{2^{\cdot^{\cdot^{2^{\max(x_1, \dots, x_n, f_2(y_1, \dots, y_r))}}}}}$$

$$\leqslant 2^{2^{\cdot^{\cdot^{2^{\max(x_1, \dots, x_n, 2^{2^{\cdot^{\cdot^{2^{\max(x_1, \dots, x_r)}}}}})}}}}} \qquad \leqslant \underbrace{2^{2^{\cdot^{\cdot^{2^{\max(x_1, \dots, x_n, y_1, \dots, y_r)}}}}}}_{k + l\text{-mal}}$$

3. Bei der beschränkten primitiven Rekursion bleibt die Abschätzung erhalten.

Übung 8.10:

Die Funktion g läßt sich durch eine primitive Rekursion definieren:

$$g(x, 0) = f(x, 0)$$
$$g(x, z + 1) = g(x, z) + f(x, z + 1)$$

Es ergibt sich jetzt folgendermaßen eine Abschätzung für die Funktion g durch subelementare Funktionen:

$$g(x, z) = \sum_{y=0}^{z} f(x, y) \leqslant \sum_{y=0}^{z} (\max(2, x, y))^k \leqslant (z + 1) \cdot (\max(2, x, z))^k$$

Da sich $\max(u, v, w)$ definieren läßt durch $\max(u, \max(v, w))$ und $\max(u, v)$ durch $(u \dot{-} v) + v$ [vgl. Übung 7.2], ist die Funktion g subelementar, falls f subelementar ist.

Übung 8.11:

Mit Übung 8.9 gilt:

$$h(x, 0) = f(x, 0)$$
$$h(x, z + 1) = h(x, z) \cdot f(x, z + 1)$$

$$h(x, z) \leqslant \left(2^{2^{\cdot^{\cdot^{2^{\max(x, z)}}}}}\right)^z.$$

Übung 8.12:

$g(x, 0) = f(x, 0)$

$g(x, z + 1) = \max(g(x, z), f(x, z + 1))$

$$g(x, z) \leqslant \sum_{y=0}^{z} f(x, y)$$

Mit Übung 8.10 ist die Behauptung bewiesen.

Übung 9.1:

$x = y \leftrightarrow (x \dot{-} y) + (y \dot{-} x) = 0$

$x < y \leftrightarrow (x + 1) \dot{-} y = 0$

$x \leqslant y \leftrightarrow x \dot{-} y = 0$

Übung 9.2:

$P x_1 \ldots x_{i-1} f(y_1, \ldots, y_r) x_{i+1} \ldots x_n \leftrightarrow g_p(x_1, \ldots, x_{i-1}, f(y_1, \ldots, y_r), x_{i+1}, \ldots, x_n) = 0$

Da die Klasse der primitiv-rekursiven (elementaren, subelementaren) Funktionen gegen Einsetzung abgeschlossen ist, ist mit dieser Äquivalenz die Behauptung schon bewiesen.

Übung 9.3:

$y = 2^x \leftrightarrow y \dot{-} 2^x = 0 \wedge (y + 1) \dot{-} 2^x \neq 0$

Die Behauptung folgt mit Übung 8.7, Übung 9.2 und Satz 9.1.

Übung 9.4:

$x | y \leftrightarrow \bigvee_{z \leqslant y} x \cdot z = y$

Mit Übung 9.1 und Satz 9.1 folgt, daß das Prädikat $x | y$ subelementar ist.

$\Pr x \leftrightarrow x \neq 0 \wedge x \neq 1 \wedge \bigwedge_{y \leqslant x} (y | x \rightarrow (y = 1 \vee y = x))$

Übung 9.5:

Sei $f(x, z) = \mu_{y \leqslant z}\, y\;\; g(x, y) = 0$

Dann läßt sich f auch definieren in der Form

$f(x, 0) = 0$

$$f(x, z + 1) = \begin{cases} f(x, z) & \text{falls } \bigvee_{y \leqslant z} g(x, y) = 0 \\ z + 1 & \text{falls } \neg \bigvee_{y \leqslant z} g(x, y) = 0 \wedge g(x, z + 1) = 0 \\ 0 & \text{sonst} \end{cases}$$

Mit Satz 9.2 läßt sich diese Zeile in der Form $f(x, z + 1) = h(f(x, z), x, z)$ schreiben, wobei h eine subelementare Funktion ist. Es gilt die Abschätzung $f(x, z) \leqslant z$.

Übung 9.6:

$f(x, y) = \mu_{z \leqslant x}\, z\;\; (z + 1) \cdot y > x$

Übung 9.7:

$h(x) = \mu_{z \leqslant x}\, z\;\; (z + 1)^2 > x$

Übung 9.8:

$$kgV(x, y) = \mu z_{z \leq x \cdot y} (x|z \wedge y|z)$$

$$ggT(x, y) = \mu z_{z \leq x} (z|x \wedge z|y \wedge \bigwedge_{u \leq x} ((u|x \wedge u|y) \rightarrow u \leq z)))$$

Übung 9.9:

$$f(x) = \mu z_{z \leq x}\ 2^{z+1} > x$$

$$= \mu z_{z \leq x} (x+1) \dot{-} 2^{z+1} = 0$$

Diese Darstellung zeigt – unter Berücksichtigung von Übung 8.7 – daß f subelementar ist.

Übung 9.10:

Definiere die Funktion h' durch

$$h'(x, z) = \mu y_{y \leq z} (Pr\, y \wedge y > x)$$

und damit die gesuchte Funktion h durch

$$h(x, z) = h'(x, 2^{2^z})$$

Übung 9.11:

$$exp(i, x) = \mu z_{z \leq x} \neg\, p(i)^{z+1}|x$$

Übung 12.1:

$({}_iA_k A_l S_i)({}_l A_i S_l)$

Übung 12.2:

p läßt sich auch schreiben als

$$2^{5^2 \cdot 7^0} \cdot 3^{3^2} \cdot 5^{2^1} \cdot 7^{2^3} \cdot 11^{11^1} \cdot 13^{13}$$

Daraus liest man leicht das folgende Programmwort ab:

$({}_2S_2 A_1 A_3)\, E$

Es gilt:

$\bar{F}(k, 1) = F(k) = \langle 5, p, 2^2 \cdot 3^0 \cdot 5^3 \cdot 7^1 \rangle$ — $exp(4, p) = 2^3$

$\bar{F}(k, 2) = F(\bar{F}(k, 1)) = F(\langle 5, p, 2^2 \cdot 3^0 \cdot 5^3 \cdot 7^1 \rangle)$ — $exp(5, p) = 11^1$

$= \langle 1, p, 2^2 \cdot 3^0 \cdot 5^3 \cdot 7^1 \rangle$

$\bar{F}(k, 3) = F(\bar{F}(k, 2)) = F(\langle 1, p, 2^2 \cdot 3^0 \cdot 5^3 \cdot 7^1 \rangle)$ — $exp(1, p) = 5^2 \cdot 7^0$

$= \langle 0, p, 2^2 \cdot 3^0 \cdot 5^3 \cdot 7^1 \rangle$ — $exp(2, 2^2 \cdot 3^0 \cdot 5^3 \cdot 7^1) = 0$

$exp(4, exp(1, p)) = 0$

$\bar{F}(k, 4) = F(\bar{F}(k, 3)) = F(\langle 0, p, 2^2 \cdot 3^0 \cdot 5^3 \cdot 7^1 \rangle)$

$= \langle 0, p, 2^2 \cdot 3^0 \cdot 5^3 \cdot 7^1 \rangle$

Die RM führt bei $\bar{F}(k, 3)$ den Programmbuchstaben E aus, d.h. sie stoppt.

$$exp(4, exp(3, \bar{F}(k, 3))) = exp(4, exp(3, \langle 0, p, 2^2 \cdot 3^0 \cdot 5^3 \cdot 7^1 \rangle))$$
$$= exp(4, 2^2 \cdot 3^0 \cdot 5^3 \cdot 7^1) = 1$$

Es ist der Inhalt des 4. Registers der RM mit der Konfigurationszahl $\bar{F}(k, 3)$.

Übung 12.3:

Wegen Satz 11.3 genügt es, für die Elementaroperationen A_i, S_i und den Konstruktionsprozeß $({}_iP)$ des bisherigen Konzepts Ersatzkonstruktionen anzugeben.

Wir denken uns die Registernummern in allen zu ersetzenden RM-Programmen um 1 erhöht. Dann kommt in diesen veränderten Programmen die Registernummer 1 nicht vor. Wir ersetzen dann die beiden Elementarbefehle A_i bzw. S_i durch die Programme V_iAV_i bzw. V_iSV_i und jede Iteration $({}_iP)$ durch $V_i(V_iPV_i)V_i$ und erhalten so ein entsprechendes Programm für das neue RM Konzept. In diesem neuen Programm kann man noch jeweils die Buchstabenkombination V_iV_i streichen.

Beispiel: Das Programm $({}_1S_1A_2A_2A_3)({}_3S_3A_1)$ wird ersetzt durch

$V_2(V_2V_2SV_2V_3AV_3V_3AV_3V_4AV_4V_2)V_2V_4(V_4V_4SV_4V_2AV_2V_4)V_4$

Dies läßt sich vereinfachen zu

$V_2(SV_2V_3AAV_3V_4AV_4V_2)V_2V_4(SV_4V_2AV_2V_4)V_4$

Übung 12.4:

Die Gödelisierung ist hier etwas einfacher als im Beweis 12.1. Den einzelnen Buchstaben wird eine Gödelnummer wie folgt zugeordnet:

$A \sim 2$
$S \sim 3$
$V_i \sim 5^i$
$(\sim 7^a$; dabei bezeichnet a die Stelle im Programmwort, an die gesprungen wird
$) \sim 11^b$; dabei bezeichnet b die Stelle im Programmwort, an die gesprungen wird
$E \sim 13$

Aus der Konfigurationszahl k läßt sich die Information über die RM in folgender Weise herauslesen:

k_1:	Stelle des aufgerufenen Programmschritts im Programmwort
$k_1 = 0$:	genau dann, wenn die RM stoppt
k_2:	Gödelnummer des Programms
k_3:	Gödelnummer der Registerinhalte im augenblicklichen Zeitpunkt
$\exp(k_1, k_2)$:	Gödelnummer des aufgerufenen Programmschritts
$\exp(3, \exp(k_1, k_2))$:	Registernummer des Registers, dessen Inhalt mit Register 1 vertauscht werden soll
$\exp(4, \exp(k_1, k_2))$:	Stelle im Programmwort, an die nach vorne gesprungen wird
$\exp(5, \exp(k_1, k_2))$:	Stelle im Programmwort, an die zurück gesprungen werden soll

Die Befehle S und V_i werden durch folgende Funktionen umschrieben:

$$s(x) := \begin{cases} \frac{x}{2} & \text{falls } 2 \mid x \\ x & \text{sonst} \end{cases}$$

$$v(i, x) := \frac{x}{p_i^{\exp(i, x)}} \cdot \frac{1}{2^{\exp(1, x)}} \cdot p_i^{\exp(1, x)} \cdot 2^{\exp(i, x)}$$

Hat eine Registermaschine die Konfigurationszahl k, so hat sie im nächsten Rechenschritt die Konfigurationszahl F(k), die durch folgende Folgekonfigurationsfunktion F bestimmt ist:

$$F(k) = \begin{cases} \langle k_1 + 1, k_2, 2 \cdot k_3 \rangle & \text{falls } k_1 \neq 0 \wedge 2 | \exp(k_1, k_2) \\ \langle k_1 + 1, k_2, s(k_3) \rangle & \text{falls } k_1 \neq 0 \wedge \neg 2 | \exp(k_1, k_2) \wedge 3 | \exp(k_1, k_2) \\ \langle k_1 + 1, k_2, v(\exp(3, \exp(k_1, k_2)), k_3 \rangle & \text{falls } k_1 \neq 0 \wedge \neg 2 | \exp(k_1, k_2) \wedge \neg 3 | \exp(k_1, k_2) \\ & \wedge 5 | \exp(k_1, k_2) \\ \langle k_1 + 1, k_2, k_3 \rangle & \text{falls } k_1 \neq 0 \wedge \neg 2 | \exp(k_1, k_2) \wedge \neg 3 | \exp(k_1, k_2) \\ & \wedge \neg 5 | \exp(k_1, k_2) \wedge 7 | \exp(k_1, k_2) \wedge \exp(1, k_3) \neq 0 \\ \langle \exp(4, \exp(k_1, k_2), k_2, k_3 \rangle & \text{falls } k_1 \neq 0 \wedge \neg 2 | \exp(k_1, k_2) \wedge \neg 3 | \exp(k_1, k_2) \\ & \wedge \neg 5 | \exp(k_1, k_2) \wedge 7 | \exp(k_1, k_2) \wedge \exp(1, k_3) = 0 \\ \langle \exp(5, \exp(k_1, k_2)), k_2, k_3 \rangle & \text{falls } k_1 \neq 0 \wedge \neg 2 | \exp(k_1, k_2) \wedge \neg 3 | \exp(k_1, k_2) \\ & \wedge \neg 5 | \exp(k_1, k_2) \wedge \neg 7 | \exp(k_1, k_2) \wedge 11 | \exp(k_1, k_2) \\ \langle 0, k_2, k_3 \rangle & \text{sonst} \end{cases}$$

Übung 13.1:

Beweis indirekt: Gäbe es ein solches Verfahren, so gäbe es nach der folgenden Überlegung – im Gegensatz zu Satz 13.5 – auch ein Verfahren für das Stop-Problem für RM:

Es gilt: $(p, x) \in D_{\tilde{U}}$ genau dann, wenn $\bigvee_t \text{Tpxt}$.

Übung 14.1:

$$x \leqslant y \leftrightarrow \bigvee_z x + z = y$$

$$x | y \leftrightarrow \bigvee_z x \cdot z = y$$

$$x \neq 0 \leftrightarrow \bigvee_z z + 1 = x$$

$$\leftrightarrow \bigvee_z \bigvee_u (z + u = x \wedge u = 1)$$

$$x = 1 \leftrightarrow \bigvee_z (x^2 - 1) \cdot x^{x \cdot z} = 0 \leftrightarrow \bigvee_z x^2 \cdot x^{x \cdot z} = x^{x \cdot z}$$

$$\leftrightarrow \bigvee_z (x^{x \cdot z} = z \wedge x^2 \cdot z = z) \leftrightarrow \bigvee_y \bigvee_z (x^y = z \wedge x \cdot y = z \wedge x \cdot z = y)$$

Übung 14.2:

$\varphi(0) = 0 = 0^{(0^0)}$ $\quad \varphi(1) = 1 = 1^{(1^1)}$

$\varphi(2) = \varphi(0) + \varphi(1) = 1 \leqslant 1^{(1^1)}$, $\varphi(4) = \varphi(3) + \varphi(2) = 3 \leqslant 2^{(2^2)}$

$x > 1$: $\varphi(2x + 2) = \varphi(2x) + \varphi(2x + 1) = \varphi(2x) + \varphi(2x) + \varphi(2x - 1)$

$$\leqslant 3 \cdot \varphi(2x) \leqslant 3 \cdot x^{(x^x)} \leqslant x^{(x^x)} \cdot x^{(x^x)} = x^{(x^x + x^x)} \leqslant x^{(x \cdot x^x)} = x^{(x^{x+1})} \leqslant (x+1)^{((x+1)^{(x+}}$$

Behauptung: $\varphi(2x) > 2^x$ für $x \geqslant 4$

Beweis: $\quad \varphi(8) = 21 > 2^4$

$\qquad \varphi(2x + 2) = \varphi(2x) + \varphi(2x + 1) \geqslant 2 \cdot \varphi(2x) > 2 \cdot 2^x = 2^{x+1}$

Dann gilt: $\varphi(2 \cdot 2) = 3 > 2^0$, $\varphi(2 \cdot 2) > 2^1$, $\varphi(2 \cdot 4) > 4^2$, $\varphi(2 \cdot 7) = 377 > 7^3$

für $z \geqslant 4$: $\varphi(2 \cdot 2^z) > 2^{(2^z)} \geqslant 2^{(z^2)} = (2^z)^z$

Übung 15.1:

$a(x, y) \in R^1, \quad v(x) \in R^1$

$s(x, y) \in R^2, \quad m(x, y) \in R^2$

$x \cdot \overline{sg}(0) = x$

$x \cdot \overline{sg}(y+1) = U_3^3(\overline{sg}(y), x, C_0(y))$ also $f(x, y) \in R^1$

$2^0 = 1$

$2^{x+1} = 2^x + 2^x$, also $g(x) \in R^2$

$\max(x, y) = (x \dot{-} y) + y$, also $\max(x, y) \in R^2$

Übung 15.2:

Sind die Funktionen f_p, f_q aus R^1, so auch die Funktionen $sg(f_p(x) + f_q(x)), \overline{sg}(f_p(x))$ nach Übung 15.1. Also ist $Rel(R^1)$ gegen die Operationen Konjunktion und Negation abgeschlossen und damit auch gegen die übrigen aussagenlogischen Verknüpfungen. Da $R^1 \subseteq R^n$, gilt dies auch für $Rel(R^n)$ $(n \geqslant 2)$.

Übung 15.3:

$x = y \leftrightarrow (x \dot{-} y) + (y \dot{-} x) = 0$. Die Behauptung folgt mit Übung 15.1.

Übung 15.4:

Die Behauptung folgt mit Übung 15.1 aus dem Beweis von Satz 9.2.

Übung 15.5:

$A_4(x, 0) = 1 \qquad A_4(x, 1) = x$

$$A_4(x, y+1) = A_3(x, A_4(x, y)) = x^{A_4(x, y)} = \underbrace{x^{(x^{\cdot^{\cdot^{\cdot^{x)}}}}}}_{y\text{-mal}} = \underbrace{x^{(x^{(\cdot^{\cdot^{\cdot^{x)^{\cdot^{\cdot^{\cdot)}}}}}}}}}_{y+1\text{-mal}}$$

Übung 15.6:

1. $A_2(x, 1) = x \cdot 1 = x$

   $A_{n+1}(x, 1) = A_n(x, A_{n+1}(x, 0)) = A_n(x, 1) = x$

2. Induktion nach n:

   Induktionsanfang: Beweis durch Induktion nach y

   $A_3(1, 0) = 1$

   $A_3(1, y+1) = A_2(1, A_3(1, y)) = A_2(1, 1) = 1$

   Induktionsschritt: Beweis durch Induktion nach y

   $A_{n+1}(1, 0) = 1$

   $A_{n+1}(1, y+1) = A_n(1, A_{n+1}(1, y)) = A_n(1, 1) = 1$

3. Es werden zunächst die Spezialfälle n = 0, 1, 2 durch Induktion nach y bewiesen.

   $A_0(x, y) = y + 1 > y$

   $A_1(x, 0) = x > 0$ für $x \geqslant 1$

   $A_1(x, y+1) = A_0(x, A_1(x, y)) = A_1(x, y) + 1 > y + 1$

   $A_2(x, 1) = A_1(x, A_2(x, 0)) = A_1(x, 0) = x > 1$ für $x \geqslant 2$

   $A_2(x, y+1) = A_1(x, A_2(x, y)) > A_2(x, y) + 1 > y + 1$

Für $n \geqslant 3$ wird die Behauptung durch Induktion nach n bewiesen:

Induktionsanfang: Beweis durch Induktion nach y

$A_3(x, 0) = 1 > 0$
$A_3(x, y + 1) = A_2(x, A_3(x, y)) > A_3(x, y) \geqslant y + 1$

Induktionsschritt: Beweis durch Induktion nach y

$A_{n+1}(x, 0) = 1$
$A_{n+1}(x, y + 1) = A_n(x, A_{n+1}(x, y)) > A_{n+1}(x, y) \geqslant y + 1$

4. $A_n(x, y + 1) = A_{n-1}(x, A_n(x, y)) > A_n(x, y)$ wegen 3; für $n = 3$ ist $A_3(x, y) > y \geqslant 0$

5. Zunächst die Spezialfälle für $n = 0, 1, 2$:

   $A_0(x + 1, 0) = 1 = A_0(x, 0)$
   $A_1(x + 1, 0) = x + 1 > x = A_1(x, 0)$
   $A_2(x + 1, 0) = 0 = A_2(x, 0)$

   Für den Spezialfall $x = 0$ wird für $n \geqslant 3$ durch Induktion nach n bewiesen:

   $A_n(0, y) \leqslant 1$

   Induktionsanfang:

   $A_3(0, y) = 0^y \leqslant 1$

   Induktionsschritt: Beweis durch Induktion nach y

   $A_{n+1}(0, 0) = 1$
   $A_{n+1}(0, y + 1) = A_n(0, A_{n+1}(0, y)) \leqslant 1$

   Für $n \geqslant 3$ und $x > 0$ wird die Behauptung durch Induktion nach n bewiesen:
   Induktionsanfang:

   $A_3(x + 1, y) = (x + 1)^y \geqslant x^y$

   Induktionsschritt: Beweis durch Induktion nach y

   $A_{n+1}(x + 1, 0) = 1 = A_{n+1}(x, 0)$
   $A_{n+1}(x + 1, y + 1) = A_n(x + 1, A_{n+1}(x + 1, y)) \geqslant A_n(x + 1, A_n(x, y))$ Teil 4
   $\geqslant A_n(x, A_{n+1}(x, y)) = A_{n+1}(x, y + 1)$

6. $A_{n+1}(x, 0) = 1 \geqslant A_n(x, 0)$
   $A_{n+1}(x, y + 1) = A_n(x, A_{n+1}(x, y)) \geqslant A_n(x, y)$ Teil 3, 4

7. Zunächst werden die beiden Spezialfälle $n = 0, 1$ bewiesen:

   $A_1(x + 1, y + 1) = x + 1 + y + 1 > y = A_0(x, y)$
   $A_2(x + 1, y + 1) = (x + 1) \cdot (y + 1) = x \cdot y + x + y + 1 > x + y = A_1(x, y)$

   Für den Spezialfall $x = 0$ gilt:

   $A_3(1, y + 1) = 1 > 0 = A_2(0, y)$
   $A_{n+1}(1, y + 1) = A_n(1, A_{n+1}(1, y)) = 1 = A_n(1, y)$ Teil 2
   $\geqslant A_n(0, y)$ Teil 5

   Dann gilt für $n \geqslant 2$ und $x \geqslant 1$:

   $A_{n+1}(x + 1, y + 1) = A_n(x + 1, A_{n+1}(x + 1, y)) \geqslant A_n(x + 1, y)$ Teil 3, 4
   $\geqslant A_n(x, y)$ Teil 5

Übung 15.7:

$f(x, 0) = x_i + k_1$

$f(x, y + 1) = f(x, y) + k_2 \leqslant x_i + k_1 + y \cdot k_2 + k_2 = x_i + k_1 + (y + 1) \cdot k_2$

Übung 15.8:

Nach Übung 8.8 gibt es zu jeder subelementaren Funktion f eine Zahl k':

$$\begin{aligned} f(x) &= k' + \max(2, x)^{k'} \\ &\leqslant k' + x^{k'} \qquad \text{für } x \geqslant 2 \\ &\leqslant x^{k'} + x^{k'} = 2 \cdot x^{k'} \leqslant x \cdot x^{k'} = x^{k'+1} \end{aligned}$$

$k := k' + 1$

Übung 15.9:

Zu zeigen: $\bigwedge_k \bigvee_x x^k < 2^x$

Es gilt: $\bigwedge_k 2 \cdot (k + 1) \leqslant 2^{k+1}$ (Beweis durch Induktion)

Dann gilt: $\bigwedge_k (2^{k+1})^k < 2^{(2^{k+1})}$

Beweis: $1 < 2^2$

$$(2^{(k+2)})^{k+1} = 2^{(k+2)\cdot(k+1)} = 2^{(k+1)\cdot k + 2\cdot(k+1)} = (2^{k+1})^k \cdot 2^{2(k+1)} < 2^{(2^{k+1})} \cdot 2^{2\cdot(k+1)}$$
$$\leqslant 2^{(2^{k+1})} \cdot 2^{(2^{k+1})} = 2^{2\cdot 2^{k+1}} = 2^{(2^{k+2})}$$

Übung 15.10:

$A_1(x, y) = x + y$ Schrittzahlfunktion: $s_{A_1}(x, y) = 5(x + y)$

$A_2(x, y) = x \cdot y$ $s_{A_2}(x, y) = 6y + 5xy$

Nach der im Teil 3 des Beweises angegebenen Schrittzahlfunktion gilt für $n \geqslant 2$:

$$s_{A_{n+1}}(x, y) = 6 \cdot y + 1 + 2 \cdot 1 + \sum_{i<y} (s_{A_n}(A_{n+1}(x, i), x) + A_{n+1}(x, i) + 2 \cdot A_{n+1}(x, i + 1) + 2)$$

Da die Klasse E^{n+1} gegen beschränkte Summation abgeschlossen ist und nach Induktionsvoraussetzung $s_{A_n} \in E^n$ und damit $s_{A_n} \in E^{n+1}$, liegt auch $s_{A_{n+1}}$ in E^{n+1}.

Übung 15.11:

Sei $f \in E^n$. Dann gibt es nach Satz 15.2 eine Zahl k mit $f(x) \leqslant A_{n+1}(\hat{x}, k)$. Daraus folgt:

$$\sum_{i \leqslant y} f(x_1, \ldots, x_{n-1}, i) \leqslant \sum_{i \leqslant y} A_{n+1}(\max(x_1, \ldots, x_{n-1}, i, 2), k) \leqslant y \cdot A_{n+1}(\max(x_1, \ldots, x_{n-1}, y, 2), k).$$

Da k eine feste Zahl und E^n gegen Einsetzung abgeschlossen ist, folgt, daß E^n gegen beschränkte Summation abgeschlossen ist.

Übung 15.12:

Zunächst eine Abschätzung der Rekursionszahlen der bei der Definition der Folgekonfigurationsfunktion F benutzten Funktionen:

$x \mid y \in \mathrm{Rel}(R^3)$
$\mathrm{Pr}\, x \in \mathrm{Rel}(R^4)$
$p_i \in R^6$
$a(i, x) = p_i \cdot x$, also $a(i, x) \in R^6$

$$s(i, x) = \begin{cases} \dfrac{x}{p_i} & \text{falls } p_i \mid x \\ x & \text{sonst} \end{cases}, \text{ also } s(i, x) \in R^6$$

$\exp(i, x) \in R^7$ (Übung 9.11)

Nach Übung 15.2 ist schon $\mathrm{Rel}(R^1)$ abgeschlossen gegen die Operationen der Aussagenlogik und nach Übung 15.4 ist schon R^1 abgeschlossen gegen Definitionen durch Fallunterscheidung. Also ist F definiert durch Einsetzung von Funktionen aus R^7.

In die Kompliziertheit der Funktion F geht im Wesentlichen die Kompliziertheit der Dekodierfunktion $\exp(i, x)$ ein.

Übung 15.13:

Es werden zunächst durch Induktion nach n zwei Spezialfälle bewiesen:

1. $A'_n(0, y) \geqslant 1$
2. $A'_n(1, y) \geqslant 1$

Beweis 1:

Induktionsanfang:

$A'_3(0, y) = 2^{0 \cdot y} = 2^0 = 1$

Induktionsschritt: dieser wird durch Induktion nach y bewiesen.

$A'_{n+1}(0, 0) = 1$

$A'_{n+1}(0, y + 1) = A'_n(0, A'_{n+1}(0, y)) \geqslant 1$

Beweis 2:

Induktionsanfang:

$A'_3(1, y) = 2^{1 \cdot y} \geqslant 1$

Induktionsschritt: dieser wird durch Induktion nach y bewiesen.

$A'_{n+1}(1, 0) = 1$
$A'_{n+1}(1, y + 1) = A'_n(1, A'_{n+1}(1, y)) \geqslant 1$

Nach dem Beweis von Übung 15.6 Teil 5 gilt $A_n(0, y) \leqslant 1$.
Nach Übung 15.6 Teil 2 gilt $A_n(1, y) = 1$.

Jetzt wird die Behauptung für $x \geqslant 2$ durch Induktion nach n bewiesen:

Induktionsanfang:

$A_3(x, y) = x^y \leqslant 2^{x \cdot y} = A'_3(x, y)$ Übung 8.6

Induktionsschritt: dieser wird durch Induktion nach y bewiesen:

$A_{n+1}(x, 0) = 1 = A'_{n+1}(x, 0)$

$A_{n+1}(x, y+1) = A_n(x, A_{n+1}(x, y)) \leqslant A_n(x, A'_{n+1}(x, y))$ Übung 15.6 Teil 4

$\leqslant A'_n(x, A'_{n+1}(x, y)) = A'_{n+1}(x, y+1)$

Übung 15.14:

Induktion nach n:

Induktionsanfang: Beweis durch Induktion nach k

$A'_4(x, 0) = 1$ Die konstante Funktion liegt in R^2.

$A'_4(x, k+1) = A'_3(x, A'_4(x, k))$

Nach Induktionsvoraussetzung liegt die Funktion $A'_4(x, k)$ in R^2; außerdem liegt die Funktion $A'_3(x, y)$ in R^2. Also ist $A'_4(x, k+1)$ durch Einsetzung von Funktionen aus R^2 definiert.

Induktionsschritt: Beweis durch Induktion nach k

$A'_{n+3}(x, 0) = 1$

$A'_{n+3}(x, k+1) = A'_{n+2}(x, A'_{n+3}(x, k))$.

Nach Induktionsvoraussetzung liegt die Funktion $A'_{n+3}(x, k)$ in R^{n+1}; außerdem liegt die Funktion $A'_{n+2}(x, y)$ in R^{n+1}. Also ist $A'_{n+3}(x, k+1)$ durch Einsetzung von Funktionen aus R^{n+1} definiert.

Übung 16.1:

f sei definiert durch $f(x) = \mu_{y \leqslant z} y \; g(x, y) = 0$. Dann läßt sich f berechnen durch:

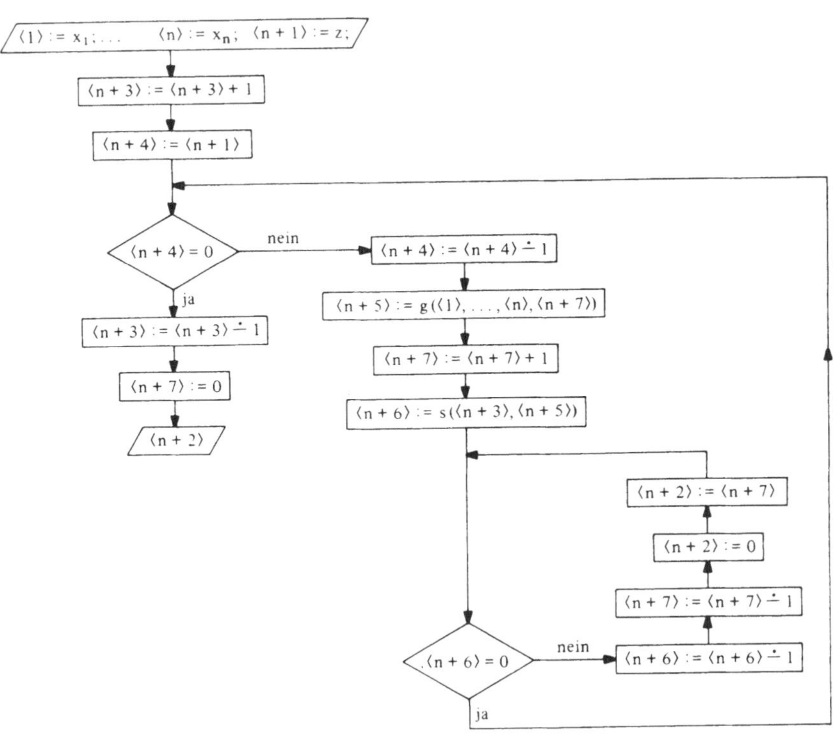

Wenn im Programm für die Funktion g nach Voraussetzung nur beschränkte Interationen auftreten, bleibt dies auch bei den Ergänzungen zum Unterprogramm erhalten. Da auch beim Subtraktionsprogramm nur beschränkte Iterationen verwandt werden, enthält dieses Programm nur beschränkte Iterationen.

Übung 17.1:

Für $({}_1S_1$ fällt die unter dem Zeichen ** stehende Spalte im Flußdiagramm fort. Die Spalte *** wird an die Spalte * entsprechend angekoppelt. In den Spalten * und *** steht beim Zeichen 0 nur zweimal der Elementarbefehl $\boxed{\langle 1\rangle := \langle 1\rangle + 1}$.

Für $({}_3S_3$ ist zu entscheiden, ob $5 \mid \langle x, y, z\rangle$:

In Spalte *, **, *** steht beim Zeichen 0 jetzt fünfmal der Elementarbefehl $\boxed{\langle 1\rangle := \langle 1\rangle + 1}$.

Zwischen die beiden Spalten ** und *** werden zwei weitere Spalten eingeschoben, die für die beiden Fälle

$\langle x, y, z\rangle \dot{-} \left[\frac{\langle x, y, z\rangle}{5}\right] \cdot 5 = 3$ und

$\langle x, y, z\rangle \dot{-} \left[\frac{\langle x, y, z\rangle}{5}\right] \cdot 5 = 4$ die Rechnung rückgängig machen:

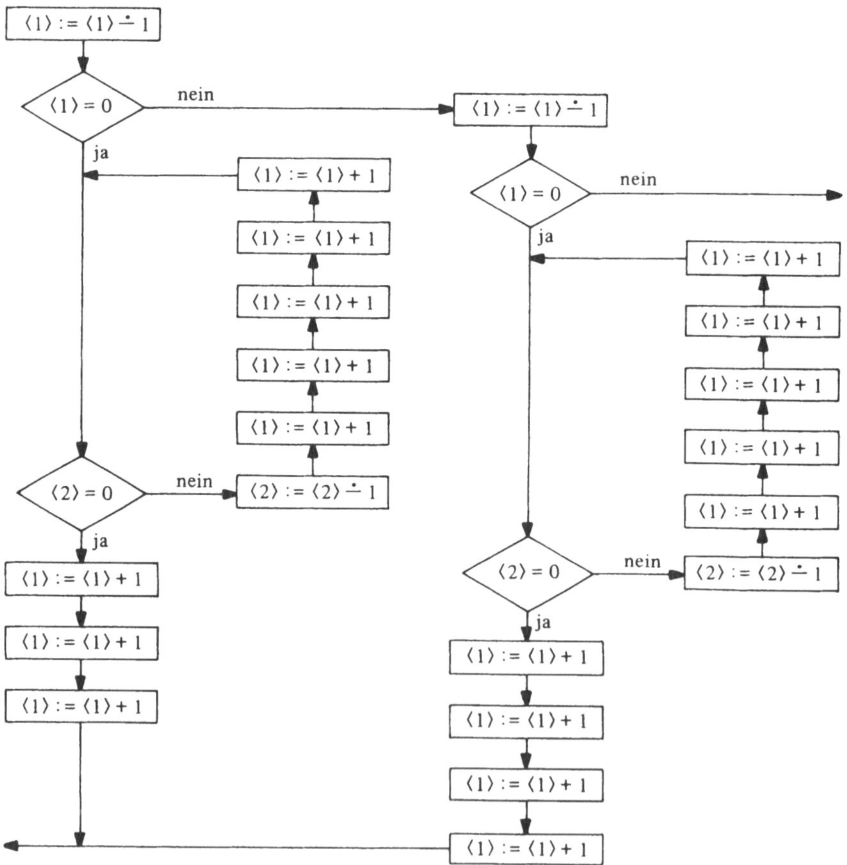

Übung 17.2:

Eine Konfigurationszahl k bei der Gödelisierung von Programmtafeln enthalte die folgende Informationen:

$(k)_1$: Nummer der gerade bearbeiteten Programmzeile

$(k)_2$: Gödelnummer der Programmtafel

$(k)_3$: Gödelnummer aller Registerinhalte

Eine Folgekonfigurationsfunktion sei analog der für RM mit Programmworten definiert.

Wir beweisen die Behauptung indirekt und nehmen an, daß für x_0 und t_0 gilt:

$(K(p, \langle x_0 \rangle, t_0))_{31} > x_0 + p_0$.

Da sich der Registerinhalt bei jedem Schritt nur um höchstens 1 vergrößern kann, gibt es mindestens eine Programmzeile p_0' und Zahlen

$t_1, t_2 \leqslant t_0$ mit

$(K(p, \langle x_0 \rangle, t_1))_1 = (K(p, \langle x_0 \rangle, t_2))_1 = p_0' \wedge (K(p, \langle x_0 \rangle, t_1))_{31} > 0$

$\wedge (K(p, \langle x_0 \rangle, t_2))_{31} > (K(p, \langle x_0 \rangle, t_1))_{31}$

$\wedge \bigwedge_{j \leqslant t_2 - t_1} (K(p, \langle x_0 \rangle, t_1 + j))_{31} > 0.$

Dann gilt auch

$\bigwedge_{j \leqslant t_2 - t_1} ((K(p, \langle x_0 \rangle, t_1 + j))_1 = (K(p, \langle x_0 \rangle, t_2 + j))_1 \wedge (K(p, \langle x_0 \rangle, t_2 + j))_{31} > 0)$

Also ist auch $(K(p, \langle x_0 \rangle, t_2 + t_2 - t_1))_{31} > (K(p, \langle x_0 \rangle, t_2))_{31}$. Die Folge der Werte $(K(p, \langle x_0 \rangle, t_1 + n \cdot (t_2 - t_1)))_{31}$ ist also nicht beschränkt. Das bedeutet insbesondere, daß die RM nicht stoppt, im Widerspruch zur Voraussetzung.

Übung 17.3:

Wir betrachten folgendes Protokoll der Rechnung der RM:

$(K(p, \langle x \rangle, 0))_1$ $\quad (K(p, \langle x \rangle, 0))_{31}$

$(K(p, \langle x \rangle, 1))_1$ $\quad (K(p, \langle x \rangle, 1))_{31}$

$\vdots$

In der linken Spalte stehen die Nummern der aufgerufenen Programmzeilen. Dort können höchstens p_0 verschiedene Zahlen stehen.

In der rechten Spalte stehen die Registerinhalte. Dort können bis zum Stop der RM höchstens $x + p_0$ verschiedene Zahlen stehen.

Insgesamt können in dieser Liste höchstens $p_0 \cdot (x + p_0)$ verschiedene Paare stehen. Durch das Paar aus Programmzeilennummer und Registerinhalt ist die Folgekonfiguration, d. h. die Rechnung der RM, eindeutig bestimmt. Kommt also unter den ersten $p_0 \cdot (x + p_0)$ Paaren ein Paar mindestens zweimal vor, so kommt es beliebig oft vor, d. h. die RM stoppt nicht.

Übung 17.4:

Das Programmwort mit der Gödelnummer p habe p_0 Buchstaben. Der Beweis von Satz 17.2 zeigt, daß die Registerinhalte auch während der Rechnung durch die angegebenen Schranken beschränkt sind. Wir können deshalb die Überlegungen der Übung 17.3 auf die Tripel

$(K(p, \langle x_1, x_2 \rangle, t))_1 \quad (K(p, \langle x_1, x_2 \rangle, t))_{31} \quad (K(p, \langle x_1, x_2 \rangle, t))_{32}$

übertragen.

Eine grobe Abschätzung der Anzahl der möglichen verschiedenen Registerinhalte nach dem Beweis von Satz 17.2 ergibt $p_0^{p_0} \cdot (x_1 + x_2 + 1)$.

Es kann also höchstens $p_0 \cdot p_0^{2p_0} \cdot (x_1 + x_2 + 1)^2$ verschiedene Tripel geben. Also muß die RM nach spätestens soviel Schritten entweder ein Tripel doppelt annehmen oder stoppen.

Übung 18.1:

$W \equiv \square\,\square\,W$

Übung 18.2:

Sei A Anfangswort von W. Dann gibt es ein Wort U, so daß gilt: $W \equiv AU$. Dann läßt sich W auch schreiben als $\square\,AU$.

Übung 18.3:

reflexiv: A ist Anfangswort von A, da $A \equiv A\square$.

transitiv: Gelte A Anfangswort von B und B Anfangswort von C, also $B \equiv AU$, $C \equiv BV$ mit passenden Worten U, V.

Dann gilt: $C \equiv AUV$.

identitiv: A sei Anfangswort von B und B Anfangswort von A, also $B \equiv AU$ und $A \equiv BV$ mit passenden Worten U, V. Dann gilt: $A \equiv AUV$.

Die Worte A und AUV müssen die gleiche Länge haben, also müssen U und V das leere Wort sein. Es folgt $A \equiv B$.

Übung 18.4:

reflexiv: T ist Teilwort von T, da $T \equiv \square\,T\,\square$.

transitiv: Sei T_1 Teilwort von T_2 und T_2 Teilwort von T_3, also $T_2 \equiv U_1T_1V_1$ und $T_3 \equiv U_2T_2V_2$ mit passenden Worten U_1, V_1, U_2, V_2.

Dann gilt: $T_3 \equiv U_2U_1T_1V_1V_2$.

identitiv: T_1 sei Teilwort von T_2 und T_2 Teilwort von T_1, also $T_2 \equiv U_1T_1V_1$ und $T_1 \equiv U_2T_2V_2$ mit passenden Worten U_1, V_1, U_2, V_2. Dann gilt: $T_1 \equiv U_2U_1T_1V_1V_2$. Da T_1 und $U_2U_1T_1V_1V_2$ gleiche Länge haben, folgt, daß die Länge des Wortes $U_2U_1V_1V_2$ Null ist. Also sind die Worte U_1, V_1, U_2, V_2 das leere Wort und damit $T_1 \equiv T_2$.

Übung 18.5:

Wir betrachten die Worte $A \equiv |$ und $B \equiv ||$ über dem Alphabet $\{|\}$. Dann ist A Teilwort und Anfangswort von B. B kann aber weder Anfangswort noch Teilwort von A sein, da B mehr Buchstaben als A hat.

Haben die Worte A und B gleiche Länge und gilt A ist Teilwort von B, so folgt $A \equiv B$ und insbesondere B Teilwort von A.

Beweis: Sei $B \equiv UAV$ mit passenden Worten U und V. Da A und B gleiche Länge haben, müssen U und V die Länge Null haben, sind also das leere Wort.

Übung 18.6:

Notiert man natürliche Zahlen als Strichfolgen (Worte über dem Alphabet $\{|\}$), so entsprechen der „Kleiner-Beziehung" die Relationen „echtes Anfangswort", „echtes Teilwort" und der „Kleiner-Gleich-Beziehung" die Relationen „Anfangswort" und „Teilwort".

Übung 18.7:

Wir betrachten z.B. Worte über dem Alphabet $\{*, |\}$. Dann gilt für die beiden Worte $*$ und $|$ weder $* \leqslant |$ noch $| \leqslant *$ und analog weder $* \lessdot |$ noch $| \lessdot *$.

Behauptung: Sind bei einem Alphabet A immer zwei Worte über A bezüglich der Relation „Teilwort" oder „Anfangswort" vergleichbar, so besteht das Alphabet nur aus einem Buchstaben.

Beweis: Annahme, das Alphabet habe mehr als einen Buchstaben. Seien also a, b verschiedene Buchstaben des Alphabets. Wir betrachten die beiden Worte, die nur aus dem Buchstaben a bzw. b bestehen. Dann muß gelten: $a \leqslant b$ oder $b \leqslant a$. Sei o. B. d. A. $a \leqslant b$. Dann gibt es Worte U und V über A, so daß gilt $b \equiv UaV$. Da aber a und b beide die Länge 1 haben, müssen U und V das leere Wort sein, also doch $b \equiv a$ im Widerspruch zur Voraussetzung.

Übung 18.8:

Das Zeichenalphabet ist {a, b}, das Variablenalphabet {W}.

Die drei Kalkülregeln:

$$\frac{}{\square}, \frac{W}{Wa}, \frac{W}{Wb}$$

Übung 18.9:

Das Zeichenalphabet ist {0, 1, 2, 3, 4, 5, 6, 7, 8, 9}, das Variablenalphabet {Z}.

Die 10 Kalkülregeln ohne Prämisse sind:

$$\frac{}{0}, \frac{}{1}, \frac{}{2}, \ldots, \frac{}{9}$$

Die 10 Kalkülregeln mit einer Prämisse sind:

$$\frac{Z}{Z0}, \frac{Z}{Z1}, \ldots, \frac{Z}{Z9}$$

Durch diesen Kalkül werden die natürlichen Zahlen in Dezimalschreibweise einschließlich 0 erzeugt, auch Worte der Form 00 oder 007. Will man das nicht, so erhält man sehr einfach einen Kalkül zum Aufschreiben der natürlichen Zahlen im Dezimalsystem *ohne* Null, falls man bei den Regeln ohne Prämisse die Regel $\frac{}{0}$ wegläßt.

Übung 18.10:

Wir benötigen einen zusammengesetzten Kalkül K, der als Teilkalkül den Kalkül K_1 aus Übung 18.9 zur Erzeugung der natürlichen Zahlen in Dezimalschreibweise enthält. Das Zeichenalphabet ist {0, 1, ..., 9, +, ·,),(}, das Variablenalphabet von K ist $\{Z, T_1, T_2\}$.

Der Kalkül K besteht aus folgenden Regelgruppen:

1. Alle Regeln des Kalküls K_1.
   Für die Variable Z dürfen nur Worte eingesetzt werden, die durch K_1 erzeugt worden sind, also nur Zahlenbezeichnungen.
2. Ist Z in K_1 ableitbar, so auch in K.
3. $\frac{T_1, T_2}{(T_1 + T_2)}$ $\qquad$ $\frac{T_1, T_2}{(T_1 \cdot T_2)}$

   Für die Variablen T_1 und T_2 dürfen beliebige durch K erzeugte Worte eingesetzt werden.

Wir definieren einen weiteren Kalkül K′, der K enthält: Das Alphabet von K′ ist {0, 1, ..., 9, +, ·,), (, =}, das Variablenalphabet ist $\{Z, T_1, T_2\}$.

Der Kalkül K′ besteht aus allen Regeln des Kalküls K sowie der folgenden Regel:

$\frac{T_1, T_2}{T_1 = T_2}$ Dabei dürfen für T_1, T_2 nur Worte eingesetzt werden, die durch K erzeugt sind.

Eine Gleichung ist ein Wort, das durch den Kalkül K′ erzeugt ist.

Übung 19.1:

Induktive Definition von $X \leqslant Y$:

$X \leqslant \square \leftrightarrow X \equiv \square$

$X \leqslant Wa \leftrightarrow X \leqslant W \vee X \equiv Wa$

$X \leqslant Wb \leftrightarrow X \leqslant W \vee X \equiv Wb$

$X \leqslant Wc \leftrightarrow X \leqslant W \vee X \equiv Wc$

Übung 19.2:

Annahme es gäbe zwei Funktionen f_1 und f_2, die der Rekursionsgleichung genügen. Wir beweisen durch Induktion, daß $f_1 = f_2$.

$$f_1(x, a_i) = k_i(x) = f_2(x, a_i) \qquad i = 1, 2$$

$$f_1(x, \varphi(x)) = h_1(x, x, f_1(x, x)) = h_1(x, x, f_2(x, x)) = f_2(x, \varphi(x))$$

$$\begin{aligned} f_1(x, \psi(z_1, z_2)) &= h_2(x, z_1, z_2, f_1(x, z_1), f_1(x, z_2)) \\ &= h_2(x, z_1, z_2, f_2(x, z_1), f_2(x, z_2)) \\ &= f_2(x, \psi(z_1, z_2)) \end{aligned}$$

Übung 19.3:

Wir definieren $A_{\psi(y,z)} := A_y \cup A_z \cup \{\psi(y, z)\}$.

1. Nach Induktionsvoraussetzung ist $a_i \in A_y$, also gilt auch $a_i \in A_{\psi(y,z)}$.

2a. Sei $\varphi(u) \in A_{\psi(y,z)}$. Wegen P2 ist dann $\varphi(u) \in A_y$ oder $\varphi(u) \in A_z$. Nach Induktionsvoraussetzung folgt daraus $u \in A_y \vee u \in A_z$. Daraus folgt $u \in A_{\psi(y,z)}$.

2b. Sei $\psi(u, v) \in A_{\psi(y,z)}$.

2b1. Ist $u = y \wedge v = z$, dann gilt nach Induktionsvoraussetzung $y \in A_y \wedge z \in A_z$, also $y \in A_{\psi(y,z)} \wedge z \in A_{\psi(y,z)}$.

2b2. Ist $u \neq y \vee v \neq z$, dann gilt nach P2 $\psi(u, v) \neq \varphi(y, z)$. Also gilt $\psi(u, v) \in A_y \vee \psi(u, v) \in A_z$. Nach Induktionsvoraussetzung folgt daraus $(u \in A_y \wedge v \in A_y) \vee (u \in A_z \wedge v \in A_z)$. Daraus folgt $u \in A_{\psi(y,z)} \wedge v \in A_{\psi(y,z)}$.

3. Nach Induktionsvoraussetzung gilt $\psi(y, z) \notin A_y \wedge \psi(y, z) \notin A_z$. Nach Induktionsvoraussetzung Teil 2 folgt daraus

$$\varphi(\psi(y, z)) \notin A_y \wedge \varphi(\psi(y, z)) \notin A_z \wedge \psi(\psi(y, z), v) \notin A_y \wedge \psi(\psi(y, z), v) \notin A_z$$
$$\wedge\, \psi(v, \psi(y, z)) \notin A_y \wedge \psi(v, \psi(y, z)) \notin A_z,$$

für beliebiges v. Mit P2 folgt daraus die Behauptung;

4. Wir definieren die gesuchte Funktion $g_{\psi(y,z)}$ durch

$$\begin{aligned} g_{\psi(y,z)}(x, u) &:= g_y(x, u) && \text{für } u \in A_y \\ g_{\psi(y,z)}(x, u) &:= g_z(x, u) && \text{für } u \in A_z \\ g_{\psi(y,z)}(x, \psi(y, z)) &:= h_2(x, y, z, g_y(x, y), g_z(x, z)) \end{aligned}$$

Wegen Satz 19.3 ist dies eine korrekte Definition. Dann gilt Teilbehauptung 4 nach Induktionsvoraussetzung, da $a_i \in A_y$.

5a. Sei $\varphi(u) \in A_{\psi(y,z)}$. Wegen P2 gilt dann $\varphi(u) \in A_y \cup A_z$. Sei o. Bd. A. $\varphi(u) \in A_y$. Dann gilt:

$$\begin{aligned} g_{\psi(y,z)}(x, \varphi(u)) &= g_y(x, \varphi(u)) \\ &= h_1(x, u, g_y(x, u)) && \text{Induktionsvoraussetzung} \\ &= h_1(x, u, g_{\psi(y,z)}(x, u)) \end{aligned}$$

5b1. Sei $\psi(u, v) \in A_{\psi(y,z)}$ und $u = y \wedge v = z$. Dann gilt:

$$\begin{aligned} g_{\psi(y,z)}(x, \psi(y, z)) &= h_2(x, y, z, g_y(x, y), g_z(x, z)) \\ &= h_2(x, y, z, g_{\psi(y,z)}(x, y), g_{\psi(y,z)}(x, z)) \end{aligned}$$

5b2. Sei $\psi(u, v) \in A_{\psi(y,z)}$ und $u \neq y \vee v \neq z$.
Wegen P2 gilt dann $\psi(u, v) \in A_y \cup A_z$. Sei o. Bd. A. $\psi(u, v) \in A_y$. Dann gilt:

$$\begin{aligned} g_{\psi(y,z)}(x, \psi(u, v)) &= g_y(x, \psi(u, v)) \\ &= h_2(x, u, v, g_y(x, u), g_y(x, v)) && \text{Induktionsvoraussetzung} \\ &= h_2(x, u, v, g_{\psi(y,z)}(x, u), g_{\psi(y,z)}(x, v)) \end{aligned}$$

Übung 20.1:

Nein.

$(T_1 + (T_2 + T_3)) = T_4$	$(T_1 \cdot (T_2 \cdot T_3)) = T_4$	
$((T_2 + T_3) + T_1) = T_4$	$((T_2 \cdot T_3) \cdot T_1) = T_4$	6 bzw. 7
$(T_2 + (T_3 + T_1)) = T_4$	$(T_2 \cdot (T_3 \cdot T_1)) = T_4$	4 bzw. 5
$((T_3 + T_1) + T_2) = T_4$	$((T_3 \cdot T_1) \cdot T_2) = T_4$	6 bzw. 7
$(T_3 + (T_1 + T_2)) = T_4$	$(T_3 \cdot (T_1 \cdot T_2)) = T_4$	4 bzw. 5
$((T_1 + T_2) + T_3) = T_4$	$((T_1 \cdot T_2) \cdot T_3) = T_4$	6 bzw. 7

Übung 20.2:

$(((x + 1) \cdot 2) + x)$	$= 5$	
$((x + 1) \cdot 2)$	$= (5 - x)$	2.
$(2 \cdot (x + 1))$	$= (5 - x)$	7.
$((2 \cdot x) + (2 \cdot 1))$	$= (5 - x)$	8.
$((2 \cdot 1) + (2 \cdot x))$	$= (5 - x)$	6.
$(2 \cdot 1)$	$= ((5 - x) - (2 \cdot x))$	2.
$(1 \cdot 2)$	$= ((5 - x) - (2 \cdot x))$	7.
2	$= ((5 - x) - (2 \cdot x))$	12.
$(2 + (2 \cdot x))$	$= (5 - x)$	3.′
$((2 + (2 \cdot x)) + x)$	$= 5$	3.′
$(x + (2 + (2 \cdot x)))$	$= 5$	6.
x	$= (5 - (2 + (2 \cdot x)))$	2.
$(1 \cdot x)$	$= (5 - (2 + (2 \cdot x)))$	$\overline{12}$. neue Regel
$((1 \cdot x) + (2 + (2 \cdot x)))$	$= 5$	3.′
$((2 + (2 \cdot x)) + (1 \cdot x))$	$= 5$	6.
$(2 + ((2 \cdot x) + (1 \cdot x)))$	$= 5$	4.
$(((2 \cdot x) + (1 \cdot x)) + 2)$	$= 5$	6.
$((2 \cdot x) + (1 \cdot x))$	$= (5 - 2)$	2.
$((2 \cdot x) + (1 \cdot x))$	$= 3$	11.′ wiederholt
$(3 \cdot x)$	$= 3$	$\overline{10}$. neue Regel

Die neuen Regeln:

$\overline{10}$: $\dfrac{((X_1 \cdot x) + (X_2 \cdot x)) = T_1}{(X_1 X_2 \cdot x) = T_1}$ $\overline{12}$: $\dfrac{x = T_1}{(1 \cdot x) = T_1}$

Übung 20.3:

$(((5 \cdot x) - (3 \cdot x)) + (2 \cdot (x - 1))) = 6$		
$((5 \cdot x) - (3 \cdot x)$	$= (6 - (2 \cdot (x - 1)))$	2.
$((5 - 3) \cdot x)$	$= (6 - (2 \cdot (x - 1)))$	13. neu
$(2 \cdot x)$	$= (6 - (2 \cdot (x - 1)))$	14. neu
$((2 \cdot x) + (2 \cdot (x - 1)))$	$= 6$	3.′
$(2 \cdot (x - 1)) + (2 \cdot x))$	$= 6$	6.
$(2 \cdot (x - 1))$	$= (6 - (2 \cdot x))$	2.
$((2 \cdot x) - (2 \cdot 1))$	$= (6 - (2 \cdot x))$	15. neu
$(((2 \cdot x) - (2 \cdot 1)) + (2 \cdot x))$	$= 6$	3.′
$(((2 \cdot x) + (2 \cdot x)) - (2 \cdot 1))$	$= 6$	16. neu
$((2 \cdot x) + (2 \cdot x))$	$= (6 + (2 \cdot 1))$	3.
$(4 \cdot x)$	$= (6 + (2 \cdot 1))$	$\overline{10}$.
$(6 + (2 \cdot 1))$	$= (4 \cdot x)$	1.

$((2 \cdot 1) + 6)$	$= (4 \cdot x)$	6.
$(2 \cdot 1)$	$= ((4 \cdot x) - 6)$	2.
$(1 \cdot 2)$	$= ((4 \cdot x) - 6)$	7.
2	$= ((4 \cdot x) - 6)$	12.
$(2 + 6)$	$= (4 \cdot x)$	3.'
	$8 = (4 \cdot x)$	9.

Die neuen Regeln:

13. $\dfrac{((X_1 \cdot x) - (X_2 \cdot x)) = T_1}{((X_1 - X_2) \cdot x) = T_1}$ 14. $\dfrac{((X_1 | - X_2 |) \cdot x) = T_1}{((X_1 - X_2) \cdot x) = T_1}$

15. $\dfrac{(T_1 \cdot (T_2 - T_3)) = T_4}{((T_1 \cdot T_2) - (T_1 \cdot T_3)) = T_4}$ 16. $\dfrac{((T_1 - T_2) + T_3) = T_4}{((T_1 + T_3) - T_2) = T_4}$

es fehlen noch: 17. $\dfrac{(X_1 | - |) = T_1}{X_1 = T_1}$ $\overline{16}$. $\dfrac{((T_1 + T_2) - T_3) = T_4}{((T_1 - T_3) + T_2) = T_4}$

Bemerkung: Zur Vereinfachung des Kalküls haben wir nur natürliche Zahlen *ohne* Null betrachtet.

Übung 20.4:

Wir symbolisieren das neutrale Element durch das leere Wort. Die beiden übrigen Elemente nennen wir a und b. Dann läßt sich die Gruppentafel durch folgende Regeln ersetzen:

$\dfrac{aa}{b}, \dfrac{ab}{\square}, \dfrac{ba}{\square}, \dfrac{bb}{a}$

sowie die inversen Regeln.

Übung 20.5:

$(a_1 a_1)^x (a_2 a_2)^y$

$(a_2 a_2)^y (a_1' a_1')^x$ $\dfrac{a_1 XY}{Y a_1' a_1'}$ wiederholt

$(a_1' a_1')^x (b_2 b_2)^y$ $\dfrac{a_2 XY}{Y b_2 b_2}$ wiederholt

$(b_2 b_2)^y (b_1 b_1)^x$ $\dfrac{a_1' XY}{Y b_1 b_1}$ wiederholt

Alphabet: $\{a_1, a_2, a_1', b_1, b_2\}$

Übung 20.6:

$(a_1 a_1)^x (a_2 a_2)^y$

$(a_2 a_2)^y (a_1' a_1' a_1'')^x$ $\dfrac{a_1 XY}{Y a_1' a_1' a_1''}$ wiederholt

$(a_1' a_1' a_1'')^x (a_2' a_2')^y$ $\dfrac{a_2 XY}{Y a_2' a_2'}$ wiederholt

$a_1''(a_1' a_1' a_1'')^{x-1} (a_2' a_2')^y b_1 b_1 b_1$ $\dfrac{a_1' XY}{Y b_1 b_1 b_1}$

$a_1' a_1' (a_1' a_1' a_1'')^{x-2} (a_2' a_2')^y b_1 b_1 b_1 b_1 b_1$	$\frac{a_1'' XY}{Y b_1 b_1}$	
$(a_1' a_1' a_1'')^{x-2} (a_2' a_2')^y (b_1 b_1)^{2 \cdot 2}$	s.o.	
$(a_2' a_2')^y (b_1 b_1)^{2 \cdot x}$	Regeln wiederholt angewandt	
$(b_1 b_1)^{2x} (b_2 b_2)^y$	$\frac{a_2' XY}{Y b_2 b_2}$	wiederholt

Alphabet: $\{a_1, a_2, a_1', a_1'', a_2', b_1, b_2\}$

Übung 21.1:

Sei $W \equiv a_1 \ldots a_n$ und $a_i \in \{a, b\}$ für $1 \leq i \leq n$. Wir numerieren links die Zeilen und vermerken rechts die benutzte Kalkülregel:

0. $a_1 \ldots a_n$	
1. $x a_1 \ldots a_n$	10.
2. $a_1 y a_1 x a_2 \ldots a_n$	5. oder 6.
3. $a_1 y a_1 a_2 y a_2 x a_3 \ldots a_n$	5. oder 6.
4. $a_1 y a_2 y a_1 a_2 x a_3 \ldots a_n$	1., 2. oder 3.
5. $a_1 y a_2 y a_1 a_2 a_3 y a_3 x a_4 \ldots a_n$	5. oder 6.
6. $a_1 y a_2 y a_1 a_3 y a_2 a_3 x a_4 \ldots a_n$	1., 2. oder 3.
7. $a_1 y a_2 y a_3 y a_1 a_2 a_3 x a_4 \ldots a_n$	1., 2. oder 3.

Die Zeilen 2 bis 4 und 5 bis 7 gehören jeweils zusammen: unmittelbar vor dem Buchstaben x steht der bisher schon bearbeitete Wortanfang von W und davor noch einmal der um den Buchstaben y „erweiterte" Wortanfang. Durch einmaliges Anwenden der Regeln 5 oder 6 wird der nächste rechts von x stehende Buchstabe verdoppelt. Es wird dann sooft Regel 1., 2. oder 3. angewandt, bis dieser Buchstabe passend an die beiden bisher erzeugten Anfangsworte angekoppelt ist. Nach insgesamt $1 + \sum_{i=0}^{n-1} (1 + i)$, also $1 + \frac{n \cdot (n+1)}{2}$ Schritten ist der Buchstabe x ganz am rechten Ende angelangt und davor das Wort W im wesentlichen verdoppelt. Es müssen nur noch die Hilfsbuchstaben x und y gelöscht werden:

$1 + \frac{n \cdot (n+1)}{2}.$	$a_1 y a_2 y a_3 y \ldots a_n y a_1 a_2 a_3 \ldots a_n x$	
$2 + \frac{n \cdot (n+1)}{2}.$	$a_1 z a_2 y a_3 y \ldots a_n y a_1 a_2 a_3 \ldots a_n x$	7.
$(n+1) + \frac{n \cdot (n+1)}{2}.$	$a_1 z a_2 z a_3 z \ldots a_n z a_1 a_2 a_3 \ldots a_n x$	7. wiederholt
$(n+2) + \frac{n \cdot (n+1)}{2}.$	$a_1 a_2 z a_3 z \ldots a_n z a_1 a_2 a_3 \ldots a_n x$	8.
$1 + 2n + \frac{n \cdot (n+1)}{2}.$	$a_1 a_2 a_3 \ldots a_n a_1 a_2 a_3 \ldots a_n x$	8. wiederholt
$2 + 2n + \frac{n \cdot (n+1)}{2}.$	$a_1 a_2 a_3 \ldots a_n a_1 a_2 a_3 \ldots a_n$	9.

Übung 21.2:

Bei der Aufstellung der Regeln des gesuchten MARKOV-Algorithmus geht man nach folgender Idee vor: Jeder Buchstabe des Wortes bis auf den letzten wird nacheinander von links hinter den letzten Buchstaben des ursprünglichen Wortes gebracht.

Zuerst wird von links der Hilfsbuchstabe z angefügt, um den Start zu kennzeichnen und ganz zum Schluß in einer geeigneten Buchstabenkombination das Ende der Umformung anzuzeigen. Die Regel ist die letzte der Regelgruppe: $2 \cdot (n^2 + n + 1)$.

Vor die jeweils zu transportierenden Buchstaben wird der Hilfsbuchstabe x geschrieben. Da ein neuer Buchstabe erst dann mit der Wanderung beginnen soll, wenn der vorhergehende am Zielangelangt ist, müssen diese Regeln ($n^2 + 2n + 2$ bis $2n^2 + 2n + 1$) hinter den „Wander-Regeln" stehen. Die „Wander-Regeln" 1 bis n^2 kommen ganz an den Anfang.

Ist ein Buchstabe mit seinem Transportbuchstaben x am Ziel angelangt, so wird x durch y ersetzt und das weiter rechts stehende y gestrichen. Dieser Endbuchstabe y kennzeichnet also den Anfang des schon invertierten Wortteils. Diese Umformung soll immer erst abgeschlossen werden, bevor ein weiterer Buchstabe zum Wandern aufgerufen wird. Deshalb kommen diese Regeln zwischen die „Wander-Regeln" und die „Aufruf-Regeln" mit den Nummern $n^2 + 1$ bis $n^2 + n + 1$.

Ist der letzte Buchstabe am Ziel angelangt, so beginnt das entstandene Wort mit z und der dritte Buchstabe ist y. Die abbrechenden Regeln $n^2 + n + 2$ bis $n^2 + 2n + 1$ löschen z und y. Damit nicht ein weiteres Mal invertiert wird, kommen diese abbrechenden Regeln vor die Regeln, die die Buchstaben zum Wandern aufrufen.

Regeln des MARKOV-Algorithmus über dem Alphabet $\{x, y, z, a_1, \ldots, a_n\}$:

$1: \quad \frac{xa_1a_1}{a_1xa_1} \qquad \ldots n: \quad \frac{xa_1a_n}{a_nxa_1}$

. . . .

$(n-1) \cdot n + 1: \quad \frac{xa_na_1}{a_1xa_n} \qquad \ldots n \cdot n: \quad \frac{xa_na_n}{a_nxa_n}$

$n^2 + 1: \quad \frac{x}{y}$

$n^2 + 2: \quad \frac{ya_1y}{ya_1} \qquad \ldots n^2 + n + 1: \quad \frac{ya_ny}{ya_n}$

$n^2 + n + 2: \quad \frac{za_1y}{a_1} \qquad \ldots n^2 + 2n + 1: \quad \frac{za_ny}{a_n}$

$n^2 + 2n + 2: \quad \frac{za_1a_1}{zxa_1a_1} \qquad \ldots n^2 + 3n + 1: \quad \frac{za_1a_n}{zxa_1a_n}$

. . . .

$2n^2 + n + 2: \quad \frac{za_na_1}{zxa_na_1} \qquad \ldots 2n^2 + 2n + 1: \quad \frac{za_na_n}{zxa_na_n}$

$2(n^2 + n + 1): \quad \frac{\Box}{z}$

Die Regeln $n^2 + n + 2$ bis $n^2 + 2n + 1$ sind die abbrechenden Regeln.

Die Anordnung der Regeln ist durch die Numerierung gegeben.

Beispiel: Es soll das Wort b a b a a invertiert werden. Rechts werden die Nummern der benutzten Regeln notiert (n = 2).

b a b a a	
z b a b a a	2 · (4 + 2 + 1)
z x b a b a a	2 · 4 + 2 + 2
z a x b b a a	2 + 1
z a b x b a a	2 · 2
z a b a x b a	2 + 1
z a b a a x b	2 + 1
z a b a a y b	4 + 1
z x a b a a y b	4 + 3 · 2 + 1
z b x a a a y b	2
z b a x a a y b	1
z b a a x a y b	1
z b a a y a y b	4 + 1
z b a a y a b	4 + 2
z x b a a y a b	2 · 4 + 2 + 2
z a x b a y a b	2 + 1
z a a x b y a b	2 + 1
z a a y b y a b	4 + 1
z a a y b a b	4 + 3
z x a a y b a b	4 + 2 · 2 + 2
z a x a y b a b	1
z a y a y b a b	4 + 1
z a y a b a b	4 + 2
a a b a b	4 + 2 + 2

Übung 21.3:

Die einzige Regel ist $\frac{\square}{\square}$.

Dieses ist eine abbrechende Regel. Das Alphabet ist A, das Variablenalphabet $\emptyset$.

Übung 21.4:

Die Tafel der TM besteht nur aus der Zeile: (1; r, s; 1, 1)

Übung 21.5:

Die gesuchte TM:

(1; r, r; 2, 3)
(2; s, r; 2, 3)
(3; r, r; 2, 1)

Übung 21.6:

Die gesuchte TM:

```
(1; |, s; 2, 1)
(2; r, r; 3, 3)
(3; |, |; 4, 9)          rechten | gefunden; rechte Marke setzen
(4; 1, 1; 6, 5)
(5; 1, *; 5, 4)          linke Marke gefunden und gelöscht
(6; |, r; 7, 11)         linken | gefunden; linke Marke erneut setzen
(7; r, r; 8, 8)
(8; r, *; 8, 2)          rechte Marke gefunden und gelöscht
(9; 1, *; 9, 10)         linke Marke gefunden und gelöscht
(10; r, s; 10, 10)       sucht rechtes Ende
(11; r, *; 11, 12)       rechte Marke gelöscht
(12; 1, s; 12, 12)       sucht linkes Ende
```

Die Arbeitsweise dieser TM soll an folgenden vier Beispielen deutlich werden. Das Arbeitsfeld der TM wird jeweils unterstrichen; links wird die benutzte Programmzeile vermerkt. Mit i' wird eine wiederholte Anwendung der Programmzeile i bezeichnet.

```
     * |              | * * * *              * * * * |
1    | |        1     | * | * *        1     * * | * |
2    | |        2     | * | * *        2     * * | * |
3    | |        3     | * | | *        3     * * | | |
9    * |        4     | * | | *        4     * * | | |
10   * |        5     | * * | *        5     * * * | |
                4     | * * | *        4     * * * | |
                6     | | * | *        6     * | * | |
     | * *      7     | | * | *        7     * | * | |
1    | | *      8'    | | * * *        8'    * | * * |
2    | | *      2     | | * * *        2     * | * * |
3    | | |      3     | | * * |        3     * | * * |
4    | | |      4     | | * * |        9'    * * * * |
5    | * |      5     | | * * |        10'   * * * * |
4    | * |      5     | * * * |
6    | * |      4     | * * * |
11   | * |      6     | * * * |
11   | * *      11'   | * * * *
12'  | * *      12'   | * * * *
```

Übung 21.7:

Die gesuchten Programmworte für die TM:

$(_{|}r)s$ und $(_{*}r)r(_{*}(_{*}r)r)s$

Übung 21.8:

$l(_*l)(_*(_*l)\,r * r(_*r)\,r(_*r)\,r(_*r)|(_*l)\,l(_*l)\,l)\,rr(_*r)\,r(_*r)\,s$

Dieses Programm (ohne den letzten Buchstaben) kürzen wir für die folgende Übung mit K ab.

Übung 21.9:

Addition:

x + y wird durch (x + 1) + (y + 1) − 1 Striche dargestellt! Das leistet folgendes Programmwort:

$KK\,l(_*l)|(_*r)\,l * l * s$

Subtraktion:

$x \dot{-} y$ wird durch $(x + 1) \dot{-} (y + 1) + 1$ Striche dargestellt. Das leistet folgendes Programmwort:

$KK\,ll(_*r * l * l(_*l)|l * rr(_*r)\,l\,l)\,r * l.$

Da nur eine Iteration der Gestalt $(_*P)$ möglich ist, muß dafür gesorgt werden, daß beim Tilgen der Striche der Abstand zwischen den beiden verbleibenden Strichfolgen nicht größer wird (und damit von den Argumenten abhängt). Deshalb werden rechts immer zwei Striche weggenommen und in der Lücke wieder einer angefügt.

Übung 22.1:

Das Semi-THUE-System arbeitet über dem Alphabet {F, |, 0, 1, . . . , 7}. Die sieben Programmzeilen 1–7 werden in folgende Regeln übersetzt:

1. $\frac{F1}{F3}$, $\frac{|1}{2}$	5. $\frac{5F}{7F}$, $\frac{5|}{5}$
2. $\frac{2F}{4F}$, $\frac{2|}{1}$	6. $\frac{6}{|0}$
3. $\frac{3F}{0F}$, $\frac{3|}{5}$	7. $\frac{7}{0|}$
4. $\frac{F4}{F6}$, $\frac{|4}{4}$	

An den drei Registerworten werden folgende Umformungen vorgenommen:

F|||1|F	F|1||F	F||1||F
F|| 2|F	F 2||F	F| 2||F
F|| 1F	F1| F	F| 1| F
F| 2F	F3| F	F2|F
F| 4F	F5F	F1F
F4F	F7F	F3F
F6F	F0|F	F0F
F| 0F		

Mit diesem Programm (Regelsystem) kann der Inhalt der beiden Register verglichen werden.

Übung 22.2:

Als Alphabet des POST-Kalküls nehmen wir

$\{R_1, \ldots, R_n, |, F\} \cup \{{}^jA_i, {}^jS_i, {}^j(_i, {}^j), E$; für jedes Vorkommen im Programmwort$\}$.

Als Variablenalphabet nehmen wir $\{Z_1, \ldots, Z_n\}$.

Der POST-Kalkül besteht aus Regeln der folgenden Typen; dabei bezeichne ${}^jB_i$ den jeweils als nächsten aufgerufenen Programmbuchstaben:

Für jeden Buchstaben ${}^jA_i$ eine Regel

$$\frac{R_1Z_1R_2Z_2\ldots{}^jA_iR_iZ_i\ldots R_kZ_k\ldots R_nZ_nF}{R_1Z_1R_2Z_2\ldots R_i|Z_i\ldots{}^{j+1}B_kR_kZ_k\ldots R_nZ_nF}$$

für jeden Buchstaben ${}^jS_i$ zwei Regeln:

$$\frac{R_1Z_1R_2Z_2\ldots{}^jS_iR_i|Z_i\ldots R_kZ_k\ldots R_nZ_nF}{R_1Z_1R_2Z_2\ldots R_iZ_i\ldots{}^{j+1}B_kR_kZ_k\ldots R_nZ_nF}$$

und

$$\frac{R_1Z_1R_2Z_2\ldots{}^jS_iR_iR_{i+1}Z_{i+1}\ldots R_kZ_k\ldots R_mZ_nF}{R_1Z_1R_2Z_2\ldots R_iR_{i+1}Z_{i+1}\ldots{}^{j+1}B_kR_kZ_k\ldots R_nZ_nF} \qquad (1\leqslant i<n)$$

bzw.

$$\frac{R_1Z_1R_2Z_2\ldots R_kZ_k\ldots{}^jS_nR_nF}{R_1Z_1R_2Z_2\ldots{}^{j+1}B_kR_kZ_k\ldots R_nF}$$

für jeden Buchstaben ${}^j(_i$ zwei Regeln:

$$\frac{R_1Z_1R_2Z_2\ldots{}^j(_iR_i|Z_i\ldots R_kZ_k\ldots R_nZ_nF}{R_1Z_1R_2Z_2\ldots R_iZ_i\ldots{}^{j+1}B_kR_kZ_k\ldots R_nZ_nF}$$

und

$$\frac{R_1Z_1R_2Z_2\ldots{}^j(_iR_iR_{i+1}Z_{i+1}\ldots R_lZ_l\ldots R_nZ_nF}{R_1Z_1R_2Z_2\ldots R_iR_{i+1}Z_{i+1}\ldots{}^rB_lR_lZ_l\ldots R_nZ_nF} \qquad (1\leqslant i<n)$$

bzw.

$$\frac{R_1Z_1R_2Z_2\ldots R_lZ_l\ldots{}^j(_nR_nF}{R_1Z_1R_2Z_2\ldots{}^rB_lR_lZ_l\ldots R_nF}$$

für jeden Buchstaben ${}^j)$ eine Regel:

$$\frac{R_1Z_1R_2Z_2\ldots{}^j)R_iZ_i\ldots R_kZ_k\ldots R_nZ_nF}{R_1Z_1R_2Z_2\ldots R_iZ_i\ldots{}^rB_kR_kZ_k\ldots R_nZ_nF}$$

für den Buchstaben E keine Regel.

Für das gegebene Programmwort ist das Alphabet des POST-Kalküls

$\{R_1, R_2, R_3, |, F\} \cup \{{}^4A_3, {}^6A_3, {}^3S_1, {}^2S_2, {}^1(_1, {}^5), E\}$

Das Regelsystem lautet:

*) $$\frac{R_1 Z_1 R_2 Z_2\, {}^4A_3 R_3 Z_3 F}{R_1 Z_1 R_2 Z_2\, {}^5) \,R_3 | Z_3 F}$$ $$\frac{R_1 Z_1 R_2 Z_2\, {}^6A_3 R_3 Z_3 F}{R_1 Z_1 R_2 Z_2 E R_3 | Z_3 F}$$

$$\frac{{}^3S_1 R_1 R_2 Z_2 R_3 Z_3 F}{R_1 R_2 Z_2\, {}^4A_3 R_3 Z_3 F}$$ $$\frac{{}^3S_1 R_1 | Z_1 R_2 Z_2 R_3 Z_3 F}{R_1 Z_1 R_2 Z_2\, {}^4A_3 R_3 Z_3 F}$$

$$\frac{R_1 Z_1\, {}^2S_2 R_2 R_3 Z_3 F}{{}^3S_1 R_1 Z_1 R_2 R_3 Z_3 F}$$ $$\frac{R_1 Z_1\, {}^2S_2 R_2 | Z_2 R_3 Z_3 F}{{}^3S_1 R_1 Z_1 R_2 Z_2 R_3 Z_3 F}$$

$$\frac{{}^1(_1 R_1 R_2 Z_2 R_3 Z_3 F}{R_1 R_2 Z_2\, {}^6A_3 R_3 Z_3 F}$$ $$\frac{{}^1(_1 R_1 | Z_1 R_2 Z_2 R_3 Z_3 F}{R_1 | Z_1\, {}^2S_2 R_2 Z_2 R_3 Z_3 F}$$

*) $$\frac{R_1 Z_1 R_2 Z_2\, {}^5) \,R_3 Z_3 F}{{}^1(_1 R_1 Z_1 R_2 Z_2 R_3 Z_3 F}$$

Vom Programmbuchstaben ${}^4A_3$ könnte sofort an den Programmbuchstaben ${}^1(_1$ gesprungen werden. Deshalb lassen sich die beiden mit *) gekennzeichneten Regeln durch die folgende ersetzen:

$$\frac{R_1 Z_1 R_2 Z_2\, {}^4A_3 R_3 Z_3 F}{{}^1(_1 R_1 Z_1 R_2 Z_2 R_3 | Z_3 F}$$

Übung 22.3:

Als Alphabet des Semi-THUE-Systems nehmen wir

$\{R_1, \ldots, R_n, |, F\} \cup \{{}^jA_i, {}^jS_i, {}^j(_i, {}^j), E$; für jedes Vorkommen im Programmwort$\}$.

Als Variablenalphabet nehmen wir $\{X, Y\}$.

Dann besteht das Semi-THUE-System aus Regeln der folgenden Typen:

Für jeden Buchstaben ${}^jA_i$ eine Regel

$$\frac{X\, {}^jA_i R_i Y}{X\, {}^{j+1}B_k R_i | Y}$$

für jeden Buchstaben ${}^jS_i$ zwei Regeln:

$$\frac{X\, {}^jS_i R_i | Y}{X\, {}^{j+1}B_k R_i Y}$$ und

$$\frac{X\, {}^iS_i R_i R_{i+1} Y}{X\, {}^{j+1}B_k R_i R_{i+1} Y}$$ $(1 \leqslant 1 < n)$ bzw. $$\frac{X\, {}^jS_n R_n F}{X\, {}^{j+1}B_k R_n F}$$

für jeden Buchstaben ${}^j(_i$ zwei Regeln:

$$\frac{X\, {}^j(_i R_i | Y}{X\, {}^{j+1}B_k R_i Y}$$ und

$$\frac{X\, {}^j(_i R_i R_{i+1} Y}{X\, {}^rB_l R_i R_{i+1} Y}$$ $(1 \leqslant 1 < n)$ bzw. $$\frac{X\, {}^j(_n R_n F}{X\, {}^rB_l R_n F}$$

für jeden Buchstaben ${}^{j})$ eine Regel:

$$\frac{X\,{}^{j})\,Y}{X\,{}^{r}B_i\,Y}$$

für den Buchstaben E keine Regel.

Außerdem benötigen wir noch für je zwei Buchstaben B_1, B_2 des Kalkülalphabets außer R_n, F und E eine Vertauschungsregel:

$$\frac{X\,B_1 B_2\,Y}{X\,B_2 B_1\,Y}$$

(Durch genauere Analyse des Programmwortes der RM lassen sich einige Vertauschungsregeln einsparen).

Das gesuchte THUE-System entsteht aus diesem Semi-THUE-System durch Hinzunahme der inversen Regeln, soweit diese nicht (bei den Vertauschungsregeln) schon vorhanden sind.

Übung 22.4:

Als Alphabet des POST-Kalküls nehmen wir

$\{R_1, \ldots, R_n, |, F\} \cup \{{}^{j}A, {}^{j}S, {}^{j}(, {}^{j}V_i, E$; für jedes Vorkommen im Programmwort$\}$,

Variablenalphabet und Bezeichnungen wie in Übung 22.2.

Dann ergeben sich folgende Regeltypen:

$$\frac{{}^{j}A\,R_1 Z_1 \ldots R_n Z_n F}{{}^{k}B_i R_1 | Z_1 \ldots R_n Z_n F}, \quad \frac{{}^{j}S\,R_1 R_2 Z_2 \ldots R_n Z_n F}{{}^{k}B_i R_1 R_2 Z_2 \ldots R_n Z_n F}, \quad \frac{{}^{j}S R_1 | Z_1 R_2 Z_2 \ldots R_n Z_n F}{{}^{k}B_i R_1 Z_1 R_2 Z_2 \ldots R_n Z_n F},$$

$$\frac{{}^{j}(R_1 R_2 Z_2 \ldots R_n Z_n F}{{}^{k}B_i R_1 R_2 Z_2 \ldots R_n Z_n F}, \quad \frac{{}^{j}(R_1 | Z_1 R_2 Z_2 \ldots R_n Z_n F}{{}^{m}B_l R_1 | Z_1 R_2 Z_2 \ldots R_n Z_n F}, \quad \frac{{}^{j}V_i R_1 Z_1 \ldots R_i Z_i \ldots R_n Z_n F}{{}^{k}B_l R_1 Z_i \ldots R_i Z_1 \ldots R_n Z_n F},$$

Hier sind – wie bei Übung 22.2 bemerkt – keine Regeln für den Buchstabentyp) aufgenommen worden. Dafür muß aber bei allen Regeltypen für den Aufruf des nächsten Programmbuchstabens ein Sprung im Programmwort als linker oberer Index von B vorgesehen werden.

Übung 23.1:

Als Alphabet A des THUE-Systems nehmen wir

$\{|, F\} \cup \{{}^{j}A_i, {}^{j}S_i, {}^{j}(_i, {}^{j}), E$; für jedes Vorkommen im Programmwort$\}$.

Als Variablenalphabet nehmen wir $\{X, Y, Z\}$. Dann besteht das Semi-THUE-System aus Regeln der folgenden Typen:

Dabei bezeichne ${}^{j}B_k \in A - \{|, F\}$ den jeweils als nächstes aufgerufenen Programmbuchstaben.

Für jeden Buchstaben ${}^{j}A_1, {}^{j}A_2$ bzw. ${}^{j}A_3$ eine Regel

$$\frac{\begin{matrix} X\,{}^{j}A_1\,Y \\ Z \end{matrix}}{\begin{matrix} X|\,{}^{j+1}B_k\,Y \\ Z \end{matrix}}, \quad \frac{\begin{matrix} X\,{}^{j}A_2\,Y \\ Z \end{matrix}}{\begin{matrix} X\,{}^{j+1}B_k|Y \\ Z \end{matrix}}, \quad \text{bzw.} \quad \frac{\begin{matrix} X\,{}^{j}A_3\,Y \\ Z \end{matrix}}{\begin{matrix} X\,{}^{j+1}B_k\,Y \\ | \\ Z \end{matrix}}$$

entsprechend je zwei Regeln für jeden Buchstaben ${}^{j}S_1, {}^{j}S_2, {}^{j}S_3$.

Für jeden Buchstaben ${}^{j}(_1, {}^{j}(_2$ bzw. ${}^{j}(_3$ zwei Regeln

$$\frac{\begin{array}{c} X|{}^{j}(_1 Y \\ Z \end{array}}{\begin{array}{c} X|{}^{j+1}B_k Y \\ Z \end{array}}, \quad \frac{\begin{array}{c} X\,{}^{j}(_2 |Y \\ Z \end{array}}{\begin{array}{c} X\,{}^{j+1}B_k |Y \\ Z \end{array}}, \quad \text{bzw.} \quad \frac{\begin{array}{c} X\,{}^{j}(_3 Y \\ | \\ Z \end{array}}{\begin{array}{c} X\,{}^{j+1}B_k Y \\ | \\ Z \end{array}}$$

$$\frac{\begin{array}{c} F\,{}^{j}(_1 Y \\ Z \end{array}}{\begin{array}{c} F\,{}^{r}B_l Y \\ Z \end{array}}, \quad \frac{\begin{array}{c} X\,{}^{j}(_2 F \\ Z \end{array}}{\begin{array}{c} X\,{}^{r}B_l F \\ Z \end{array}} \quad \text{bzw.} \quad \frac{\begin{array}{c} X\,{}^{j}(_3 Y \\ F \end{array}}{\begin{array}{c} X\,{}^{r}B_l Y \\ F \end{array}}$$

Für jeden Buchstaben ${}^{j})$ eine Regel

$$\frac{\begin{array}{c} X\,{}^{j})\,Y \\ Z \end{array}}{\begin{array}{c} X\,{}^{i}B_k Y \\ Z \end{array}}$$

Übung 23.2:

Wegen der Möglichkeit am Spielzeugrand einen Bauern durch einen nicht auf dem Spielfeld vorhandenen Spielstein ersetzen zu dürfen, müssen die Alphabete A und B für jeden Spielstein einen Buchstaben enthalten, also z. B. 8 verschiedene Buchstaben für die 8 Bauern. Das Regelsystem für das Ziehen mit Bauern des Alphabets A besteht dann aus Regeln der folgenden Gestalt:

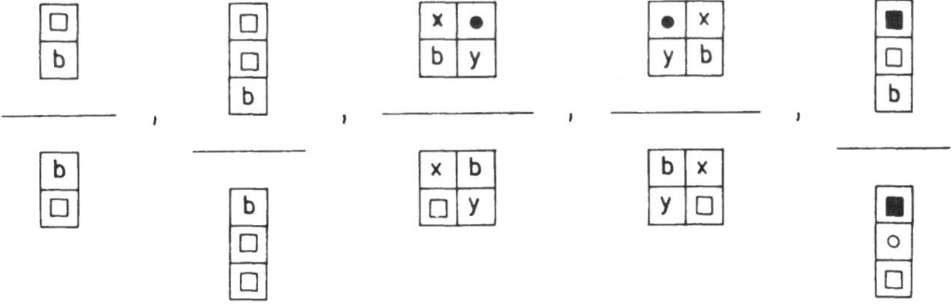

für jeden Spielstein b ∈ A vom Bauerntyp, jeden Spielstein ● ∈ B und jeden Spielstein ○ ∈ A, der kein König und nicht vom Bauerntyp ist, und jeden Spielstein x, y ∈ A ∪ B. ■ sei ein spezieller Buchstabe zur Kennzeichnung des Spielfeldrandes. Es sei ■ ∉ A ∪ B. Diese Regel dürfen nicht drehsymmetrisch angewandt werden. Für die Bauern des Alphabets B sind entsprechende Regeln zu formulieren.

Übung 23.3:

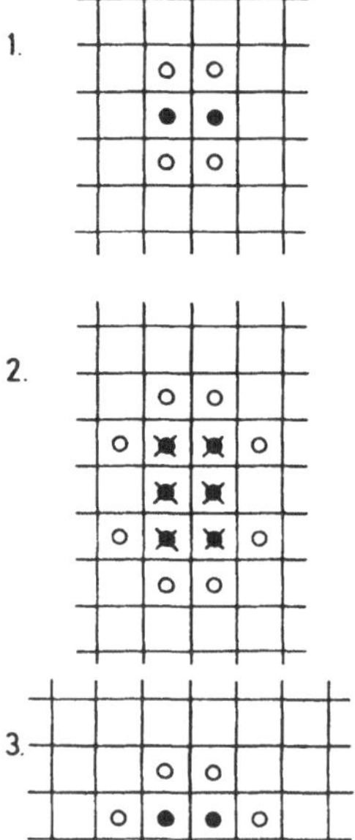

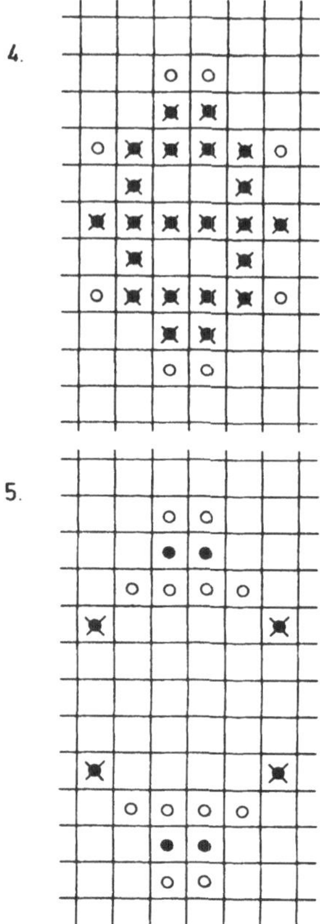

Übung 23.4:
Alle drei Figuren sind stabil

Übung 23.5:
Die linke Figur ist zyklisch mit der Periode 14, die gespiegelte 8. Generation ist schon – bis auf Verschiebung gleich der Ausgangsfigur. Die mittlere Figur stirbt in der 13. Generation. Die rechte Figur wird in der 15. Generation stabil. Obwohl sich die Figuren nur an weniger Stellen unterscheiden, haben sie ein völlig verschiedenes Schicksal.

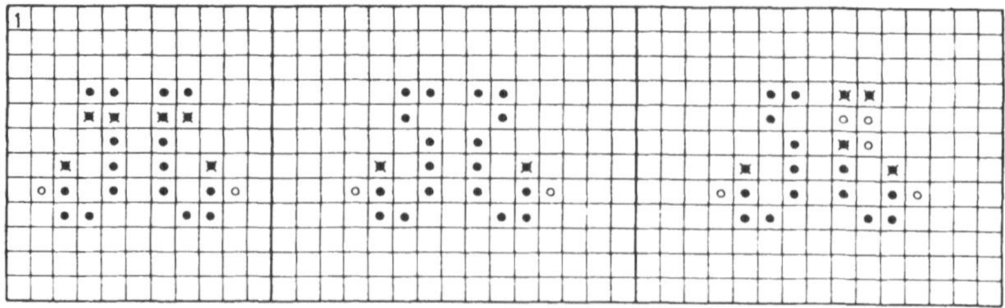

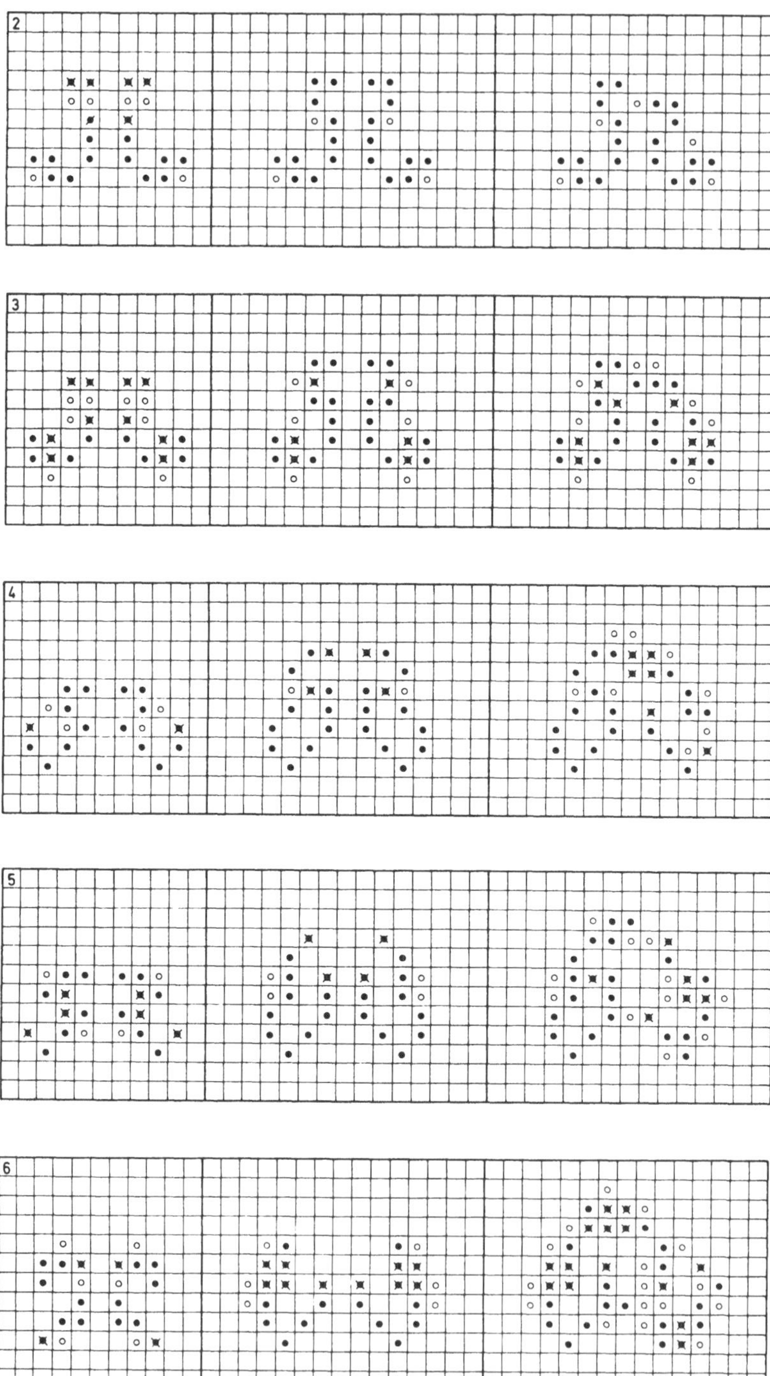

2
3
4
5
6

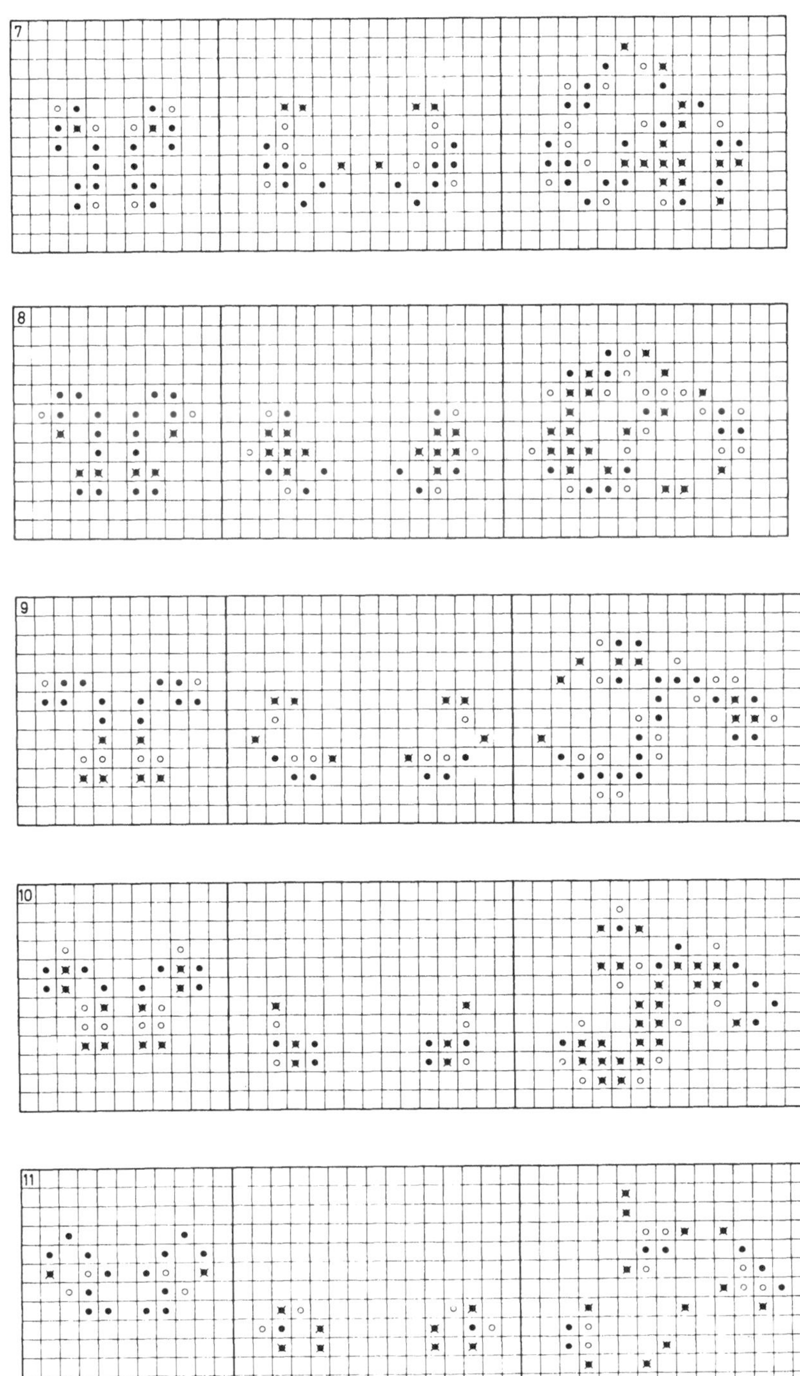
7
8
9
10
11

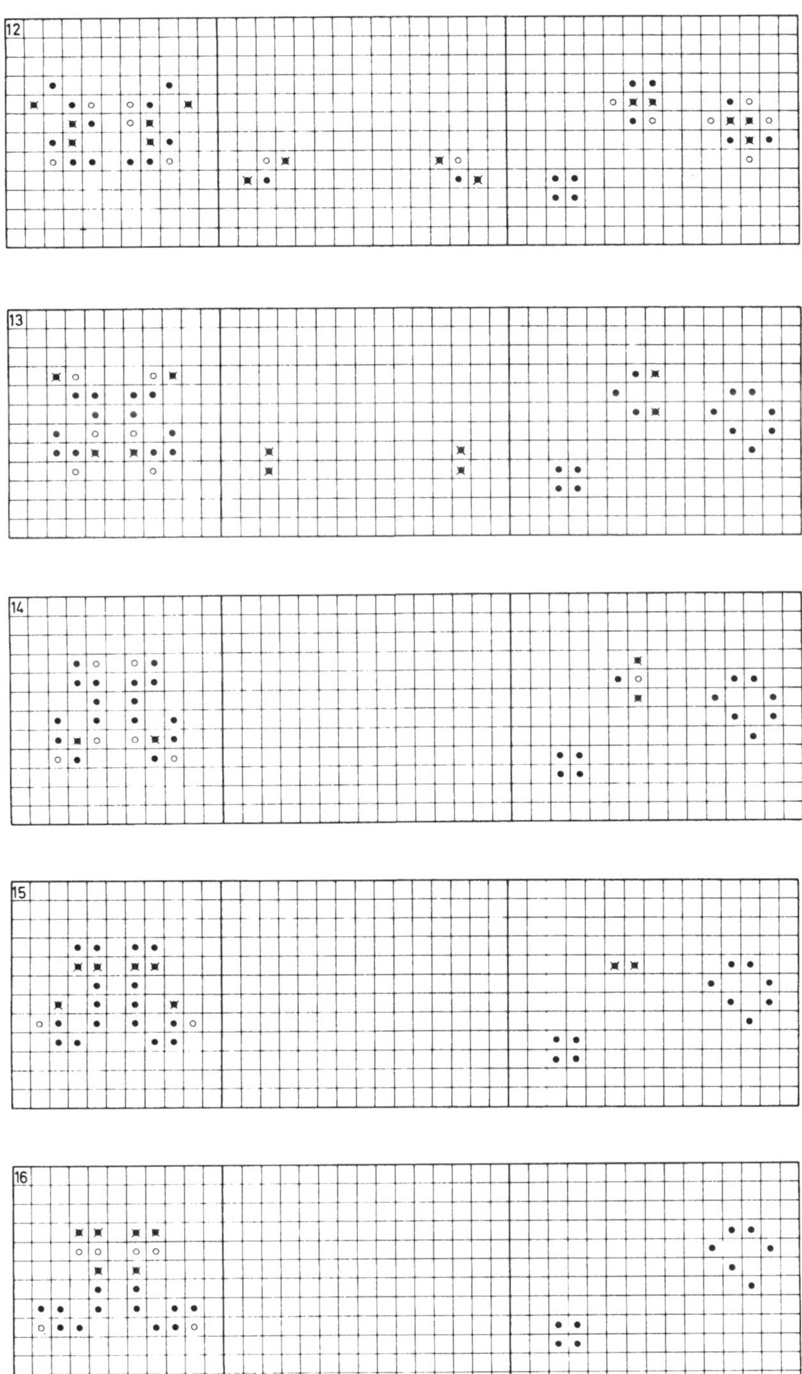
12
13
14
15
16

Übung 23.6:

Die in der zehnten Generation neu besetzten Zellen werden mit 0 und die in der elften mit + bezeichnet.

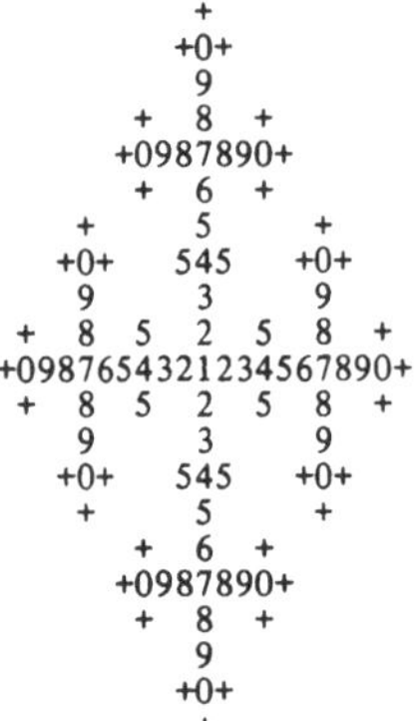

Übung 23.7:

Man nehme die Umgebungsfunktionen S, von der aus beim Schachspiel die Besetzung eines Feldes mit einem Springer möglich ist:

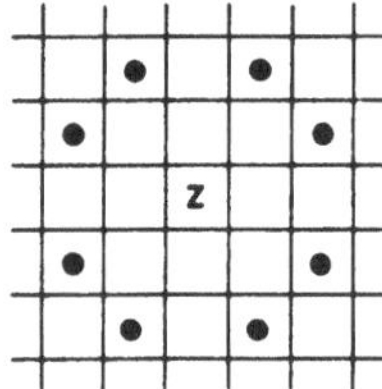

S(z) enthält 9 Zellen. Bis auf die Zelle z sind die übrigen acht Zellen von S(z) Eckzellen von S(z).

Übung 24.1:

Es ist sinnvoll, für den gesuchten endlichen Automaten 6 Eingänge vorzusehen e_5: 5 Pf, e_{10}: 10 Pf, e_{50}: 50 Pf einwerfen, w_{50}: Ware für 50 Pf wählen, w_{65}: Ware für 65 Pf wählen, r: Geldrückgabe veranlassen. Wir sehen 6 Ausgänge vor: a für die Aufforderung zum weiteren Münzeinwurf, w'_{50} für das Aufleuchten der Wahltaste w_{50} und w'_{65} für das Aufleuchten der Wahltasten w_{50} und w_{65} außerdem w''_{50} und w''_{65} für die Ausgabe der entsprechenden Waren und g für Geldrückgabe. Zum „Zählen" des eingeworfenen Geldes sehen wir 14 Zustände vor: z_0: Ausgangszustand z_5: 5 Pf erhalten z_{10}: 10 Pf erhalten usw. z_{65}: 65 Pf erhalten.

Der gesuchte endliche Automat ist dann:

$$(\{z_0, z_5, z_{10}, \ldots, z_{65}\}, \{e_5, e_{10}, e_{50}, w_{50}, w_{65}, r\}, \{a, w'_{50}, w'_{65}, w''_{50}, w''_{65}, g\}, \delta, \lambda)$$

δ und λ sind durch folgende Automatentabelle definiert:

Eingang	Zustand	Ausgang	Zustand
e_5	z_0	a	z_5
e_5	z_5	a	z_{10}
e_5	z_{10}	a	z_{15}
⋮	⋮	⋮	⋮
e_5	z_{45}	w'_{50}	z_{50}
e_5	z_{50}	w'_{50}	z_{55}
e_5	z_{55}	w'_{50}	z_{60}
e_5	z_{60}	w'_{65}	z_{65}
e_{10}	z_0	a	z_{10}
e_{10}	z_5	a	z_{15}
⋮	⋮	⋮	⋮
e_{10}	z_{40}	w'_{50}	z_{50}
e_{10}	z_{45}	w'_{50}	z_{55}
e_{10}	z_{50}	w'_{50}	z_{60}
e_{10}	z_{55}	w'_{65}	z_{65}
e_{10}	z_{60}	w'_{65}	z_{65}
e_{50}	z_0	w'_{50}	z_{50}
e_{50}	z_5	w'_{50}	z_{55}
e_{50}	z_{10}	w'_{50}	z_{60}
e_{50}	z_{15}	w'_{65}	z_{65}
e_{50}	z_{20}	w'_{65}	z_{65}
e_{50}	z_{50}	w'_{65}	z_{65}
w_{50}	z_{50}	w''_{50}	z_0
w_{50}	z_{55}	w''_{50}	z_0
w_{50}	z_{60}	w''_{50}	z_0
w_{50}	z_{65}	w''_{50}	z_0
w_{65}	z_{65}	w''_{65}	z_0
r	z_5	g	z_0
⋮	⋮	⋮	⋮
r	z_{65}	g	z_0

Für alle nicht aufgeführten Paare aus Eingang und Zustand soll der Ausgang g und Zustand z_0 erreicht werden.

Übung 24.2:

Seien $A_i = (Z_i, X_i, Y_i, \delta_i, \lambda_i)$, i = 1, 2, zwei endliche Automaten.

A_2 ist isomorph zu A_1 (bzw. A_2 simuliert A_1 im strengen Sinn) genau dann, wenn es eine bijektive (bzw. injektive) Abbildung ϕ: $Z_1 \to Z_2$ und bijektive Abbildungen ψ: $X_1 \to X_2$ und χ: $Y_1 \to Y_2$ gibt, so daß gilt:

$$\bigwedge_{z \in Z_1} \bigwedge_{x \in X_1} ((z, x) \in D_{\delta_1} \leftrightarrow (\phi(z), \psi(x)) \in D_{\delta_2}) \wedge$$

$$\bigwedge_{(z, x) \in D_{\delta_1}} (\phi(\delta_1(z, x)) = \delta_2(\phi(z), \psi(x)) \wedge \chi(\lambda_1(z, x)) = \lambda_2(\phi(z), \psi(x))).$$

Übung 24.3:

Seien $A_i = (Z_i, X_i, Y_i, \delta_i, \lambda_i)$, $i = 1, 2$, zwei endliche Automaten. A_2 simuliert A_1 schwach genau dann, wenn es eine Abbildung $\phi: Z_1 \to Z_2$ und bijektive Abbildungen $\psi: X_1 \to X_2$ und $\chi: Y_1 \to Y_2$ gibt, so daß gilt:

$$\bigwedge_{z \in Z_1} \bigwedge_{x \in X_1} ((z, x) \in D_{\lambda_1} \leftrightarrow (\phi(z), \psi(x) \in D_{\lambda_2}) \wedge \bigwedge_{(z,x) \in D_{\lambda_1^*}} \chi(\lambda_1^*(z, x)) = \lambda_2^*(\phi(z), \psi'(x))$$

Dabei ist $\psi': X_1^* \to X_2^*$ definiert durch:

$\psi'(\square) = \square$, $\psi'(wx) = \psi'(w)\, \psi(x)$ für $w \in X_1^*$ und $x \in X_1$.

Übung 24.4:

Zunächst entsteht durch Parallelschaltung der Automaten A_1 und A_2 ein Automat $(A_1 \| A_2)$

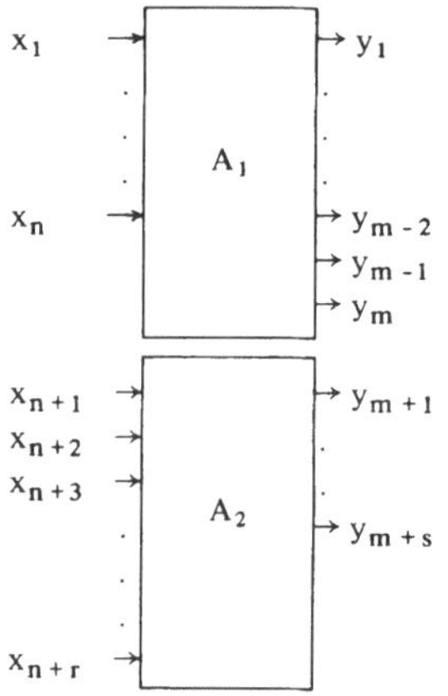

und aus diesem der gewünschte Automat $(A_1 A_2)^{y_{m-1}\ y_m}_{x_{n+1}\ x_{n+2}}$ durch Rückkopplung der Ausgänge y_{m-1} bzw. y_m an die Eingänge x_{n+1} bzw. x_{n+2}.

Übung 24.5:

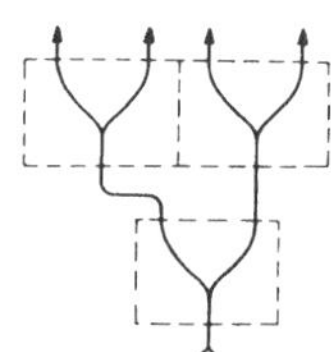

Beispiel: n = 2

Es werden 2^n-1 Bausteine F benötigt.

Übung 24.6:

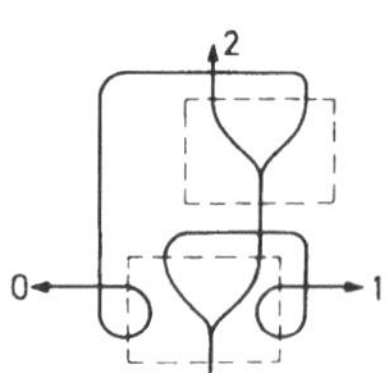

Beispiel: m = 3

Es werden m-2 Bausteine W und ein Baustein F benötigt.

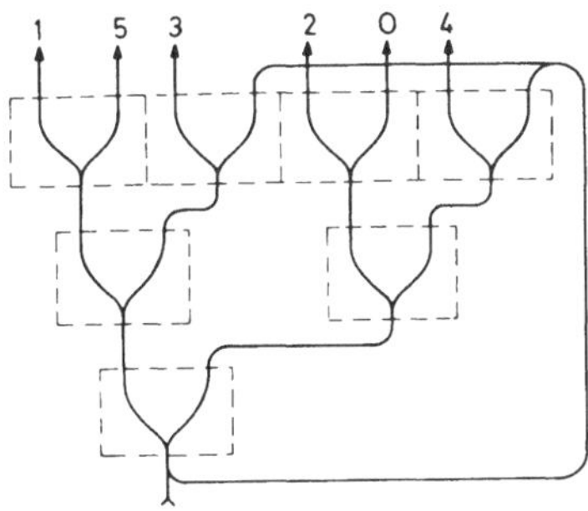

Beispiel: m = 6

Übung 24.7:

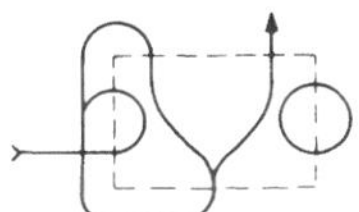

Eine Erweiterung auf mehrere Eingänge erhält man durch Vorschalten eines Netzes der folgenden Art:

Mehrere Ausgänge erhält man durch Nachschalten eines entsprechenden Zählers (vgl. Übung 24.6).

Übung 24.8:

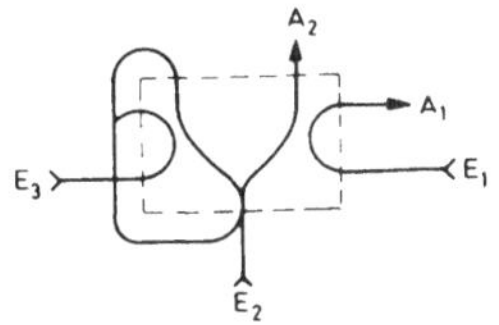

Übung 24.9:

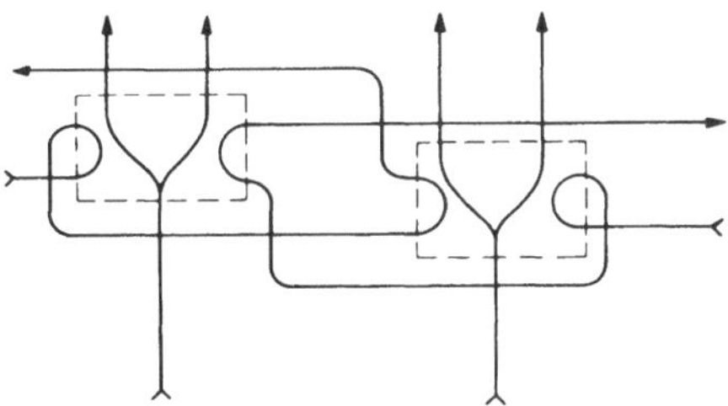

Übung 24.10:

Der Automat wird durch folgendes Netz im schwachen Sinn simuliert. Dem Zustand z_0 entsprechen die Zustände der Bausteine 1 bis 3 (*l*, *l*, *l* oder r)

z_1 entsprechen (r, *l*, *l* oder r)
z_2 entsprechen (r, r, *l* oder r)

Da nach dem Verlassen der Weiche 3 diese in ihrem Zustand bleibt, ist keine eindeutige Zuordnung zwischen den Zuständen des Netzes und des zu simulierenden Automaten möglich. Es liegt also nur schwache Simulation vor.

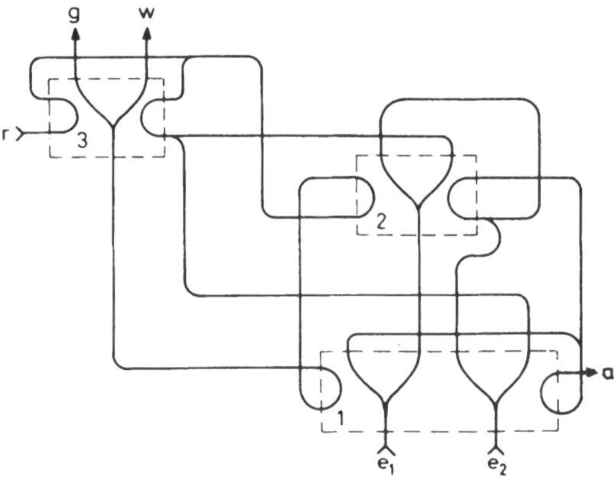

Übung 24.11:

Der Automat wird durch folgendes Netz im strengen Sinn simuliert.

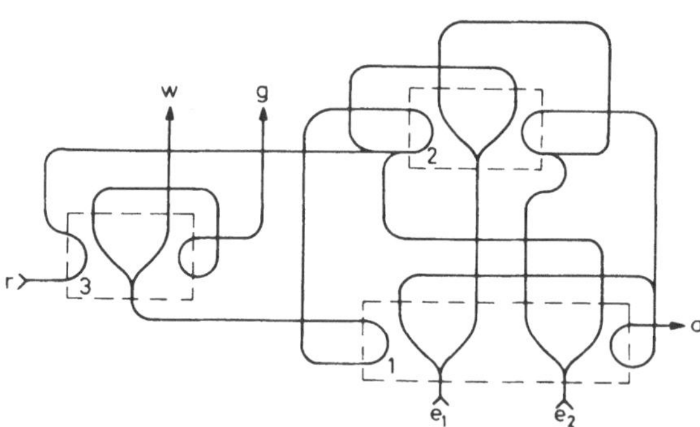

Dem Zustand z_0 entsprechen die Zustände der Bausteine 1 bis 3 (*l*, *l*, r)

z_1 entsprechen (r, *l*, r)
z_2 entsprechen (r, r, r)

Übung 24.12:

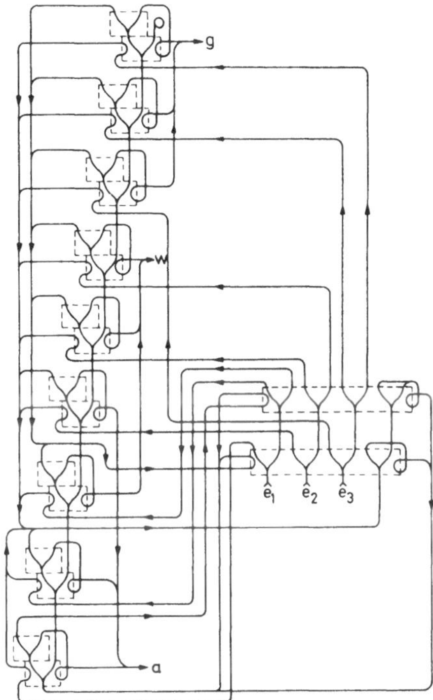

Übung 24.13:

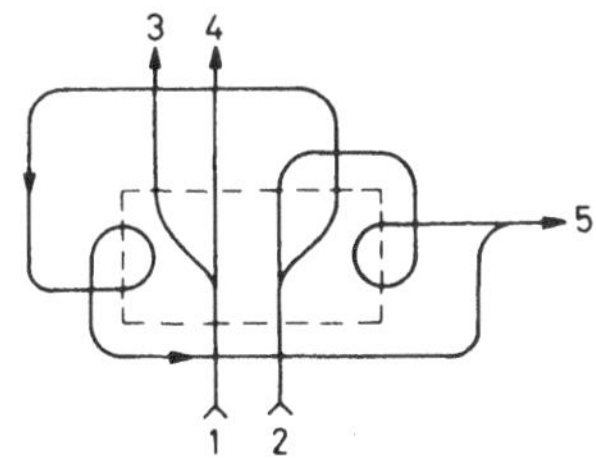

Übung 24.14:

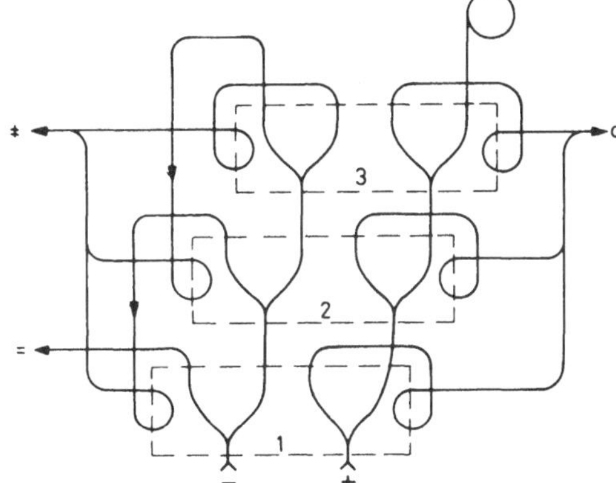

Zustände	
Zähler	Doppelweiche 1 2 3
0	(*l*, *l*, *l*)
1	(r, *l*, *l*)
2	(r, r, *l*)
. 3	(r, r, r)

Übung 24.15:

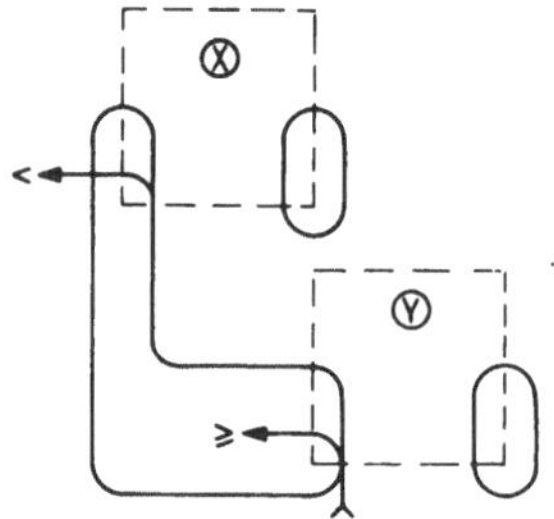

Übung 24.16:

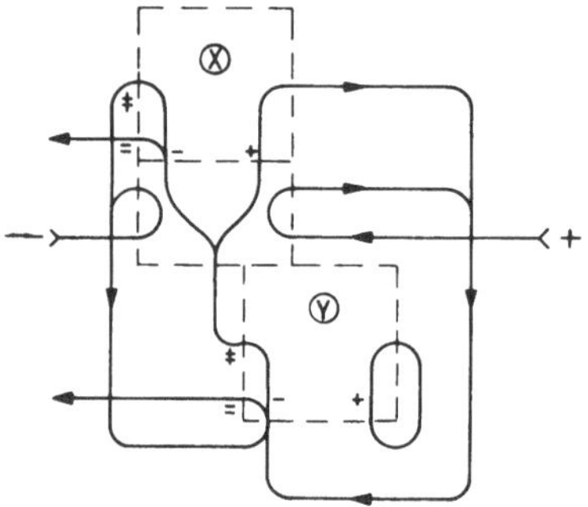

Übung 24.17:

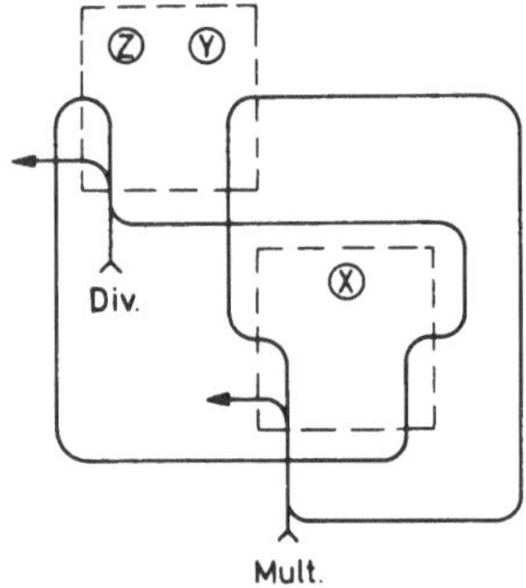

Übung 24.18:

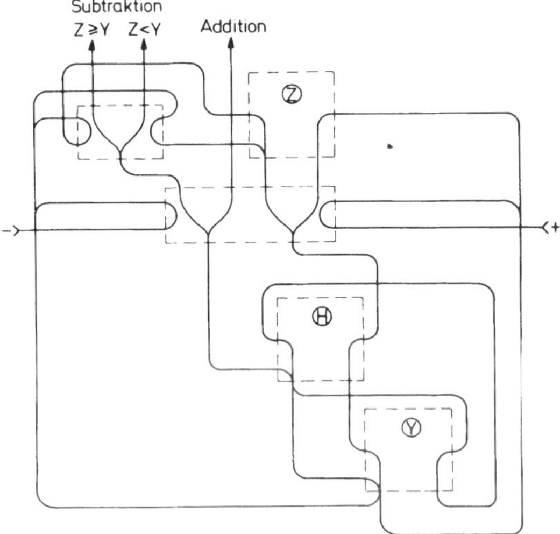

Übung 24.19:

Es ergibt sich folgende Programmtafel: Die Maschine beginnt in Zeile 2. Es ist r = 1.

0	E	0	0
1	S_1	5	3
2	A_1	1	1
3	A_2	4	4
4	A_2	1	1
5	S_1	0	0

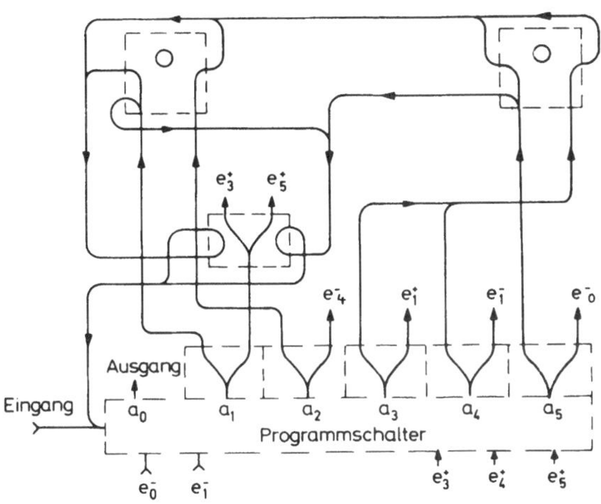

Die Eingänge e_2^-, e_3^-, e_4^-, e_1^+, e_2^+ werden weggelassen, da sie nicht benötigt werden.

Übung 24.20:

Es ist die Aufgabe, eine Programmtafel P einer n-RM anzugeben, so daß folgendes gilt:

Die RM mit Programm P, stoppt, angesetzt auf $x_1, \ldots, x_n$, genau dann, wenn das Gesamtnetz aus Zählernetz und Automat A bei s verlassen wird, wenn es im Zustand $(z_0, (x_1, \ldots, x_n))$ über den Eingang e „betreten" wurde.

Die RM mit Programm P stoppt, angesetzt auf $x_1, \ldots, x_n$, auf $y_1, \ldots, y_n$, genau dann, wenn das Gesamtnetz, das über den Eingang e im Zustand $(z_0, x_1, \ldots, x_n)$ betreten wurde, beim Ausgang s im Zustand $(z_j, (y_1, \ldots, y_n))$ verlassen wird (z_j beliebiger Zustand von A).

Die Nummer der Programmzeile wird dargestellt durch ein Paar aus Zustand und Eingang des Automaten A, die Befehle werden durch die Ausgänge von A dargestellt.

Die Programmzeilen sind folgendermaßen definiert:

(z_0, e)	$\lambda(z_0, e)$	$(\delta(z_0, e), =)$	$(\delta(z_0, e), \neq)$
$(z_1, =)$	$\lambda(z_1, =)$	$(\delta(z_1, =), =)$	$(\delta(z_1, =), \neq)$
$(z_1, \neq)$	$\lambda(z_1, \neq)$	$(\delta(z_1, \neq), =)$	$(\delta(z_1, \neq), \neq)$
$\vdots$	$\vdots$	$\vdots$	$\vdots$
$(z_r, =)$	$\lambda(z_r, =)$	$(\delta(z_r, =), =)$	$(\delta(z_r, =), \neq)$
$(z_r, \neq)$	$\lambda(z_r, \neq)$	$(\delta(z_r, \neq), =)$	$(\delta(z_r, =), \neq)$

falls λ und δ an den angegebenen Stellen definiert sind, und für die übrigen Fälle werde statt des Funktionswertes von λ der Befehl $+_1$ und statt des Funktionswertes von δ das Zeichen u (undefiniert) gesetzt und noch folgende Programmzeilen angefügt:

$(u, =)$	$+_1$	$(u, =)$	$(u, \neq)$
$(u, \neq)$	$+_1$	$(u, =)$	$(u, \neq)$

Übung 24.21:

Es gibt sogar spezielle Netze, deren Labyrinthproblem unentscheidbar ist:

Man nehme eine universelle 2 RM und konstruiere dazu ein Netz nach Satz 24.3. Da die RM ein unentscheidbares Stop-Problem hat ist das Labyrinthproblem für dieses Netz unentscheidbar, also auch das in der Aufgabenstellung formulierte allgemeine Labyrinthproblem für Klassen von Netzen, mit denen man universelle RM simulieren kann.

Übung 24.22:

Ein Netz, welches die RM simuliert, läßt sich folgendermaßen darstellen (links der Zähler unbegrenzter Kapazität):

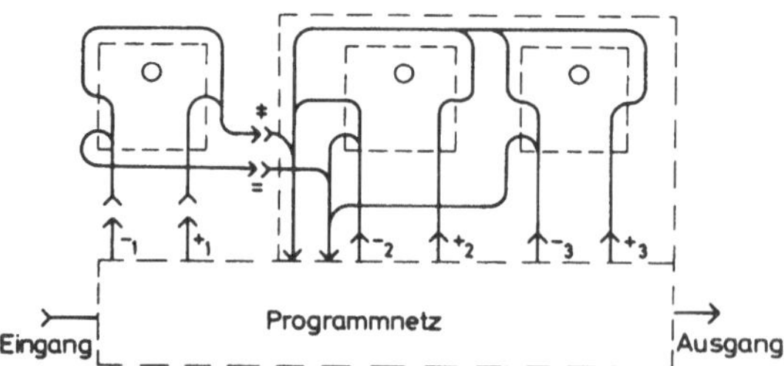

Das Programmnetz einschließlich des Zählernetzes mit den Registern begrenzter Kapazität ist ein endlicher Automat. Mit Übung 24.20 folgt, daß dieses Gesamtnetz eine 1-RM simuliert. Mit Übung 17.3 folgt dann die Behauptung.

Literatur

[1] *Asser, G.:* Rekursive Wortfunktionen, ZMLG Bd. 6 (1960), S. 258–278

[2] *Banks, E. R.:* Information, Processing and Transmission in Cellular Automata, MIT, Projekt MAC, Technical Report TR 81, 1971

[3] *Barsdin, J. M.:* Über eine Klasse von Turingmaschinen (Minsky-Maschinen), Russ. in: Algebra y Logika Bd. 1 Heft 6 (1963), S. 42–51

[4] *Börger, E.:* Recursively unsolvable algorithmic problems and related questions reexamined, Proceedings of the ISILC, Lecture Notes in Mathematics vol. 499, Berlin 1975

[5] *Burks, A. W.:* Essays on Cellular Automata. Univ. of Illinois Press 1970

[6] *Cohors-Fresenborg, E.:* Elementare und subelementare Funktionenklassen über binären Bäumen, in: Lecture Notes in Computer Science vol. 2, Berlin 1973

[7] *Cohors-Fresenborg, E.:* Dynamische Labyrinthe, Didaktik der Mathematik Bd. 4 Heft 1 (1976)

[8] *Davis, M.:* Arithmetical Problems and recursively Enumerable predicates, JSL 18 (1953), S. 31–41

[9] *Davis, M., Putnam, H., Robinson, J.:* The decision problem for exponential diophantine equations, Ann. of Math. II Serie 74 (1961), S. 425–436

[10] *Dedekind, R.:* Was sind und was sollen die Zahlen? Braunschweig 1969

[11] *Ebbinghaus, D., Mahn, F. K.:* Turingmaschinen I, II, III, in: Selecta Mathematica II. Heidelberger Taschenbücher Bd. 67, Berlin 1970

[12] *Eigen, M., Winkler, R.:* Das Spiel – Naturgesetze steuern den Zufall, München 1975

[13] *Freudenthal, H.:* Zur Geschichte der vollständigen Induktion. Arch. Intern. d. Hist. des Sciences 23 (1953), S. 17–37

[14] *Gardner, M.:* (Verschiedene Artikel und Bemerkungen über Conways's Spiel), Scientific American 223 (1970) H 10 und 224 (1971), H 1–4

[15] *Grzegorczyk, A.:* Some classes of recursive functions, Rozprawy Matematyczne IV Warszawa 1953

[16] *Hermes, H.:* Aufzählbarkeit, Berechenbarkeit, Entscheidbarkeit, Heidelberger Taschenbücher Bd. 87, Berlin 1971

[17] *Mahn, F.-K.:* Primitiv-rekursive Funktionen auf Termmengen, Archiv f. math. Logik und Grundlagenforschung Bd. 12 (1969), S. 54–65

[18] *Malcew,:* Algorithmen und rekursive Funktionen, Braunschweig 1974

[19] *Markov, A. A.:* Theorie der Algorithmen (Russ.) Akad. Nauk. SSSR, Moskau-Lenningrad 1954

[20] *Matijasevič, J. V.:* Enumerable sets are diophantic, Soviet Math. Dokl. 11 (1970), S. 345–357

[21] *Minsky, M.:* Recursive unsolvability of Post's problem of "tag" and other topics in the theory of Turing machines, Annals of Math. 74, S. 437–454

[22] *Müller, H.:* Klassifizierungen der primitiv-rekursiven Funktionen, Dissertation Münster 1974

[23] *Ottmann, Th.:* Über Möglichkeiten zur Simulation endlicher Automaten durch eine Art sequentieller Netzwerke aus einfachen Bausteinen, ZMLG Bd. 19 (1973), S. 223–238

[24] *Post, E.:* Formal reductions of the general combinatorial decision problem, Amer. J. Math. 65 (1943), S. 197–215

[25] *Priese, L.:* Normalformen von Markov'schen und Post'schen Algorithmen, Institut f. math. Logik und Grundlagenforschung, Münster 1971

[26] *Priese, L.:* Über einfache unentscheidbare Probleme. Computational und constructional universelle asynchrone celluläre Räume, Dissertation, Münster 1974

[27] *Rödding, D.:* Primitiv-rekursive Funktionen über einem Bereich endlicher Mengen, Archiv f. math. Logik und Grundlagenforschung, Bd. 10 (1967), S. 13–23

[28] *Rödding, D.:* Klassen rekursiver Funktionen, in: Lecture Notes in Mathematics Vol. 70, Berlin 1968

[29] *Rogers, H.:* Theory of recursive functions and effective computability, New York 1967

[30] *Schwichtenberg, H.:* Rekursionszahlen und die Grzegorczyk-Hierarchie, Archiv f. math. Logik und Grundlagenforschung, Bd. 12 (1969), S. 85–97

[31] *Shepherdson, J. C., Sturgis, H. E.:* Computability of recursive functions, J. Assoc. Comp. Mach. 10 (1963), S. 217–255

[32] *Shoenfield, J.:* Mathematical Logic, Reading/Mass. 1973

[33] *Steiner, H.-G.:* Historische Bemerkungen zur vollständigen Induktion, MU 3/67

[34] *Wang, H.:* Tag Systems and Lag Systems, Math. Annalen 152, 65–74 (1963)

Namen- und Sachwortverzeichnis